全国电力行业"十四五"规划教材

职业教育电力技术类项目制 新形态教材

电力安全生产技术

DIANLI ANQUAN SHENGCHAN JISHU

主 编 任晓丹 石佳幸

副主编 苏 猛 张 彬 贺 敬 赵彦层

编 写 李蓉娟 朱 鹏 吴新伟 刘 军

　　　　李 越 马玉全 唐晓明

主 审 李永刚 沈 青

中国电力出版社

CHINA ELECTRIC POWER PRESS

内容提要

本书为全国电力行业"十四五"规划教材，国家职业教育专业教学资源库和省级在线精品课程配套教材。

本书的撰写立足新型电力系统背景下企业发展新需求和电力类专业毕业生所需要的岗位能力，并对接 10kV 不停电作业职业技能等级标准和"智能供配电技术"国家职业技能大赛标准。从电力系统运行、维护、试验等角度，全方位系统地学习电力系统的各个岗位安全操作。本书共分 6 个模块，主要内容包括安全工器具检查与使用、触电防范与现场急救、履行电气作业安全措施、履行电气运行安全措施、10kV 线路带电作业、现场应急处置等。以"基于工作过程系统化"的原则编写，采用活页式装订形式，通过任务启化—任务描述—任务目标—任务资料—任务实施—任务评价—任务深化 7 个环节开展教学活动，通过"规程提示""编者有话""安全小贴士""拓展阅读"等激发其爱党报国、敬业奉献、救死扶伤的荣誉感，树立安全至上、低碳环保、勇于创新的使命感，培养精益求精、团结协作、遵守规程的责任感。

本书可作为高职高专院校发电厂及电力系统、电力系统自动化技术、输配电工程技术、供用电技术等专业教材，也可作为企业在职人员的培训教材和参考书。

图书在版编目（CIP）数据

电力安全生产技术 / 任晓丹，石佳幸主编 . —北京：中国电力出版社，2024.4
ISBN 978-7-5198-7463-6

Ⅰ . ①电… Ⅱ . ①任… ②石… Ⅲ . ①电力工业－安全生产－教材 Ⅳ . ① TM08

中国国家版本馆 CIP 数据核字（2024）第 039655 号

出版发行：中国电力出版社
地　　址：北京市东城区北京站西街 19 号（邮政编码 100005）
网　　址：http://www.cepp.sgcc.com.cn
责任编辑：冯宁宁（010-63412537）
责任校对：黄　蓓　朱丽芳
装帧设计：王英磊
责任印制：吴　迪

印　　刷：北京锦鸿盛世印刷科技有限公司
版　　次：2024 年 4 月第一版
印　　次：2024 年 4 月北京第一次印刷
开　　本：787 毫米 ×1092 毫米　16 开本
印　　张：19
字　　数：369 千字
定　　价：58.00 元

前　言

为贯彻党的二十大精神，加强重点领域安全能力建设，确保能源资源、重要产业链供应链安全，本书针对电力线路和设备的运行、检修、试验等岗位典型工作任务安全操作进行了系统梳理，融入了电力安全领域的新材料、新工艺、新设备、新标准。本书共分为6个模块，主要内容包括安全工器具检查与使用、触电防范与现场急救、履行电气作业安全措施、履行电气运行安全措施、10kV线路带电作业和现场应急处置等，旨在使学生建立安全意识，培养安全应用能力，用科学的方法珍爱生命，维护电网稳定。

本书主要有以下特点和创新点：

——教学内容立足新型电力系统背景下企业发展新需求和电力类专业毕业生所需要的岗位能力，并对接10kV不停电作业职业技能等级标准和"智能供配电技术"国家职业技能大赛标准。

——以"基于工作过程系统化"的原则编写，从电力系统运行、维护、试验等角度，全方位系统地学习电力系统的各个岗位安全操作，使学员思路清晰，对行业岗位具有整体认知，对未来职业选择具有明确引导。

——采用活页式装订形式，每个模块承担不同培养目标，相对独立又相互关联，可供不同需求的学校、学生或技术人员有选择性地学习。每个任务遵循工程项目的实施过程，通过任务启化—任务描述—任务目标—任务资料—任务实施—任务评价—任务深化7个环节开展教学活动；通过"说一说""做一做"，教、学、做、练一体化，充分发挥学生的主体地位。

——适应学生的心理特点和认知习惯，在任务学习中不仅潜移默化地培养学生的工程应用能力、理论联系实际分析问题的能力，而且通过"规程提示""编者有话""安全小贴士""拓展阅读"等激发其爱党报国、敬业奉献、救死扶伤的荣誉感，树立安全至上、低碳环保、勇于创新的使命感，培养精益求精、团结协作、遵守规程的责任感。

——借助现代信息技术，配套丰富的微课、动画、生产案例视频、AR/VR等数字化教学资源，构建"纸质教材＋教学资源包＋在线开放课程平台"的三维立体化教材，为教师实施线上线下混合式教学、学生及企业学员自主学习提供较为全面的支持。

本书实施"双主编""双主审"制，由内蒙古机电职业技术学院任晓丹教授和中国华电集团公司石佳幸高级工程师联合担任主编，由内蒙古电力（集团）有限责任公司巴彦淖尔供电公司李永刚高级工程师和武汉电力职业技术学院沈青高级工程师联合担任主审。各模块内容由企业和学校人员联合编写。具体编写分工如下：

内蒙古机电职业技术学院任晓丹教授、贺敬副教授和中国华电集团公司石佳幸高级工程师联合编写模块 1、模块 3；

内蒙古机电职业技术学院张彬讲师和内蒙古电力（集团）有限责任公司内蒙古超高压供电局马玉全工程师联合编写模块 2 任务 1 和任务 2；

内蒙古机电职业技术学院赵彦层技师、讲师和国网大连供电公司二次检修工区唐晓明高级工程师联合编写模块 2 任务 3 和任务 4；

内蒙古机电职业技术学院李蓉娟副教授和内蒙古电力集团综合能源有限公司吴新伟高级工程师联合编写模块 4；

内蒙古机电职业技术学院苏猛讲师和内蒙古电力（集团）有限责任公司巴彦淖尔供电公司李越工程师联合编写模块 5；

天津轻工职业技术学院朱鹏讲师和中盐内蒙古化工股份有限公司热电厂刘军工程师联合编写模块 6。

拓展模块包括典型电气试验安全作业模块、电网事故处置任务及全书附录，由内蒙古机电职业技术学院任晓丹教授、贺敬副教授和天津轻工职业技术学院朱鹏讲师联合编写，以二维码形式展示。

随着新型电力系统构建不断深入，安全用电将不断朝着智能化、可再生能源、电力设备先进技术和安全意识提升方面发展，我们也将随时关注最新资讯和技术动态，更新和补充教学内容，以适应安全技术的新发展。书中的不当之处，敬请读者和专家批评指正。

编者

2023 年 10 月

省级精品在线课程　　　　　　国家教学资源库

目　录

拓展模块

模块 1　安全工器具检查与使用

事故案例：

某站在进行变压器检修作业时，一名检修工人未戴安全带，在作业过程中不小心头朝下坠落，所幸此工人佩戴了安全帽，只致造成手臂骨折，保住了性命。

规程提示：

《电力安全工作规程　发电厂和变电站电气部分》（GB 26860—2011）中规定：作业现场的生产条件、安全措施和安全工器具等应符合国家或行业标准规定的要求，工作人员的劳动防护用品应合格、齐备。

编者有话：

习近平总书记强调："人民至上、生命至上"。正确使用电力安全工器具是实现电力安全生产、保障生命安全的一项重要工作。在电气伤害事故案例中，有相当一部分是由于没有使用或没有正确使用电力安全工器具引起的，也有一部分是由于使用了不合格的电力安全工器具引起的。工欲善其事，必先利其器，只有正确掌握安全工器具的检查、使用和保管方法，坚持现场作业按程序、施工方法按步骤、工艺按标准、动作按规范，才能有效防止触电、灼伤、坠落、摔跌伤害的发生。

本项目依照《电力安全工作规程　发电厂和变电站电气部分》（GB 26860—2011）和《电力安全工器具配置与存放技术要求》（DL/T 1475—2011）等标准，介绍了工器具的分类、组成、使用与保管等知识，供大家借鉴与学习。

学习目标：

（1）树立能源强国、技术创新的信念。

（2）提升学生规范意识、低碳环保的自觉性。

（3）能熟练检查绝缘操作杆、验电器、绝缘手套、绝缘靴、绝缘垫、安全帽、标示牌、安全围栏、脚扣、升降板、安全带、速差自控器、接地线、梯子等使用合格性，对不合格的安全工器具，能记录其缺陷。

（4）能叙述安全工器具的结构、原理及使用及保管方法。

（5）能熟练使用绝缘操作杆、验电器、安全帽等进行跌落式熔断器分合闸操作。

（6）能熟练使用安全带、安全帽、脚扣（或升降板）等完成跌落式熔断器的更换。

二维码 1-0-1
安全工器具使用不当典型事故案例剖析（企业案例）

1

任务 1　跌落式熔断器分合闸操作

💡 任务启化

做一做 ⚡ 认识电力安全工器具工作页，见表 1-1-1。

表 1-1-1　　　　　　　　　　　认识电力安全工器具工作页

工作内容	按小组模拟现场班组，借助安全柜，通过角色扮演法，模拟安全工器具购置、领用和运输过程，要求做出购置、领用清单台账，按规程模拟操作。
工作目标	能够认识和理解常用的安全工器具，了解新型安全工器具发展方向。
工作准备	每个小组由 4~6 名学生组成，指定组长。工作时，由组长分配，分别指定学生负责安全监督、工作实施、数据记录等，组织学生轮换操作。
工作思考	（1）防护性安全工器具有哪些？ （2）基本绝缘安全工器具有哪些？ （3）辅助绝缘安全工器具有哪些？ （4）电力人用自己的智慧和不懈地坚持对形影不离的工器具进行小改革，使工作更安全高效的同时，也让生活也充满了激情和快乐！这些新型的电网工器具有哪些？

续表

工作过程	（1）购置和领用安全工器具处理，做出购置、领用清单台账。 （2）运输安全工器具处理，按规程模拟操作。
总结反思	（1）你学到的新知识点或技能点有哪些? （2）你对自己在本次任务中表现是否满意? 写出课后反思。 （3）如何正确处理废弃的工器具，谈谈你对国家"推动绿色发展，促进人与自然和谐共生"的发展战略的理解。
工作组成员	
工作点评	

说一说 ⚡ 在进行跌落式熔断器分合闸操作时，首先需要确定所使用的安全工器具。如果你是操作人员，进行安全工器具的选取过程中，需要关注哪些方面呢?

二维码 1-1-1
知识锦囊

💬 任务描述

本任务针对 10kV 配电线路分支线和配电变压器最常用的一种短路保护开关——跌落式熔断器的分合闸操作进行介绍，你会掌握操作过程中使用到的各类安全工器具，并了解如何使用安全工器具按操作顺序和要求开断和闭合 10kV 跌落式熔断器。

◎ 任务目标

1. 素养目标

（1）树立胆大心细的岗位态度，杜绝麻痹大意。

（2）具备创新意识、规范操作意识。

2. 知识目标

（1）掌握绝缘棒、高压验电器、绝缘手套、绝缘靴等结构和原理。

（2）掌握安全工器具的保管方法。

3. 能力目标

（1）能检查安全工器具使用合格性，对不合格的安全工器具，能记录其缺陷。

（2）能安全熟练地使用安全工器具完成 10kV 跌落式熔断器的分闸或合闸操作。

📋 任务资料

一、验电器

验电器是一种用于指示设备或线路是否带有电压的一种专用安全工器具。验电器分为高压验电器和低压验电器两类。

低压验电器称为试电笔，可分为普通验电笔和数字验电笔。

（1）普通验电笔。普通验电笔主要用来检验 220V 及以下低压带电导体或电气设备及外壳是否带电，可以用它来区分相（火）线和中性（地）线。此外，还可以用它区分交直流电。其基本结构如图 1-1-1 所示。

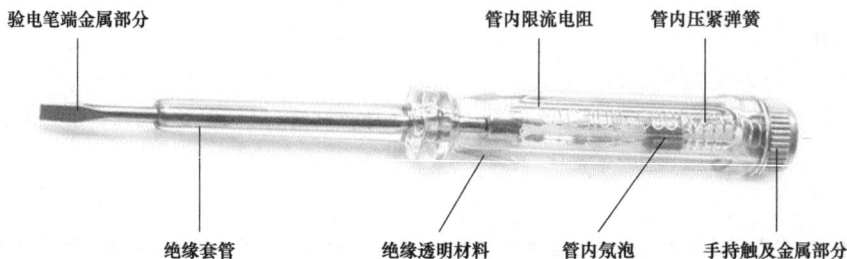

验电笔端金属部分　　管内限流电阻　　管内压紧弹簧

绝缘套管　　绝缘透明材料　　管内氖泡　　手持触及金属部分

图 1-1-1　低压验电笔的基本结构

当测试带电体时，金属探头触及带电导体，并用手触及验电笔后端的金属挂钩或金属片，此时电流路径是通过验电笔端、氖泡、电阻、人体和大地形成回路而使氖泡发光。

只要带电体与大地之间存在一定的电位差（通常在60V 以上），验电笔就会发出辉光。若是交流电，氖泡两极发光；若是直流电，则只有一极发光。灯愈亮则说明电压愈高，愈暗说明电压愈低。

（2）数字验电笔。数字验电笔如图 1-1-2 所示，它由笔尖（工作触头）、笔身、指示灯、电压显示、电压感应通电检测按钮、电压直接检测按钮、电池等组成，适用于检测 12～220V 交直流电压和各种电器。

说一说 ⚡ 持普通验电笔在线路或设备上验电需要戴线手套吗？

图 1-1-2 数字验电笔的实物图

数字验电笔除了具有普通验电笔通用的功能，还有以下特点：

1）当右手指按通电检测按钮，并将左手触及笔尖时，若指示灯亮，则表示正常工作；若指示灯不亮，则应更换电池。

2）测试交流电时，切勿按电子感应通电按钮。将笔尖插入相线孔时，指示灯亮，则表示有交流电；需要电压显示时，则按检测按钮，最后显示数字为所测电压值；未到高段显示值 75% 时，显示低段值。

做一做 ⚡ 拿起低压验电笔，测量一下实训室或者是教室电源插孔电压是多少呢？（在老师指导下进行，注意操作安全哦！）

（3）检查使用要求。

1）测试前，应在带电体上进行校核，确认验电笔是否良好。

2）验电前，必须检查电源开关或隔离开关（刀闸）确已断开，并有明显可见的断开点。

3）避免在光线明亮处观察氖泡是否起辉，以免因看不清而误判。

4）在有些情况下，特别是测试仪表，往往因感应而带电，某些金属外壳也会有感应电。在这种情况下，用验电笔测试有电，不能作为存在触电危险的依据。因此，还必须采用其他方法（例如用万用表测量）确认其是否真正带电。

安全小贴士 ⚡ 生命至上，安全第一，安全生产，重在预防。请按标准化流程开展各项操作。

二、高压验电器

高压验电器是一种通过检测流过验电器对地杂散电容中的电流，检验设备、线路是否带电的装置，在结构上分为指示器和支持器两部分。指示器是用绝缘材料制成的一根空心管子，管子上端装有金属制成的工作触头，里面装有氖灯和电容器。支持器由绝缘部分和握手部分组成。高压验电器的工作触头接近或接触带电设备时，则有电容电流通过氖灯，氖灯发光，即表明设备带电。

1. 电容型验电器

电容型验电器是现阶段电力企业最为常用的一种验电器，用于检测线路或设备是否带有运行工频电压。进行验电操作时，如果发出声和光双重报警信号，则提示工作人员被检线路或设备带电。其结构由金属探头、试验按钮、电子声光报警装置、绝缘材料器身、手持部分和保护环等组成，实物如图 1-1-3 所示。

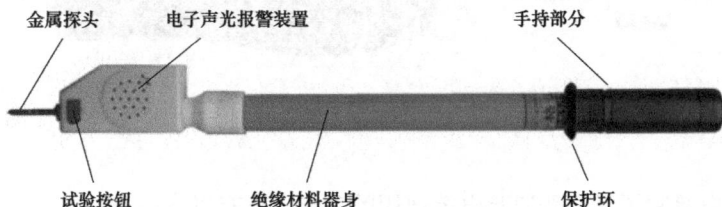

图 1-1-3 电容型验电器基本结构

电容型验电器最短有效绝缘长度、最小手柄长度及接触电极最大裸露长度应满足表 1-1-2 中的规定。

表 1-1-2 电容型验电器最短有效绝缘长度

电压等级（kV）	最短有效绝缘长度（m）	最小手柄长度（mm）	接触电极最大裸露长度（mm）
10	0.70	115	40
20	0.80	115	60
35	0.90	115	80
66	1.00	115	150
110	1.30	115	400
220	2.10	115	400
330	3.10	115	400
500	4.00	115	400
750	5.00	115	400
1000	6.60	115	400

说一说 ⚡ 高压验电器有效绝缘长度、手柄长度及接触电极长度分别指的哪一段呢？其保护环的作用是什么？

2.检查使用要求

（1）高压验电器应当是经电力安全工器具质量监督检验测试中心检验，试验合格的产品。

（2）使用前，应先检查验电器的工作电压与被测设备的电压是否相符，检查高压验电器电气试验合格证是否在有效试验合格期内。

（3）检查验电器的绝缘杆外观应良好，无弯曲变形，表面光滑，无裂缝，无脱落层。手柄与绝缘杆各节配合合理，拉伸后不应自动回缩，保护环明显醒目。

（4）验电操作前，应先进行三次自检试验。用手指按下试验按钮，检查高压验电器灯光、音响报警信号是否正常。若自检试验无声光指示灯和音响报警时，不得进行验电。此时，应检查电池是否完好，同时，更换电池时应注意正负极不能装反。

（5）验电操作前，应先在有电设备上进行试验，确认验电器良好。如无法在有电设备进行试验时，也可用高压验电发生器检验验电器功能是否正常，如图 1-1-4 所示。

图 1-1-4　用高压发生器确证验电器功能

（6）将验电器的金属接触电极垂直、缓慢向被测处接近，一旦验电器发出声、光信号，即说明该设备有电。应立即将金属接触电极离开被测设备，以保证验电器的使用寿命。

（7）在需要挂接地线或合接地刀闸（装置）处对三相分别验电，如果验电器无声、光指示则可认为设备无电。验电后，宜在有电的设备上再次进行试验，以防止验电器在使用中损坏，而造成设备无电的误判断。

（8）验电时，必须有两人一起进行，一人验电，一人监护。操作人应戴绝缘手套，穿绝缘靴（鞋），验电器的伸缩绝缘长度应拉足，手握在手持部分不得超过保护环。人体与验电设备应保持表 1-1-3 所示的安全距离。

表 1-1-3　　　　　　　　设备不停电时人体与带电部分应保持的安全距离

电压等级（kV）	安全距离（m）	电压等级（kV）	安全距离（m）
10 及以下（13.8）	0.70	750	7.20
20、35	1.00	1000	8.70

电压等级（kV）	安全距离（m）	电压等级（kV）	安全距离（m）
63（66）、110	1.50	±50 及以下	1.50
220	3.00	±500	6.00
330	4.00	±660	8.40
500	5.00	±800	9.30

说一说 ⚡ 变电站值班员王某，在正值的监护下进行停电倒闸操作后，来到线路进线刀闸处准备验电。当王某将高压验电器缓慢伸向带电导体时，突然一声巨响，弧光四起，高压验电器从带电导体至器身与接地体一段被击穿燃烧，小组讨论一下，这是什么原因造成的呢？

（9）非雨雪型验电器不得在雷、雨、雪等恶劣天气时使用，在遇雷电、雨天（听见雷声或看见闪电），应禁止验电。

（10）同杆架设的多层电力线路验电时，应先验低压，后验高压，先验下层，后验上层。

（11）在木杆、木梯或木架上验电，不接地不能指示者，经运行值班负责人或工作负责人同意后可在验电器绝缘杆尾部接上接地线进行验电。

三、绝缘操作杆

绝缘操作杆又称绝缘棒，也称绝缘拉杆，是用于短时间对带电设备进行操作或测量的绝缘工具，其实物如图 1-1-5 所示。如用来接通或断开高压隔离开关、柱上断路器、跌落式熔断器、处理带电体上的异物以及进行高压测量、试验、直接与带电体接触等各项作业和操作。

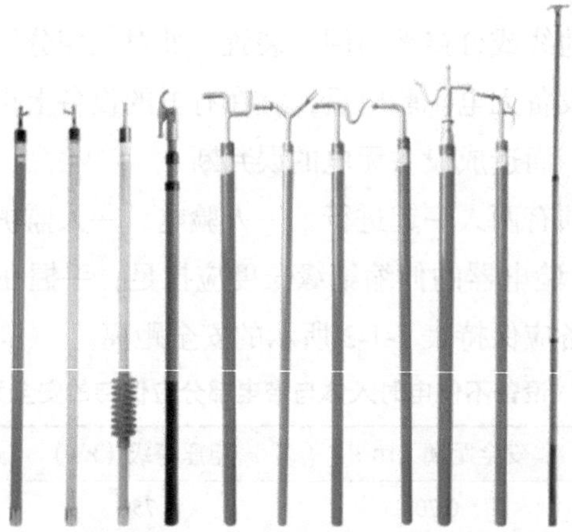

图 1-1-5 绝缘操作杆实物图

1. 结构和规格

绝缘操作杆由合成材料制成，结构一般分为工作部分、绝缘部分和手握部分，如图 1-1-6 所示。

图 1-1-6　绝缘操作杆的基本结构

二维码 1-1-4
绝缘操作杆使用方法（微课）

二维码 1-1-5
绝缘操作杆使用演示（视频）

（1）工作部分：大多由金属材料制成，样式因功能不同而不同，均安装在绝缘部分的最上端。用来直接接触带电设备。工作部分的长度应满足工作需要的情况下，应该尽量做得短些，一般长度不应超过 50～80mm，以避免由于过长而在操作中造成相间短路或接地短路。

（2）绝缘部分和手握部分是用环氧玻璃布管、塑料带、胶木等制成，材料要求耐压强度高、耐腐蚀、耐潮湿、质量轻、便于携带。两者之间由护环隔开，交接处应有明显的标志，各节之间一般用金属材料进行连接，连接应牢固。绝缘部分用于绝缘隔离，所以绝缘部分需光洁、无裂纹或硬伤。

2. 使用保管注意事项

（1）绝缘操作杆的规格必须符合被操作设备的电压等级，切不可任意取用。

（2）操作前，用毛巾擦净灰尘和污垢，检查绝缘操作杆外表无裂纹、划痕、绝缘漆脱落，绝缘操作杆连接部分完好可靠，绝缘杆上明确标记制造厂家、生产日期、适用额定电压等，且在有效试验合格期内。

（3）操作时，人体应与带电设备保持足够的安全距离，操作者的手握部分不得超过护环，以保持有效的绝缘长度，并注意防止绝缘操作杆被人体或设备接地部分或外壳短接。

（4）操作中必须戴绝缘手套。雨天、雪天在户外操作时，操作杆的绝缘部分应有防雨罩。罩的防雨部分应与绝缘部分紧密结合，无渗漏现象，罩下部分的绝缘杆保持干燥。另外，雨天使用绝缘杆操作室外高压设备时，还应穿绝缘靴。

（5）绝缘杆应统一编号，存放在干燥的地方，以防受潮。使用后要及时将杆体表面的污迹擦拭干净，放在特制的木架上或垂直悬挂在专用架上。

说一说　⚡ 某变电站运行人员对变压器进行停电操作，当他将绝缘操作杆伸向跌落式熔断器，即将靠近时突然感到手麻。小组共同讨论一下，可能造成这种现象的原因是什么呢？

四、绝缘手套

绝缘手套是由特种橡胶制成的，分为低压绝缘手套和高压绝缘手套，如图 1-1-7、图 1-1-8 所示。绝缘手套可使人的两手与带电体绝缘，防止工作人员同时触及不同极性带电体而导致触电。在高压电气设备上进行操作时，作为辅助安全工器具；在低压带电设备上工作时，作为基本安全工器具。

> **说一说** ⚡ 某供电公司带电作业人员在处理 10kV 线路设备缺陷时，操作人员在安装中相立铁上侧螺母时，因螺栓在抱箍凸槽内，戴绝缘手套无法顶出螺栓，便擅自摘下双手绝缘手套作业，左手拿着螺母靠近中相立铁，举起右手时，遮蔽不严的放电线夹放电，造成人身触电。小组讨论，这个放电回路是如何形成的呢？

二维码 1-1-6
绝缘手套的使用（微课）

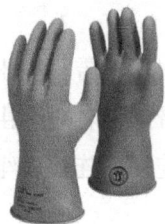

图 1-1-7 低压绝缘手套　　图 1-1-8 高压绝缘手套

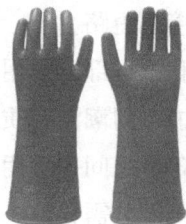

1. 检查要求

（1）检查绝缘手套标签、合格证是否完好，是否在有效试验期内。

（2）用干毛巾擦净绝缘手套表面污垢和灰尘，检查绝缘手套外表无划伤，用手将绝缘手套手指拽紧，检查绝缘橡胶无老化粘连，如发现有发黏、裂纹、破口（漏气）、气泡、发脆等损坏。

（3）对绝缘手套进行气密性检查，具体方法是将手套从口部向上卷，稍用力将空气压至手掌及指头部分检查上述部位有无漏气，如有则不能使用。

2. 使用要求

（1）绝缘手套应根据使用电压高低，不同防护条件来选择。

（2）应将上衣袖口套入手套筒口内，衣服袖口不得暴露覆盖于绝缘手套之外。

（3）绝缘手套应统一编号，使用后应擦净、晒干，并涂抹一层滑石粉，放于干燥、阴凉的地方，使用专用支架，倒置放在专用柜中。

> **做一做** ⚡ 每组派一名代表，进行绝缘手套的检查操作，看谁做得标准又迅速。

五、绝缘靴（鞋）

绝缘靴是由特种橡胶制成的，用于人体与地面的绝缘，绝缘靴（鞋）具有较好的绝缘性和一定的物理强度，安全可靠。主要用作高压电力设备的倒闸操作、设备巡视作业时辅助的安全工器具。特别是在雷雨天气巡视设备或线路接地的作业中，能有效防止受到跨步电压和接触电压的伤害。绝缘靴（鞋）如图1-1-9 所示。

二维码 1-1-7
电力安全工器具的准备及穿戴（AR）

图 1-1-9　绝缘靴（鞋）

说一说　在作业过程中，穿绝缘靴（鞋），是如何起到防护作用的呢？

1. 检查要求

（1）检查绝缘靴（鞋）表面无外伤，无裂纹、无漏洞、无气泡、无毛刺、无划痕等缺陷。

（2）严禁将绝缘靴（鞋）挪作他用。

（3）检查时鞋大底磨损情况，若大底花纹磨掉后，则不应使用。

（4）检查绝缘靴（鞋）有无试验合格证，是否在有效试验合格期内。

2. 使用要求

（1）绝缘靴应根据使用电压高低，不同防护条件来选择。

（2）选择与使用者相适应的鞋码，应将裤管完全套入靴筒内，并要避免接触尖锐的物体，避免接触高温或腐蚀性物质，防止受到损伤。严禁将绝缘靴（鞋）当成一般水靴使用。

（3）绝缘靴（鞋）应统一编号，放在干燥、阴凉的专用柜内，并与其他工具分开放置，其上不得堆压任何物件。

说一说　绝缘靴的靴面材质是否具有绝缘性？

六、护目镜

护目镜是一种防护眼镜，既可以滤光，避免辐射光对眼睛造成损害，又能防止飞溅的固体颗粒、碎屑、火花、飞沫、热流、液体等对眼睛和面部的伤害。根据防护对象的不同，护目镜可分为防碎屑打击、防有害物体飞溅、防烟雾灰尘、防辐射线等几种。在电力生产过程中，常用在装卸高压熔断器、给蓄电池加注电解液等作业中。

使用前，应检查护目镜表面光滑无气泡和杂质，以免影响工作人员的视线，镜架平滑，镜片与镜架衔接牢固，不可造成擦伤或有压迫感。根据使用者具体情况选择宽窄、大小适合的护目镜，并根据工作性质、工作场合选择相应功能的护目镜。护目镜要按出厂时标明的遮光编号或使用说明书使用，保存于干净、不易碰撞的地方。

做一做 ⚡ 谁能快速正确佩戴护目镜？

七、绝缘垫

绝缘垫是由特种橡胶制成的，用于加强工作人员对地的绝缘，因此可以把它视为一种固定的绝缘靴，如图 1-1-10 所示。绝缘垫主要使用于发电厂、变电站、电气高压柜、低压开关柜之间的地面铺设，以保护作业人员免遭设备外壳带电时的触电伤害。

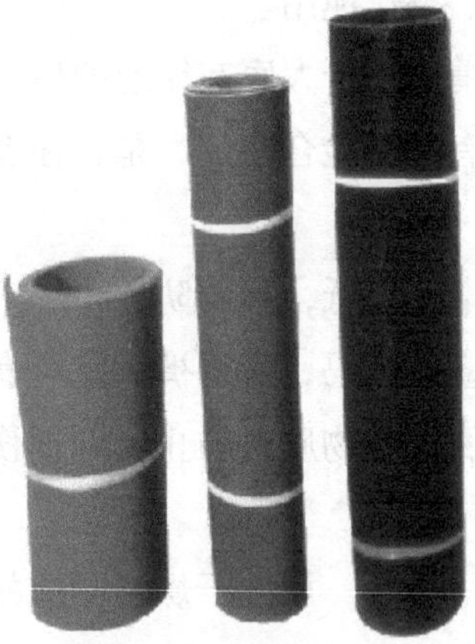

图 1-1-10　绝缘垫

1. 绝缘垫规格

常见的绝缘垫厚度有：5mm/6mm/8mm/10mm/12mm；耐压等级分别为：10kV/25kV/30kV/35kV 等规格。

2. 使用及保管注意事项

（1）检查绝缘垫上下表面无小孔、裂缝、局部隆起、切口、夹杂导电异物等缺陷。

（2）使用时地面应平整，无锐利硬物。铺设绝缘垫时，绝缘垫接缝要平整不卷曲，防止操作人员在巡视设备或倒闸操作时跌倒。

（3）绝缘垫应避免阳光直射或锐利金属划刺，存放时避免与热源距离太近，导致老化变质，绝缘性能下降。

（4）绝缘垫应每半年用肥皂水清洗一次。

八、安全帽

安全帽是防止高空坠落、物体打击、碰撞等主要的头部防护用具，任何人进入生产现场，应正确佩戴安全帽。

1. 安全帽的作用

安全帽是一种用来保护工作人员头部，使头部免受外力冲击伤害的帽子，和其他防护安全工器具一样，使用时难免使人的操作行为受到约束。如果没有经过一定的教育，不具备良好的安全意识，在作业中存在侥幸心理，麻痹大意，在工作场所不戴安全帽，就可能发生人身伤害事故。

2. 安全帽的组成

一般作业安全帽主要由帽壳、帽衬组成、帽衬由帽箍、顶衬、后箍、下颌带和后扣组成，其实物如图1-1-11所示。帽壳呈半球形，坚固、光滑并有一定弹性，打击物的冲击和穿刺动能主要由帽壳承受。帽壳和帽衬之间留有一定空间，可缓冲、分散瞬时冲击力，从而避免或减轻对头部的直接伤害。

图 1-1-11 安全帽

二维码 1-1-8
安全帽的使用
（微课）

二维码 1-1-9
新技术—4G 安全帽（视频）

当作业人员头部受到坠落物的冲击时，利用安全帽帽壳帽衬在瞬间先将冲击力分解到头盖骨的整个面积上，然后利用安全帽各部位缓冲结构的弹性变形、塑性变形和允许的结构破坏将大部分冲击力吸收，使最后作用到人员头部的冲击力大大降低，从而起到保护作业人员的头部的作用。

3. 检查要求

由具有生产许可证资质的专业厂家生产，安全帽上应有商标、型号、制造厂名称、生产日期和生产许可证编号。安全帽的帽壳、帽箍、顶衬、下颌带、后扣等组件完好无损，帽壳与顶衬缓冲空间在 25～50mm。帽壳内外表面应平整光滑、无划痕、裂缝和孔洞，无灼伤、冲击痕迹；帽衬与帽壳连接牢固，后箍、锁紧卡等开闭调节灵活，卡位牢固。安全帽的使用期，从产品制造完成之日起计算：植物枝条编织帽不超过两年；塑料帽、纸胶帽不超过两年半；玻璃钢（维纶钢）橡胶帽不超过三年半。对到期的安全帽，应进行抽查测试，合格后方可使用，以后每年抽检一次，抽检不合格，则该批安全帽报废。

> **安全小贴士** ⚡ 高压近电报警安全帽使用前应检查其音响部分是否良好，但不得作为无电的依据。

4. 使用要求

针对不同生产场所，根据安全帽产品说明选择适用的安全帽；安全帽佩戴时，长发必须盘进帽内，将内衬圆周大小调节到对头部稍有约束感，但不难受的程度，以不系下颌带低头时安全帽不会脱落为宜。戴好后，应将后扣扣到合适位置，系好下颌带，下颌带应紧贴下颌，防止工作中前倾后仰或其他原因造成滑落。安全帽在使用时受到强冲击后，无论帽壳是否有裂纹或变形，都应报废处理。安全帽适宜存放在干燥、无腐蚀的室内，不得贮存在酸、碱、高温、日晒等场所，不可与硬物放在一起。

九、标示牌

在有触电危险的场所、容易产生误判断的地点或存在不安全因素的现场，设置醒目的文字或图形标志，我们称之为标示牌。它是以安全、禁止、警告、指令、提示、消防、限速等形式来提示现场工作人员，在工作中引起注意的一种安全信号警示标志，对防止偶然触及或过分接近带电体而触电具有重要作用。

《电力安全工作规程　发电厂和变电站电气部分》（GB 26860—2011）中明确规定：在电气设备上工作，保证安全的技术措施为：停电、验电、装设接地线、悬挂标示牌和装设安全围栏。

说一说 ⚡ 标示牌的种类、式样和悬挂地点。

十、安全围栏

安全围栏是用来防止工作人员误入带电间隔、无意间碰到带电设备造成人身伤亡，以及工作位置与带电设备之间的距离小于安全距离时使用的安全工器具，其特点和功能如下。

绝缘性能：采用绝缘材料制作，如塑料或橡胶，以防止电流通过围栏传导到周围环境。这种绝缘性能可以有效地保护人员免受电击的危险。

高可见性：使用醒目的颜色，如鲜黄色或橙色，以增加其可见性。这有助于人们在远处就能够察觉到围栏的存在，并提醒他们注意电力设施的存在。

稳定性和耐久性：坚固的材料制作以确保其稳定性和耐久性。这种结构能够抵抗风吹、震动或人为破坏，保持围栏的完整性和功能。

安装方式：通常通过固定装置或地面插座安装在地面上。这种安装方式能够确保围栏稳固地固定在所需位置，防止其移动或倾斜。

标识和警示：电力安全围栏上通常印有标识和警示标志，用以提醒人们注意电力设施的存在和潜在危险。这些标识和警示能够向人们传达相关的安全信息，帮助他们采取适当的预防措施。

根据围栏所使用的材料，可以将电力安全围栏分为金属围栏、塑料围栏、木质围栏等。金属围栏通常具有较高的强度和耐久性，适用于需要较高安全性和长期使用的场所；塑料围栏则具有较轻便和易安装的特点，适用于临时性或需要移动的场所；木质围栏则常用于美化环境和低风险场所。

从功能来说，可以将电力安全围栏分为防护型围栏和警示型围栏。防护型围栏主要用于隔离和保护电力设施或设备，有较高的安全性能；警示型围栏则主要用于警示和提醒人员注意电力设施的存在和潜在危险。

结构上，电力安全围栏分为固定型围栏和可移动型围栏。固定型围栏一般采用混凝土、钢筋等材料固定在地面上，具有较高的稳定性和耐久性；可移动型围栏则采用拼接式或折叠式设计，便于移动和安装，适用于临时性或需要频繁改变围栏位置的场所。通常围栏的高度越高，安全性越高，能够有效地阻止人员进入危险区域。

> **安全小贴士** ⚡ 工作中禁止工作人员擅自移动或拆除围栏、标示牌。因工作原因必须短时移动或拆除安全围栏、标示牌时，应征得工作许可人同意，并在工作负责人监护下进行。工作完毕后应立即恢复。

⚙ **任务实施**

一、明确任务

根据检修工作需要，将某 10kV 某变压器由运行转为检修，并对跌落式熔断器进行分合闸操作。

跌落式熔断器又称为跌落式开关，因其价格低廉，安装简便，可带负荷操作，在 10kV 配电网中应用非常广泛。它三个一组，成组使用，作为 10kV 支线或配电变压器的开关，作为保护和进行设备投、切操作之用。其外形如图 1-1-12 所示，因其有一个明显的断开点，具备了隔离开关的功能，给检修段线路和设备创造了一个安全作业环境，增加了检修人员的安全感。

图 1-1-12 跌落式熔断器实物图

二、工器具准备

绝缘操作杆、绝缘手套、绝缘靴、绝缘垫、安全帽、验电器、护目镜、安全围栏、标示牌。

三、"三"检查

"三"检查，即检查工器具、人员、环境。

1. 工器具检查

检查绝缘工器具是否与电压等级相匹配，是否有在试验周期内的合格标签，是否破损；检查绝缘操作杆长度是否与跌落式熔断器安装高度相适应；检查绝缘手套、绝缘靴是否有漏气现象；检查绝缘垫是否割裂、破损；检查安全帽组件是否完好无损；检查验电器自检是否灵敏，并在有电设备上试一下；检查安全围栏和标示牌是否与该任务相对应，本操作应使用"禁止合闸，线路有人工作"标示牌。

2. 操作人员检查

检查着装，是否穿全棉长袖工作服，衣扣是否系好，安全帽是否佩戴规范。

3. 周围操作环境检查

操作人员所站位置是否合适，操作时有无打雷、下雨等情况。

四、操作过程

1. 核名称

核对线路上的配电变压器名称、核对配电箱名称。

2. 拉低压

用验电器对配电箱外壳验电，看是否存在漏电现象。打开配电箱箱门，逐一检查低压负荷开关是否在运行状态，并将之退出运行，关上配电箱箱门并锁好，在配电箱门外挂上"禁止合闸，线路有人工作"标示牌。

3. 拉高压

根据跌落式熔断器的安装高度，看是否需要登杆操作（登杆操作见任务二，此处略）。检查跌落式熔断器是否确在合闸位置，并逐一拉开，要求操作者双手持绝缘操作杆，持绝缘操作杆的上手位置距离带电部位要大于 0.7m。

在分闸操作时，一般规定为先拉中间相，再拉背风的边相，最后拉断迎风的边相。这是因为配电变压器由三相运行改为两相运行，拉中间相时所产生的电弧火花最小，不致造成相间短路。其次是拉背风边相，因为中间相已被拉开，背风边相与迎风边相的距离增加了一倍，即使有过电压产生，造成相间短路的可能性也很小。最后拉断迎风边相，由于仅有对地的电容电流，产生的电火花更是微乎其微。

合闸的时候操作顺序与分闸时相反，先合迎风边相，再合背风的边相，最后合上中间相。这是从防止电弧造成线路短路的角度考虑。先合迎风边相，如果产生电弧，由于背风边相，中间相都是断开的状态，不易造成相间短路。如果先合背风边相或者中间相，再合迎风边相，大风极易将合迎风边相或中间相产生的电弧，吹到其他两相上，造成相间短路，引起上级线路跳闸。

操作人员在分、合跌落式熔断器开始或终了时，不得有冲击。冲击将会损伤开关，如将绝缘子拉断、撞裂，鸭嘴撞偏，操作环拉掉、撞断等。工作人员在对跌落式熔断器分、合操作时，千万不要用力过猛，发生冲击，以免损坏开关，且分、合必须到位。

合跌落式熔断器的过程用力是慢（开始）—快（当动触头临近静触头时）—慢（当动触头临近合闸终了时）。拉熔断器的过程用力是慢（开始）—快（当动触头临近静触头时）—慢（当动触头临近拉闸终了时）。快是为了防止电弧造成电器短路和灼伤触头，慢是为了防止操作冲击力，造成熔断器机械损伤。

分、合开关是一项频繁的操作，操作不当便会造成触头烧伤引起接触不良，使触头过热，弹簧退火，促使触头接触更为不良，形成恶性循环。所以，拉、合熔断器时要用力适度。合好后，要仔细检查鸭嘴舌头能紧紧扣住舌头长度 2/3 以上，可用绝缘棒钩住上鸭嘴向下压几下，再轻轻试拉，检查是否合好。合闸时未能到位或未合牢靠，熔断器上静触头压力不足，极易造成触头烧伤或者熔管自行跌落。因此，熔断器的每次操作需仔细认真，不可粗心大意，特别是合闸操作，必须使动、静触头接触良好。

二维码 1-1-10
跌落式熔断器
操作演示
（动画）

4. 再检查

分别将跌落式熔断器熔丝管取下并做标记，检查熔丝是否完好，在电杆上适当的醒目位置挂上警告标示牌。

五、过程监控

现场倒闸操作应执行唱票、复诵制度，全过程录音，操作人应按操作票填写的顺序逐项操作，每操作完一项应检查确认后做完成记号，全部操作完毕后进行复查，复查结束后，受令人应立即汇报发令人，监护人员对操作人员进行全程监护。

六、操作结束

操作完成，操作人员要整理工器具并清理现场，检查现场有无遗留物。

🏅 任务评价

10kV 跌落式熔断器操作成果评价表见表 1-1-4。

表 1-1-4　　　　　　　　10kV 跌落式熔断器操作成果评价表

评价项目	评价内容	评价标准	评价等级		
			自评	组评	师评
资料准备（10分）	专业资料准备（10分）	优：能根据任务，熟练查找专业网站和专业书籍，咨询资深专业人士，获取需要的较全面的专业资料 良：能根据任务，查找专业网站或专业书籍，或通过资深专业人士，获取需要的部分专业资料 差：没有查找专业资料或资料极少	优□ 良□ 差□	优□ 良□ 差□	优□ 良□ 差□
实际操作（70分）	着装和工器具选用（15分）	优：正确着装，正确选取安全工器具，正确布置工作现场 良：未正确着装，未正确选取安全工器具，正确布置工作现场 差：未正确着装，未正确选取安全工器具，未正确布置工作现场	优□ 良□ 差□	优□ 良□ 差□	优□ 良□ 差□
	工器具检查（15分）	优：正确进行安全工器具的外观、电压和有效试验期等检查 良：正确进行安全工器具的外观、电压检查，未进行有效试验期和标示牌字迹等检查 差：安全工器具检查不标准或未检查	优□ 良□ 差□	优□ 良□ 差□	优□ 良□ 差□
	停送电操作（30分）	优：操作顺序正确，操作规范，在规定时间内完成 良：操作顺序正确，操作不规范，操作略超出规定时间 差：操作顺序错误或操作严重错误，时间过长	优□ 良□ 差□	优□ 良□ 差□	优□ 良□ 差□
	清理现场（10分）	优：清理工作现场干净，整理收放工具整洁 良：清理工作现场基本干净，工具未整理 差：未清理工作现场，工具未整理	优□ 良□ 差□	优□ 良□ 差□	优□ 良□ 差□
基本素质（20分）	胆大心细（10分）	优：能按规程要求进行细致操作 良：能完成操作，但过程中有省略步骤 差：不能按照规程要求完成操作	优□ 良□ 差□	优□ 良□ 差□	优□ 良□ 差□
	遵章守纪（10分）	优：能完全遵守现场管理制度和劳动纪律，无违纪行为 良：能遵守现场管理制度，迟到/早退1次 差：违反现场管理制度，或有1次旷课	优□ 良□ 差□	优□ 良□ 差□	优□ 良□ 差□
小组意见					
教师意见					
总成绩	优□ 良□ 差□	备注	总成绩＝自评×0.2＋组评×0.3＋师评×0.5 各级权重：优=1；良=0.8；差=0.5		

💡 **拓展阅读**

新型劳动防护用品

新型劳动防护用品是指利用最新的技术和材料制造的能够保护劳动者身体健康和安全的工具和装备。随着科技的不断进步和劳动环境的不断变化，新型劳动防护用品成为劳动者必备的装备。下面将详细介绍几种常见的新型劳动防护用品。

首先，新型劳动防护用品中的头部防护装备是非常重要的一部分。头部是人体最重要的脑部的保护器官，所以保护头部是保障劳动者安全的关键。传统头盔已远远不能满足现代劳动保护的需要，因此出现了新型头盔。新型头盔采用先进的材料和设计，具有抗冲击，防穿刺，防火烧等功能。此外，还加入智能芯片，可以实时监测劳动者的体征和环境信息，一旦发现异常情况可以及时报警，为劳动者的生命安全提供更大的保障。

其次，新型劳动防护用品中的呼吸防护装备也非常重要。在一些特殊的作业环境中，如高温、酸碱气体等，劳动者的呼吸机构会受到严重的伤害，甚至导致生命危险。传统的口罩和防毒面具的保护效果有限，无法完全隔绝有害气体和粉尘。因此，新型的呼吸防护装备应运而生。新型呼吸防护装备采用高效过滤材料和先进的密封设计，能够有效过滤有害气体和粉尘，保护劳动者的呼吸道健康。此外，一些新型呼吸防护装备还加入了空气净化和新风系统，可以为劳动者提供清洁、新鲜的空气，提高劳动效率。

再次，新型劳动防护用品中的手部防护装备也非常重要。手部是人体最常用的部位之一，也是受伤的部位之一，因此保护手部是劳动保护的重要任务。传统的手套只能起到简单的保护作用，不能完全防止刺穿和化学物质的渗透。而新型手套采用了高强度、耐磨损的材料制造，手套的表面还涂有特殊的涂层，能够有效防止化学物质的渗透。此外，新型手套还加入了特殊的防切割功能，可以有效防止锋利物体的切割伤害。同时，一些新型手套还具有防水防油等功能，可以适用于不同的作业环境。

最后，新型劳动防护用品中的身体防护装备也非常重要。在特殊作业环境中，如高温、电磁辐射等，劳动者的身体容易受到伤害。传统的防护服只能提供基本的保护作用，难以适应复杂的作业环境。而新型的身体防护装备则采用了特殊的材料和设计，能够有效隔离高温、电磁辐射和其他有害因素，保护劳动者的身体安全。此外，一些新型身体防护装备还加入了智能监测系统，可以实时监测劳动者的体温和心率等生理指标，一旦发现异常情况可以及时报警。

📋 **自检自测**

1. 安全带和专作固定安全带的绳索在使用前应进行（　　）检查，不合格的不得使用。

A. 全面　　　　　B. 质量　　　　　C. 外观　　　　　D. 应力试验

2. 安全工器具使用前，应检查确认（　　）部分无裂纹、无老化、无绝缘层脱落、无严重伤痕等现象。

A. 绝缘　　　　　B. 传动　　　　　C. 固定　　　　　D. 外壳

3. 安全工器具宜存放在温度为 –15～+35℃、相对湿度为（　　）、干燥通风的安全工器具室内。

A. 80% 以下　　　B. 80% 以上　　　C. 90% 以下　　　D. 70% 以下

4. 按配电网电压等级分类方法，10kV 配电网属于（　　）配电网。

A. 低压　　　　　B. 中压　　　　　C. 高压　　　　　D. 超高压

5. 10kV 跌落式熔断器的水平相间距离不应小于（　　）mm。

A. 300　　　　　B. 500　　　　　C. 700　　　　　D. 800

6. 10kV 跌落式熔断器熔丝材料一般为（　　），熔点高，并具有一定的机械强度。

A. 铜　　　　　B. 银　　　　　C. 铝　　　　　D. 铜银合金

7. （　　）是带电作业现场标准化作业指导书的执行人。

A. 工作负责人　　B. 工作票签发人　　C. 工作许可人　　D. 工作监护人

8. （　　）是用来限制雷电过电压的主要保护电器。

A. 重合器　　　　B. 断路器　　　　C. 避雷器　　　　D. 接地线

9. （　　）属于基本安全用具。

A. 绝缘手套　　　B. 绝缘鞋　　　　C. 高压验电器　　D. 安全带

10. 《安规》规定：居民区和交通道路附近立、撤杆，应设警戒范围或警告标志，并（　　）。

A. 派人看守　　　　　　　　　　B. 通知调度

C. 在工作票上签字确认　　　　　D. 悬挂警示牌

⚙️ **实践实拍**

实拍跌落式熔断器，观察其结构组成和安装位置。

任务 2　跌落式熔断器更换作业

💡 **任务启化**

做一做 ⚡ 班组班前、班后会记录工作页见表 1-2-1。

表 1-2-1　　　　　　　　班组班前、班后会记录工作页

时间		主持人		记录人	
参加人					
班前会内容（结合工作任务、做好危险点分析、布置安全措施、交待注意事项）					
班后会内容（总结讲评安全情况、表扬好人好事、批评忽视安全、违章作业等不良现象）					
评定		班组长签字			
总结反思	（1）通过完成班前、班后会记录，你学到哪些知识或技能？遇到哪些难题？ （2）谈一谈，对班组沟通协作的理解。				
工作组成员					
工作点评					

二维码 1-2-1
知识锦囊

说一说 ⚡ 在作业前，班组班前、班后会的内容。

💬 任务描述

本任务针对跌落式熔断器的更换作业进行介绍，你会掌握登杆作业中使用到的各类安全工器具，并能够根据操作规程正确进行跌落式熔断器的更换作业。

◎ 任务目标

1. 素养目标

（1）注重劳动纪律，培养团结协作岗位态度。

（2）培养规程规范、设备规范、人员规范意识。

2. 知识目标

（1）掌握安全带、脚扣、升降板等结构和原理。

（2）能叙述登杆工器具的使用和保管方法。

3. 能力目标

（1）能熟练检查安全带、脚扣、升降板使用合格性，对不合格的安全工器具能记录其缺陷。

（2）能耐心熟练使用安全带、脚扣、升降板等完成登杆作业。

📋 任务资料

一、安全带

安全带是电工作业时防止坠落的安全工器具，可以在发生意外时有效避免坠落对人体带来的巨大伤害。

1. 作用

当发生意外时，坠落会产生巨大的向下作用力，这个力往往远大于一个人本身的重量。因为大部分的坠落事故都属于突发意外，身边的同事和监护人员没有时间采取更多措施，所以正确使用安全带就尤为重要。通过合理设计，减少作用在人体上的冲击力，使其小于人体的承受极限，从而实现预防和减轻冲击事故对人体产生伤害的目的。

2. 种类和构成

安全带由腰带、围杆带、安全绳、金属配件等组成。

按照使用条件的不同，可以分为围杆作业安全带、区域限制安全带和坠落悬挂安全带。围杆作业安全带是通过围绕在固定构造物上的绳或带将人体绑定在固定的构造物附近，使作业人员的双手可以进行其他操作的安全带，其实物如图 1-2-1 所示。区域限制安全带用以限制作业人员的活动范围，避免其到达可能发生坠落区域，其实物如图 1-2-2 所示。坠落悬挂安全带是当高处作业或登高人员发生坠落时，将作业人员悬挂的安全带，其实物如图 1-2-3 所示。

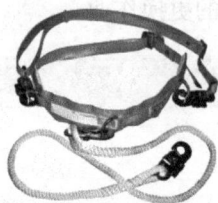

图 1-2-1 围杆作业安全带　　　图 1-2-2 区域限制安全带　　　图 1-2-3 坠落悬挂安全带

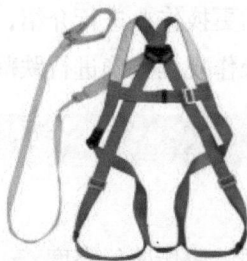

> 说一说 ⚡ 不同类型安全带的应用场合。

3. 检查要求

（1）外观检查，检查组件完整、无短缺、无伤残破损。

（2）检查绳索、编织带无脆裂、断股或扭结。

（3）检查金属配件无裂纹、焊接无缺陷、无严重锈蚀。

（4）检查挂钩的钩舌咬口平整无错位，保险装置完整可靠。

（5）安全钩环齐全、闭锁装置完好可靠、各铆钉牢固无脱落。

（6）检查铆钉无明显偏位，表面平整。

（7）检查安全带是否在有效试验合格期内。

4. 使用要求

（1）2m 及以上的高处作业应使用安全带，保险带、绳使用长度在 3m 以上的应加缓冲器。

（2）使用前，应分别将安全带、后备保护绳系于电杆上，用力向后对安全带进行冲击试验，检查腰带和保险带、绳应有足够的机械强度。

（3）工作时，安全带应系在牢固可靠的构件上，禁止系挂在移动或不牢固的物件上。不得系在棱角锋利处，安全带要高挂和平行拴挂，严禁低挂高用。

（4）安全带应存放在干燥、无腐蚀场所，不可接触高温明火、强酸强碱或尖锐物体。

（5）安全带需要清洗时，可放在低温水中，用肥皂水轻轻搓洗，再用清水漂干净，然后晾干。

（6）要经常检查安全带的缝制部分、挂钩部分和安全绳，保证安全带处于完好状态。围杆作业安全带一般使用期限为 3 年，区域限制安全带和坠落悬挂安全带使用期限为 5 年。如发生坠落事故则应由专人进行检查，如有影响性能的损伤，则应

提前报废。

做一做 ⚡ 谁能正确迅速地穿戴安全带。

二、速差自控器

速差自控器，又名防坠器，能在限定距离内快速制动锁定坠落人员，保护人员的生命安全。其实物图如图 1-2-4 所示。

图 1-2-4　速差自控器

二维码 1-2-3
速差自控器的
使用（微课）

1. 工作原理与结构

速差自控器利用物体下坠的速度进行自控。使用时只需将悬挂绳跨过上方坚固钝边的结构物上，与外壳上方圆环连接，将钢丝绳上的旋转钩挂入安全带上的半圆环内即可使用。

正常使用时，安全绳将随人体自由伸缩，不需经常更换悬挂位置，在防坠器内机构的作用下，安全绳一直处于半紧张状态，使用者轻松自如无牵挂地工作。

工作中一旦人体失足坠落，安全绳的拉出速度加快，器内锁止系统即自动锁止，使安全绳拉出距离不超过 0.2m，冲击力小于 2949N，对失足人员毫无伤害。负荷解除即自动恢复工作，工作完毕安全绳将自动回收到器内。

与传统安全带相比，速差自控器具有下坠距离短、冲击力小、锁止稳定、安全系数高、使用方便、活动范围大、便于携带等优点。

2. 检查与使用要求

（1）使用前，检查有无合格证，且必须有省级以上安全检验部门的产品合格证。

（2）使用前，做外观检查并做试验，以较慢速度正常拉动安全绳时，会发出"嗒嗒"声响。拉出绳长 0.8m，模拟人体坠落时下滑距离不超过 1.2m 为合格。

说一说 ⚡ 试验时，安全绳拉出后不能锁上，是什么原因呢？

（3）使用时，只能高挂低用，水平活动应在以垂直线为中心半径 1.5m 范围内，应悬挂在使用者上方固定牢固的构件上。应防止与尖锐、坚硬物体撞击，严禁安全绳扭结使用，不要放在尘土过多的地方。

（4）工作完毕后，收回防坠器内时，中途严禁松手，避免因速度过快造成弹簧断裂、钢丝绳打结，直到钢丝绳收回防坠器内后即可松手。

（5）严禁将绳打结使用，防坠器的绳钩必须挂在安全带的连接环上。

（6）在使用过程中要经常性地检查速差自控器的工作性能是否良好，绳钩、吊环、固定点、螺母等有无松动，壳体有无裂纹或损伤变形，钢丝绳有无磨损、变形伸长、断丝等现象，如有不正常现象或损坏，不得自行维修拆卸，严禁改装，此时应请厂家调换或修理。

三、脚扣

脚扣一般是用钢或合金铝材料制作的近似半圆形、带皮带扣环和脚蹬板的轻便登杆用工具。脚扣登杆具有使用简单、操作方便、攀登速度快、易学会等优点。但其缺点是需穿适合电线杆粗细的脚扣，在登杆和下杆时需要调整脚扣大小，杆上作业时也易感到疲劳，适用于短时间作业。

1. 原理与分类

脚扣一般由围杆钩、脚踏板、小爪、防滑橡胶、脚扣带组成。利用杠杆作用，借助人体自身重量，使另一侧紧扣在电线杆上，产生较大的摩擦力，从而使人易于攀登；而抬脚时因脚上承受重力减小，脚扣自动松开。

根据其用途不同，有木杆用和水泥杆用的两种形式。木杆用脚扣的半圆环和根部均有突起的小齿，以便登杆时刺入杆中起到防滑的作用；水泥杆用脚扣的半圆环和根部装有橡胶套或橡胶垫来防滑。按结构形式分类，也可分为可调式和固定式脚扣。可调式脚扣通常适用于拔梢杆，固定式脚扣适用于等径杆。其实物图如图1-2-5所示。

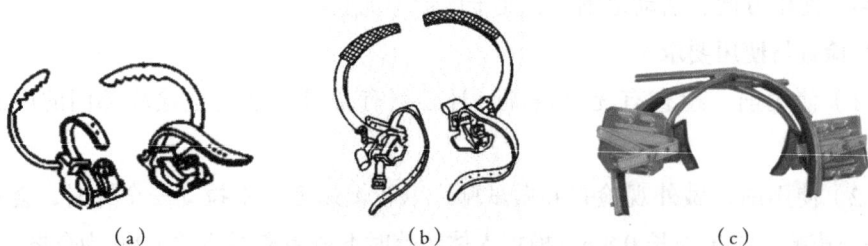

（a）　　　　　　　　（b）　　　　　　　　（c）

图1-2-5　脚扣
（a）木杆脚扣；（b）水泥杆脚扣；（c）可调式脚扣

说一说 ⚡ 拔梢杆和等径杆各自适用的输电线路的电压等级。

---

2. 检查与使用要求

（1）使用前，进行外观检查，查看各部分是否有裂纹、断裂等。

（2）检查脚扣试验合格证是否在有效期内。

（3）登杆前，必须对脚扣进行单腿冲击试验，判断脚扣是否有变形和损伤。方法是将脚扣挂于电杆上离地高约 300mm 处，单脚站立于脚扣上，用自身重量向下冲击，检查脚扣的机械强度是否完好可靠，防滑胶皮是否可靠。

（4）使用脚扣登杆应全程系安全带。

（5）特殊天气使用脚扣和登高板应采取防滑措施。严禁从高处往下扔摔脚扣。

（6）脚扣应统一编号，存放在干燥通风和无腐蚀的室内，置于专门的货架上。

> **安全小贴士** ⚡ 在电杆上作业，必须使用安全带，戴好安全帽，不论时间长短都必须严格执行，以防止意外事故发生。一定要有监护人，互相协作！

四、梯子

梯子是包含有踏板或踏档，可供人上下的装置，是登高作业常用的工具。

1. 分类及组成

目前电力系统中常用的绝缘梯通常制作成直梯和人字梯两种，主要由梯梁、踏板、防滑装置、铰链、撑杆、挂钩装置等部件组成，其实物图如图 1-2-6 和图 1-2-7 所示。前者多用于户外登高作业，后者多用于户内登高作业。

> **想一想** ⚡ 直梯和人字梯可不可以做成伸缩型，根据使用长度进行调节使用？

图 1-2-6　直梯

图 1-2-7　人字梯

2. 检查与使用要求

（1）登梯前，检查梯子外观良好，无损坏。各连接处牢固，无松动。防滑装置良好，有限高标示。

（2）梯子在安放时，与地面夹角不小于 60° 不大于 70°，梯子应能承受工作人员携带工具攀登时的总重量。

（3）攀登梯子时必须有人撑扶，限高标示 1m 以上不得站人。不得在距梯顶少于 2 档的梯蹬上工作。同时，在梯子上使用电气工具，应做好防止感应电坠落的安全措施。

（4）梯子不得接长或垫高使用。如需接长时，应用铁卡子或绳索切实卡住或绑牢并加设支撑。

（5）梯子应放置稳固，梯脚要有防滑装置。使用前，应先进行试登，确认可靠后方可使用。使用人字梯应具有坚固的铰链和限制开度的拉链。

（6）靠在管子上、导线上使用梯子时，其上端需用挂钩挂住或用绳索绑牢。

（7）在通道上使用梯子时，应设监护人或设置临时围栏。梯子不准放在门前使用，必要时应采取防止门突然开启的措施。

（8）严禁人在梯子上时移动梯子，严禁上下抛递工具、材料。

（9）梯子应统一编号，放在干燥、清洁、通风良好的室内。竹梯、木梯要做好防虫防蛀措施。

> **说一说** ⚡ 在检修 110kV 变电站设备时，工程师小李一个人将梯子扛在肩上搬运，结果触电死亡。造成此次事故的原因是什么呢？

五、升降板

升降板也称踏板、登高板等，是一种常用的攀登电杆的用具。

1. 规格和作用

升降板由脚踏板、吊绳和挂钩组成。踏脚板一般采用坚韧的木板制成，木板上刻有防滑纹路，规格有 630mm × 75mm × 25mm 或 640mm × 80mm × 25mm 两种。吊绳采用白棕绳或锦纶绳，呈三角形状，底端两头固定在踏脚两端，顶端上固定有金属挂钩，绳长应适合使用者的身材，一般应为一人一手长。

与脚扣相比，升降板具有安全可靠、能承受较重载荷，工作时站立舒适等优点，适合较长时间工作。但升降板使用方法要掌握得当，倒换升降板时，要注意两板间距，保持人体平衡，否则发生脱钩或下滑，就会造成人身事故。

登杆时，通常使用两副升降板，先将一副背在肩上，用另一副的绳绕电杆一周并挂在钩上，作业人员登上这副板上，再把肩上的升降板挂在电杆上方，作业人员登上后，弯腰将下面升降板的挂钩脱下，这样反复操作，攀登到预定高度。攀登示意图如图 1-2-8。下杆时，操作顺序相反。

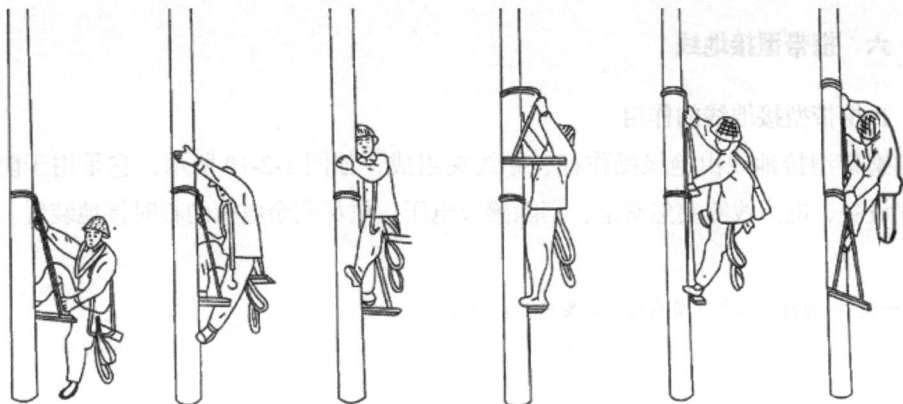

图 1-2-8 用升降杆登杆示意图

2. 检查与使用要求

（1）使用前，进行外观检查，看脚踏板有无断裂、腐朽，绳索有无断股和松散。

（2）对升降板进行冲击试验。方法是将升降板挂于离地高约 300mm 处，两脚站立于踏板上，用自身重量向下冲击，检查升降板挂钩、绳索和木踏板的机械强度是否完好可靠。

（3）登杆攀登时，升降板两绳应全部放于挂钩内系紧，此时挂钩口朝上，并用拇指顶住挂钩，严禁挂钩向下或反挂。挂钩的使用如图 1-2-9 所示。

（a）　　　　　　　　　（b）　　　　　　　　　（c）

图 1-2-9 挂钩的使用
（a）正确；（b）错误 1；（c）错误 2

（4）上下攀登时，要用手握住踏板挂钩下 100mm 左右处绳子进行操作，两脚上板后，左小腿绞紧左边绳来保持身体稳定，登杆过程中禁止跳跃式登杆。

（5）升降板使用不能随意从杆上往下扔，以免摔坏。用后妥善保管，存放在工具柜内。

说一说 ⚡ 杆上作业时，安全带正确位置是束在腰部还是腰部下方臀部位置？

六、携带型接地线

1. 携带型接地线的作用

携带型接地线由绝缘操作杆、导线夹组成，如图1-2-10所示，它是用于防止电气设备、电力线路突然来电，消除感应电压，放尽剩余电荷的临时接地装置。

> **说一说** ⚡ 为什么工作人员在操作时要先挂接地线呢？

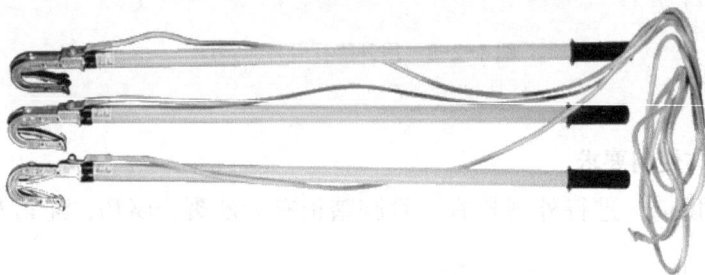

图1-2-10　携带型接地线

2. 装设接地线的重要性

装设接地线是防止工作地点突然来电的唯一可靠安全措施，是保护工作人员免遭触电伤害最直接的保护措施。它使工作地点始终处于"地电位"的保护之中，是消除停电设备残存电荷或感应电荷的有效措施。在发生误送电时，能使保护动作，迅速切断电源。

为防止工作地点突然来电造成伤害，对于可能送电至停电设备的各方面都应装设接地线或合上接地刀闸（装置）。同时，已停电的线路或设备因装设接地线后，剩余电荷也因接地而放尽，挂接地线是保护检修人员的生命线。

> **安全小贴士** ⚡ 装挂接地线是一项重要的电气安全技术措施，保证工作人员生命安全的最后屏障，千万不可马虎大意。实际工作中，接地线使用频繁且操作简单，往往容易使人产生麻痹思想，忽视正确使用接地线的重要性，以致降低甚至有时失去了接地线的安全保护作用，必须引起足够重视。

3. 接地线的分类和组成

接地线按功能分为携带型短路接地线和个人保安接地线。按组合方式可分为组合式和分相式。按挂接方式可分为平压式、挂钩式、鳄鱼夹式。按压紧方式分为弹簧压紧式、螺旋压紧。按操作杆连接方式分为固定式、可脱卸式等。

分相式接地线由导线端线夹、短路线、绝缘操作棒、接地端线夹、接线鼻等部件组成，其实物如图 1-2-11 所示。组合式接地线由导线端线夹、短路线、接地引线、接地端线夹、绝缘操作棒、线夹紧固装置、回流管、接线鼻等部件组成，其实物如图 1-2-12 所示。

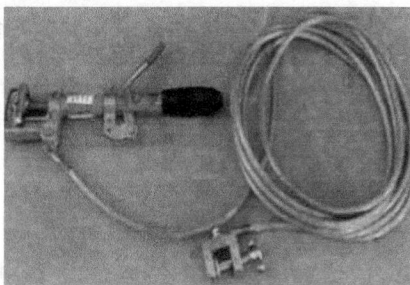

图 1-2-11　分相式接地线

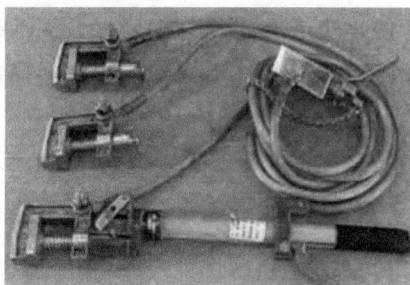

图 1-2-12　组合式接地线

工作地段如有临近、平行、交叉跨越及同杆塔架设线路，为防止停电检修线路上感应电压伤人，在需要接触或接近导线工作时，应使用个人保安线（俗称"小地线"），但禁止用个人保安线代替接地线使用。个人保安线实物如图 1-2-13 所示。

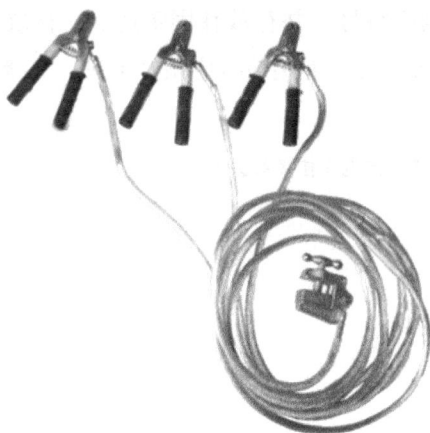

图 1-2-13　个人保安线

4. 检查要求

（1）使用前，必须检查软铜线是否断股断头，外护套完好，各部分连接处螺栓紧固无松动，线钩的弹力是否正常，不符合要求应及时调换或修好后再使用。

（2）检查接地线绝缘杆外表无脏污，无划伤，绝缘漆无脱落。

（3）检查接地线试验合格证是否在有效试验合格期内。

5. 使用要求

（1）装挂接地线前必须先验电，严禁习惯性违章行为。

（2）装设接地线时，应戴缘绝手套，穿绝缘靴或站在绝缘垫上，人体不得碰触接地线或未接地的导线，以防止感应电触电。

（3）装设接地线时，接地线的额定短路电流不能小于悬挂点的最大故障电流，若单组接地线不能满足要求时，可以采用多组接地线组合挂设。

（4）接地线的两端线夹应保证接地线与导体和接地装置接触良好、拆接方便，有足够的机械强度，并在大短路电流通过时不致松动。

（5）接地线的挂接应有专人监护，当验明设备确无电压后，应立即将检修设备接地并三相短路（直流线路两极接地线分别直接接地）。

（6）装设接地线，应先装设接地线接地端，后接导体端。拆接地线的顺序与装设时相反。接地点应保证接触良好，其他连接点连接可靠，接地线应使用专用的线夹固定在导体上，禁止用缠绕的方法进行接地或短路。

（7）在同塔架设多回线路杆塔的停电线路上装设接地线，应采取措施防止接地线摆动，并满足安全距离的规定。

（8）同杆塔架设的多层电力线路挂接地线时，应先挂低压，后挂高压，先挂下层，后挂高层，拆除时次序相反。

（9）接地线在通过短路电流之后应当予以报废。

（10）每组接地线均应编号，并存放在固定地点，存放位置亦应编号，接地线号码与存放位置号码一致，装、拆接地线应做好记录，交接班时应交代清楚。

做一做 ⚡ 模拟现场班组，进行接地线挂接实操练习。

任务实施

根据检修工作需要，将某 10kV 跌落式熔断器进行更换。

1. 班前会

（1）检查作业人员精神状态是否良好，检查着装正确。

（2）交代危险点、控制措施。

（3）明确工作任务、责任分工（①工作负责人；②安全措施实施人员；③登杆作业人员和监护人）。

2. 履行工作票手续

工作负责人向工作班成员宣读工作票，交代工作内容、停电范围、保留带电部位及危险点控制措施，工作班成员在工作票上履行签名确认手续。

3. 做安全措施

根据工作票所列安全措施检查应拉开的断路器（开关）、隔离开关（刀闸）是否在开位，应装设的接地线是否装设。在工作地点装设围栏，在围栏上悬挂"在此工作""从此进出"和适当数量的"止步，高压危险！"标示牌。

4. 跌落式熔断器更换

（1）跌落式熔断器更换前的检查。

1）检查熔断器出厂安装说明书及合格证、试验报告齐全有效。

2）检查熔断器绝缘子表面有无硬伤、裂纹、烧闪痕迹，清除表面灰垢、附着物及不应有的涂料。

3）检查熔断器的各部分零件齐全完整，铸件无砂眼、裂纹。

4）检查动、静触头接触良好，熔丝管跌落正常、无卡涩。

5）熔丝管不应有吸潮膨胀或弯曲现象。

6）用 2500V 绝缘电阻表摇测绝缘电阻，不得小于 500MΩ。测试方法：E 端接熔断器中间固定铁件，L 端分别接熔断器上下桩头。

（2）拆除旧跌落式熔断器。

1）登杆前，做好必要的检查工作，核对线路名称、杆号、杆塔埋深、杆身有无裂纹等，并确认无异常。

2）拆除跌落式熔断器端子的护罩及引线。

3）拆除跌落式熔断器，用循环绳送至杆下。

（3）安装新跌落式熔断器。

1）地面人员用循环绳绑跌落式熔断器并缓缓拉上杆，在向上拉的过程中防止跌落式熔断器与杆塔相碰而损坏绝缘子。

2）安装跌落式熔断器并固定牢靠。

3）连接跌落式熔断器引线，熔断器引线连接如果是铝导线，引线连接应使用铜铝过渡接线端子等可靠的过渡措施。

4）安装跌落式熔断器连接端子绝缘防护罩，跌落开关上、下触头应安装绝缘防护罩。

5. 拆除安全措施

根据工作票所列安全措施检查拉开的接地刀闸是否在分位，接地线、个人保安线、围栏等是否全部拆除。

6. 清理现场、办理终结

作业结束后，工作负责人依据施工验收规范对施工工艺、质量进行自查验收。合格后，清理工作现场，将工器具全部收拢并清点，废弃物按相关规定处理，材料及备品备件回收清点。现场确保无遗留物品。办理工作终结手续。

7. 班后会

工作负责人召开班后会，总结本次工作中作业人员是否存在违章现象，跌落式熔断器更换中发现的问题、存在的问题。

二维码 1-2-6
跌落式熔断器的更换演示（动画）

任务评价

跌落式熔断器更换作业成果评价表见表 1-2-2。

表 1-2-2 跌落式熔断器更换作业成果评价表

评价项目	评价内容	评价标准	评价等级		
			自评	组评	师评
资料准备（10分）	专业资料准备（10分）	优：能根据任务，熟练查找专业网站和专业书籍，咨询资深专业人士，获取需要的较全面的专业资料 良：能根据任务，查找专业网站或专业书籍，或通过资深专业人士，获取需要的部分专业资料 差：没有查找专业资料或资料极少	优□ 良□ 差□	优□ 良□ 差□	优□ 良□ 差□
实际操作（70分）	着装和工器具选用（15分）	优：正确着装，正确选取安全工器具，正确布置工作现场 良：未正确着装，未正确选取安全工器具，正确布置工作现场 差：未正确着装，未正确选取安全工器具，未正确布置工作现场	优□ 良□ 差□	优□ 良□ 差□	优□ 良□ 差□
	登杆前检查（15分）	优：正确进行脚扣、安全带等外观、有效试验期等检查。正确检查电杆基础、杆身及杆塔情况。进行脚扣、安全带冲击试验 良：对脚扣、安全带进行冲击试验，但未检查外观、有效试验期等。正确检查电杆基础、杆身及杆塔情况 差：进行脚扣、安全带等外观、有效试验期等检查。未检查电杆基础、杆身及杆塔情况。进行脚扣、安全带冲击试验不标准	优□ 良□ 差□	优□ 良□ 差□	优□ 良□ 差□
	登杆（30分）	优：脚扣扣紧电杆，操作规范，稳步登杆和下杆，在规定时间内完成 良：脚扣未扣紧电杆，登杆基本完成，操作不是很规范，操作略超出规定时间 差：操作顺序错误或操作严重错误，时间过长	优□ 良□ 差□	优□ 良□ 差□	优□ 良□ 差□
	清理现场（10分）	优：清理工作现场干净，整理收放工具整洁 良：清理工作现场基本干净，工具未整理 差：未清理工作现场，工具未整理	优□ 良□ 差□	优□ 良□ 差□	优□ 良□ 差□
基本素质（20分）	团结协作（10分）	优：能进行合理分工，相互协商，共同完成任务 良：能进行合理分工，相互协商不足，能共同完成任务 差：分工不合理，协作不充分，完成任务不及时	优□ 良□ 差□	优□ 良□ 差□	优□ 良□ 差□
	劳动纪律（10分）	优：能完全遵守现场管理制度和劳动纪律，无违纪行为 良：能遵守现场管理制度，迟到/早退1次 差：违反现场管理制度，或有1次旷课	优□ 良□ 差□	优□ 良□ 差□	优□ 良□ 差□
小组意见					
教师意见					
总成绩	优□ 良□ 差□	备注	总成绩＝自评×0.2+组评×0.3+师评×0.5 各级权重：优=1；良=0.8；差=0.5		

拓展阅读

铁鞋传奇—淄博电工张克京

1960年，淄博电工张克京发明了世界上第一双"克京铁鞋"，这是一项具有划时代意义的发明，至今世界各地的电力、通信、市政工人仍在用它爬杆。

张克京老人，今年已83岁高龄，如图1-2-14所示。说起当年的发明经过，每个细节他都还历历在目，老人谦虚地说：当时就想着干活能省点儿劲，也没想别的，没想到作用这么大。

图 1-2-14　张克京和他的"铁帽"

故事还得从1957年说起。那年21岁的张克京和同乡一起来到淄博，参与淄博市第一条省道张博路的建设。在众多年轻人中，这位寡言少语，时不时在工作中出些好点子、好想法，让繁重的工作变得轻松的年轻人受到了领导的关注。一年后，张克京被推荐到鲁中供电局淄博供电所工作，成为了一名线路工人。那时的线路工用一个字来形容就是"苦"。20世纪50年代末，大部分行业都面临着生产工具落后、机械化程度低的困境，很多高强度的工作都只能靠人力去完成，电杆从运输到组立全部是手提肩扛。苦和累对线路工来说早已习惯，但最让他们头疼的是登杆作业。张克京有发明登杆工具的想法，就是第一次跟着师傅参加线路工作时产生的。当时，他还是学徒，只负责杆下工作，到达现场后，只见师傅拿着两副三角板（如图1-2-15所示），开始一步一步倒换着上杆，很是费劲，爬到一半时，师傅就有些体力不支，休息片刻后才爬到杆顶。看着师傅在杆上工作，他很是担心，师傅下杆时已是满头大汗。听师傅讲，用三角板不但爬杆困难，还存在着一定的危险，张克京暗下决心，一定要发明出登杆像走平地一样的工具。

1960 年，全国掀起了以机械化、半机械化，自动化、半自动化为核心的技术革新，国家号召各行各业把工人从笨重的体力劳动和手工操作中解放出来。淄博供电所因此成立创新工作站，鼓励员工创新，张克京的这一想法得到了单位的大力支持。张克京首先想到的制作材料是圆钢，先用火把圆钢烧红，再用铁锤慢慢砸，弯出弧度。经过一年的研制，张克京终于打造出了世界上第一双铁鞋。爬电杆是比较方便了，但是太沉了，穿在脚上像两个大铅块。攀爬电杆从粗杆到细杆的时候，得用手去操作鞋上的槽，才能伸缩，很不方便。经

图 1-2-15　老带电作业人员使用三角板登杆

过一番研究，张克京换成了椭圆形的设计，这样既能稳定铁鞋的前端，又能节省制作成本。看似不错的改进，同事们提出了质疑。"变形太厉害了，刚上杆，鞋就出现开缝现象，这样的登杆工具谁敢用啊！"新的铁鞋虽然变轻了，却又出现了受力变形的问题，存在安全隐患。张克京把食盐高温加热以后熔化成液体，再把钢件放到溶液里，通过这种方法处理后的钢管，硬度和韧性都达到制作铁鞋的要求。改良后的铁鞋完全满足线路工爬杆需求，承重量达到 400kg。穿上这样的铁鞋，"噌噌"几十秒就能爬到一基 20m 高的电杆杆顶。爬杆时，工人只需动一动脚，铁鞋就能自动收紧或松开，方便、安全又实用。

铁鞋研制成功了！20 世纪 60 年代初，鲁中供电局淄博供电所专门召开表彰大会，宣布将铁鞋命名为"克京式铁鞋"。1955 年参加工作的老线路工人李金石，是 1960 年世界上第一双铁鞋研制出来后的第一个试穿者。他回忆说："当时铁鞋成功了，心里还是有点害怕。但是通过试验发现它也快也小、省体力。三角板太老化，有了铁鞋方便多了，它能一鞋多用，粗细杆都能爬。"1973 年，一次全国带电作业比武中。当时的淄博供电所员工杨发福穿上铁鞋登杆作业，他完成任务下杆后，其他省市那些使用三角板的队员还未到杆顶，杨发福获得了第一名，他脚上的那双铁鞋也引起了全国的关注。1974 年，国家水电部专门到淄博召开鉴定会，对铁鞋的安全性、便利性、承载力进行试验和鉴定，认为这是一项前所未有的发明，高效安全。自此"克京式铁鞋"在全国一举成名，全面推广。从那年开始，铁鞋也迈开了它从中国走向世界的脚步。直到今天，世界上无数电力、通信、市政等行业的工人，仍然在借助铁鞋攀登高杆。

自检自测

1. 工作地点有可能误登、误碰的邻近带电设备，应根据设备运行环境悬挂（　）标示牌。

A. "从此上下！"　　　　　　　　　　B. "在此工作！"

C. "止步，高压危险！"　　　　　　　D. "当心触电！"

2. 脚扣的预防性机械静负荷试验周期为（　）个月。

A. 1　　　　　　B. 3　　　　　　C. 6　　　　　　D. 12

3. 接地线拆除后，（　）不得再登杆工作或在设备上工作。

A. 工作班成员　　B. 任何人　　　C. 运行人员　　　D. 作业人员

4. 接地线截面积应满足装设地点短路电流的要求，且高压接地线的截面积不得小于（　）mm^2。

A. 10　　　　　　B. 16　　　　　　C. 25　　　　　　D. 35

5. 接入支接引线前应清除连接处导线上的（　）。

A. 绝缘层　　　B. 氧化层　　　C. 屏蔽层　　　D. 导线层

6. 进行绝缘遮蔽时，导线遮蔽罩与绝缘子遮蔽罩一般应（　）。

A. 约有 15cm 的重叠部分　　　　　B. 有 5cm 的重叠部分

C. 0.5 不重叠　　　　　　　　　　D. 不重叠

7. 班前会的特点是时间短、内容集中、（　）。

A. 针对性强　　B. 条理清楚　　C. 技术交底　　　D. 组织得力

8. 班前会应突出"三交、三查"，"三交"即交任务、交安全及（　）。

A. 交台账　　　B. 交措施　　　C. 交安全用具

9. 一个工作负责人手中只能持有（　）有效工作票。

A. 二张　　　　B. 一张　　　　C. 三张　　　　D. 没有规定

10. 如标准化作业指导书在执行过程中，发现不切合实际、与相关图纸及有关规定不符等情况，应（　）。

A. 继续工作　　　　　　　　　　　B. 立即停止工作

C. 按实际继续工作　　　　　　　　D. 继续其他顺序工作

实践实拍

实拍各类杆塔，观察其结构组成和适用场合。

模块 2　　触电防范与现场急救

事故案例：

某送变电运检公司人员吴××、林××巡视 35kV 东大Ⅱ线路，按要求巡视架空线路时，发现 208 号至 209 号杆段的线路边坡有超高树木，在没有穿戴绝缘防护用品，也未使用绝缘工器具将树木（树枝）拉向线路反方向的情况下，直接进行砍剪，树木倒落过程与东达Ⅱ路 C 相安全距离不足放电，导致 1 人触电，监护人发现后立即进行触电急救，保住了性命。

规程提示：

《电力安全工作规程　电力线路部分》（GB 26859—2011）中规定：工作人员和工器具与邻近或交叉的运行线路应符合安全距离。

编者有话：

"建大功于天下者，必先修于闺门之内。垂大名于万世者，必先行于纤微之事。"这就是古今所提倡的从大处着眼，从小事着手，脚踏实地工作。从事电力作业人员必须具备必要的电气知识和业务技能，掌握必要的触电防范和紧急救护方法，以确保人身及设备安全，并使电气设备始终保持在良好、安全的运行状态。加强全员防触电事故教育，提高全员防触电意识，严格执行"两票三制"，严格按照规程进行作业，保持好安全距离，做好触电防范。

本项目依照《电力安全工作规程　电力线路部分》（GB 26859—2011）《漏电保护器安装和运行》（GB 13955—1992）和《电力行业紧急救护技术规范》（DL/T 692—2008）等标准，介绍了触电防范与急救、安全距离、绝缘防护及漏电保护器的安装等知识，供大家借鉴与学习。

学习目标：

（1）通过任务实施，树立安全规范的岗位态度和团结协作精神。

（2）能详细叙述影响触电危险程度的因素。

（3）能准确分析输电线路、电气设备安全距离。

（4）能结合现场实际情况，采取合理有效的防范触电伤害措施。

（5）能正确熟练安装单相、三相漏电保护器。

（6）能迅速、熟练地完成触电急救。

二维码 2-0-1
触电伤害典型
事故案例剖析
（企业案例）

任务1 架空线路防直接接触触电措施

⚡ 任务启化

做一做 ⚡ 架空线路防直接接触触电措施工作页见表 2-1-1。

表 2-1-1 架空线路防直接接触触电措施工作页

工作内容	查询我国架空线路输电等级划分情况，初步了解国家特高压工程。按小组模拟现场班组，通过角色扮演法，模拟架空线路巡线，需要做好触电危险点分析，做好防范触电措施。
工作目标	深刻理解特高压电网大范围、大规模、大容量等优点对高效率优化配置能源资源的促进作用，对提高电力输送容量，增加经济输电距离，提升大电网安全稳定水平的重要意义。 能正确进行输电线路巡线，能结合现场实际情况采取有效的防范直接接触触电措施。
工作准备	每个小组由 4~6 名学生组成，指定组长。工作时，由组长分配，分别指定学生负责安全监督、工作实施、数据记录等，组织学生轮换操作。
工作思考	（1）谈谈你们小组对特高压输电及架空输电线路建设的理解。 （2）输电线路由哪几部分构成？输电线路中每一部分的作用是什么？ （3）我国输电网电压等级如何划分？如何分辨直流铁塔和交流铁塔？ （4）常见的人体触电方式有哪些？如果出现触电，我们该怎么办？

续表

工作过程	（1）自学我国特高压技术发展历程，按照"工作思考"栏中的提示，做好学习笔记。 （2）按照现场实际情况，列出常见危险点，并记录如何做好防直接接触触电等预防控制措施，根据防控措施做好架空线路巡线工作。
总结反思	（1）通过完成上述工作页，你学到哪些知识或技能？遇到哪些难题？ （2）请总结一下我国特高压输电技术实现从"跟跑"到"领跑"的跨越体现出了哪些"特高压精神"？
工作组成员	
工作点评	

说一说 ⚡ 在电工作业过程中，如何保障自身和他人的安全呢？

二维码 2-1-1
知识锦囊

🗨 任务描述

本任务通过架空输电线路巡视，沿线路逐基逐档进行，重点对导线、绝缘子、金具、附属设施的完好情况及架空线路安全距离进行全面的检查。结合现场工作实际，做好防直接接触触电措施，以保障电力工作人员的人身安全。

◎ 任务目标

1. 素养目标

（1）树立严谨细致的岗位态度，做到安全规范。

（2）具备团队协作精神。

2. 知识目标

（1）掌握影响触电危险程度的因素。

（2）掌握常见防范直接触电的措施。

3. 能力目标

（1）能准确分析架空线路、电气设备安全距离。

（2）巡线过程中，能结合现场实际情况，采取合理有效的防直接接触触电措施。

📋 任务资料

人身触电事故的发生一般存在两种情况，一是工作人员直接接触或者靠近电气设备、带电线路，且靠近时未能保持足够的安全距离；二是工作人员触碰平时不带电，但是因绝缘损坏而带电的金属外壳或金属构架。

1. 绝缘措施

所谓绝缘，是用绝缘物质和材料把带电体包裹或封闭起来，使之不能被人身触及，从而保证安全。良好的绝缘是保证电气设备正常运行，防止触电事故的基本措施。但绝缘不是万无一失的，因为绝缘也会遭到破坏、有的是机械损伤，有的是电压过高或绝缘老化产生电击穿，所以必须按照规定严格检查。

绝缘材料应具有一定的机械强度和绝缘强度，如绝缘层应足够牢靠，不采用破坏性手段不会被去掉，绝缘材料在长期运行中能承受机械、化学、电气及热应力的作用等。保持输配电线路和电气设备的绝缘良好，是保证人身安全和电气设备正常运行的最基本要素，也是防止直接触电的重要措施。图 2-1-1 所示为电工绝缘胶带。

图 2-1-1　电工绝缘胶带

2. 屏护

所谓屏护，就是由屏障、遮栏、围栏、护罩、箱盖等把带电体同外界隔绝开来，以减少人员直接触电的可能性。带电体的屏护用于电气设备不便于绝缘或绝缘不足以保证安全的场合，是防止触电、电弧短路伤人的一种措施，有时也是防止机械损伤电气设备或者是周围环境对电气设备的特殊要求而采用的措施。

电气设备的带电部分（如开关电器的可动部分），一般不能依靠包扎来绝缘，而需要屏护其中，防护式开关电器本身带有屏护装置，如胶盖闸刀开关的胶盖，铁壳开关的铁壳等，开启式石板闸刀开关，要另加屏护装置。对于高压设备，全部绝缘往往有困难，而且当人接近至一定程度时，即会发生严重的触电事故。因此，不论高压设备是否有绝缘，均应采取屏护或其他防止接近的措施。金属材料制成的屏护装置必须接地或接零。变、配电设备也经常采用屏护装置。

屏护装置有永久性的，如配电装置的遮栏、开关的罩盖等；也有临时性的，如电气检修作业，当作业场所临近带电体时，在作业人员与带电体之间、过道、入口等处均应装设可移动的临时屏护装置。有固定屏护装置，如母线的护网；也有移动屏护装置，如随天车移动的天车滑线屏护装置。

屏护的设置与带电体的距离有一定的要求。为了保证屏护装置的有效性，要求屏护装置必须满足以下几点安全条件：

（1）屏护装置应有的尺寸。网状遮栏网眼不得大于 20mm × 20mm，以防止工作人员在检修时将手或工具伸入遮栏内，遮栏高度一般不应低于 1.7m，下部边缘距离地面不应超过 0.1m。户内栅栏高度不应低于 1.2m，户外不应低于 1.5m。户外配电装置围墙高度不应低于 2.5m。

（2）屏护装置的强度。由于屏护装置不直接与带电体接触，因此对制作屏护装置的材料的导电性没有严格的规定。但是，各种屏护装置都必须具有足够的机械强度和良好的耐火性能。

（3）金属材料制作的屏护装置，安装时必须接地或接零。

（4）信号和联锁装置。屏护装置一般不易随便打开、拆卸或挪移，有时还应配合采用信号装置和联锁装置，前者采用灯光或信号、表计指示有电；后者采用专门装置，当人体越过屏护装置可能接近带电体时，被保护的装置自动断电。屏护装置上的钥匙应由专人保管。

（5）保证足够的安全距离与标志。就实质而言，屏护装置并没有真正消除触电危险，它只起到隔离作用。屏护一旦被逾越，触电的危险性仍然存在。因此，对电气设备实施屏护措施时可辅以其他安全措施。

图 2-1-2 所示为变压器护栏。

图 2-1-2 变压器护栏

说一说 ⚡ 屏护装置与被屏护的带电体之间的安全距离是多少呢？被屏护的带电部分需要悬挂哪些标识牌呢？

3. 安全距离

所谓电气安全距离，是指人体、物体等接近带电体不会发生危险的距离。为了防止火灾、过电压放电和各种短路事故，带电体与地面（水面）之间、带电体与带电体之间、带电体与人体之间、带电体与其他设施和设备之间，均应保持一定距离。安全距离由电压的高低、设备的类型及安装方式等因素决定。通常，在输配电线路和变、配电装置附近工作时，应考虑线路安全距离，变、配电装置安全距离，检修安全距离和操作安全距离等。根据各种电气设备（设施）的性能、结构和工作的需要，安全距离大致可分为以下四种：①输电、配电线路的安全距离；②变、配电设备的安全距离；③检修、维护时的安全距离；④各种用电设备的安全距离。电力安全规程中对不同情况的安全距离作了明确规定，设计或安装时都必须遵守这些规定。

安全小贴士 ⚡ 距离是作业安全的基本保证，电力巡检，安全距离，熟记心中。

（1）输电、配电线路的安全距离。

1）架空线路（见图 2-1-3）。架空线路可以是裸线，也可以是绝缘线，但即使是绝缘线，若系露天架设，导线绝缘也会因风吹日晒和发热老化而极易损坏，为保障线路的安全运行，架空线路导线在弛度最大时与地面或水面的距离不应小于表 2-1-2 的数值。架空线路应避免跨越建筑物。架空线路不应跨越可燃材料作屋顶的建筑物。架空线路必须跨越建筑物时，应与有关部门协商并取得有关部门的同意，导线与建筑物的最小距离不得小于表 2-1-3 中的数值。导线与树木的最小距离如表 2-1-4 所示。

图 2-1-3　架空线路

表 2-1-2　　　　　　　　　架空线路导线与地面或水面的最小距离　　　　　　　单位：m

线路经过地区	线路电压（kV）		
	< 1	1 ~ 10	35
居民区	6.0	6.5	7.0
非居民区	5.0	5.5	6.0
交通困难地区	4.0	4.5	5.0
步行可以达到的山坡	3.0	4.5	5.0
步行不能达到的山坡、峭壁或岩石	1.0	1.5	3.0

表 2-1-3　　　　　　　　　架空线路导线与建筑物的最小距离　　　　　　　　单位：m

线路电压（kV）	≤ 1	10	35
垂直距离	2.5	3.0	4.0
水平距离	1.0	1.5	3.0

表 2-1-4　　　　　　　　　架空线路导线与树木的最小距离　　　　　　　　　单位：m

线路电压（kV）	≤ 1	10	35
垂直距离	1.0	1.5	3.5
水平距离	1.0	2.0	—

当遇到几种线路同杆架设时应取得相关部门同意，且必须保证：

电力线路应位于弱电线路的上方，高压线路位于低压线路的上方；同杆线路的导线间最小安全距离应符合表 2-1-5 的规定。转角杆或分支线如为单回路，分支线横担距主干线横担为 0.6m；如为双回路，则分支线横担距上排主干横担为 0.45m，距下排主干横担为 0.6m。

表 2-1-5　　　　　　　　　　同杆线路导线间的最小安全距离　　　　　　　　单位：m

项目	直线杆	分支和转角杆	项目	直线杆	分支和转角杆
10kV 与 10kV	0.8	0.45/0.60	低压与低压	0.6	0.3
10kV 与低压	1.2	1.0	低压与弱电	1.5	1.2

2）低压配电线路（见图 2-1-4）。配电线路与用户建筑物外第一个支持点之间的一段架空导线称为接户线。从接户线引入室内的一段导线称为进户线。接户线对地最小距离应符合表 2-1-6 的规定。低压接户线的线间最小距离应符合表 2-1-7 的规定。低压进户线的进线管口对地距离不应小于 2.75m，高压一般不应小于 4.5m。

图 2-1-4　低压配电线路

表 2-1-6　　　　　　　　　　　　接户线对地最小距离　　　　　　　　　　单位：m

接户线电压		最小距离	接户线电压		最小距离
高压接户线		4.0	低压接户线	跨越通车困难街道、人行道	3.5
低压接户线	一般	2.5		跨越胡同（里、巷、弄）	3.0
	跨越通车街道	6.0		沿墙敷设对地垂直距离	2.5

表 2-1-7　　　　　　　　　　　低压接户线的线间最小距离　　　　　　　　　　单位：m

架设方式	档距	线间最小距离	架设方式	档距	线间最小距离
自电杆上引下	≤ 25	0.15	沿墙敷设水平排列或垂直排列	≤ 6	0.10
	> 25	0.20		> 6	0.15

（2）变、配电设备的安全距离。

变、配电装置安全距离是指变配电装置带电体与其他带电体、接地体、各种遮栏等设施之间的最小允许距离，主要包括 A 距离、B 距离、C 距离、E 距离。

1）A 距离。A 距离是指设备带电部分至接地部分和设备不同相带电部分之间的最小距离。A 距离是根据系统最大过电压情况下对应的放电间隙，加上适当的安全裕度确定的，它是确定其他几类安全距离的基础。考虑因下雨、积雪、软母线摇摆、地面不平等因素，室外运行条件较室内运行条件差，室外配电装置的 A 距离略大些，其他各相距离也适当加大。下标 N 表示室内，下标 W 表示室外。

2）B 距离。B 距离是指设备带电部分至各种遮栏间的安全距离。针对不同的遮栏，相应有三种不同的 B 距离。

①带电部分至栅栏的安全距离称为 B_1 距离。考虑到工作人员活动时，手臂可能误伸入栅栏里面，而一般人的手臂不超过 750mm，故规定为

$$B_{1N} = A_{1N} + 750（mm）$$

$$B_{1w} = A_{1w} + 750（mm）$$

② 带电部分至网状遮栏的安全距离称为 B_2 距离。考虑到工作人员活动时，手指可能误伸入网状遮栏里面，而一般人的手指不超过 70mm，计及网状遮栏加工安装误差 30mm，这样计算可保证人员手臂或手指误伸入网状遮栏时，手与带电体的距离仍然大于安全距离 A，不至引起放电。故规定为

$$B_{2N} = A_{1N} + 100（mm）$$

$$B_{2w} = A_{1w} + 100（mm）$$

③ 带电部分至板状遮栏的安全距离称为 B_3 距离。板状遮栏无人员手臂或手指伸入的可能，所以只考虑遮栏加工安装误差 30mm，故规定为

$$B_{3N} = A_{1N} + 30（mm）$$

3）C 距离。C 距离是指无遮栏带电体至地面的距离。考虑到工作人员站在地面举手后的高度，一般不超过 2300mm，室外地面不平整或冬季积雪等因素增加 200mm 的安全裕度，超高压情况下，空气间隙的放电特性受电极形状影响较大，在 500kV 系统中的 C 距离取 7500mm。故规定为

$$C_{1N} = A_{1N} + 2300（mm）$$

$$C_{1w} = A_{1w} + 2500（mm）$$

4）E 距离。E 距离是指穿墙套管至室外路面的距离。靠路的室外路面常有车辆通过，人站在车厢中举手的高度一般不大于 3500mm，故规定为

$$E_{1w} = A_{1w} + 3500（mm）$$

室内配电装置的最小安全净距如图 2-1-5 和表 2-1-8 所示。室外配电装置的最小安全净距如图 2-1-6 和表 2-1-9 所示。

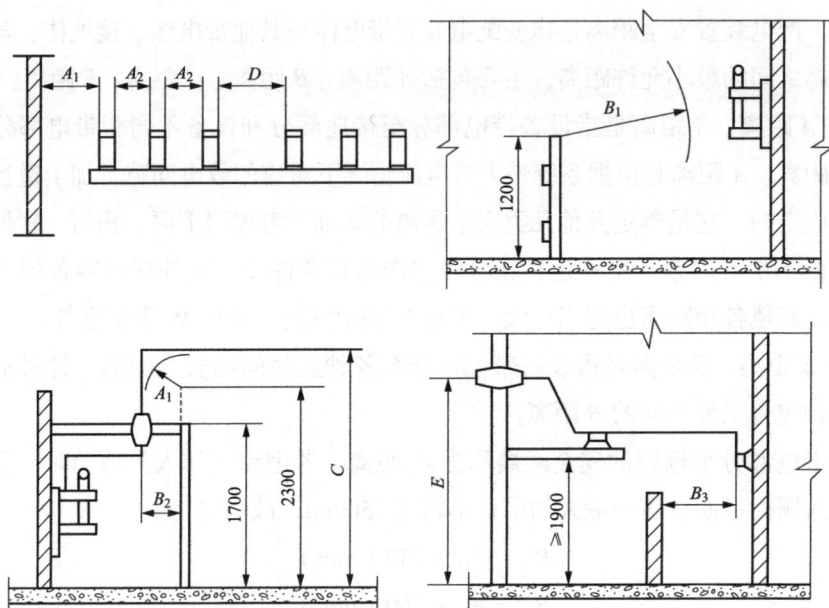

图 2-1-5 室内配电装置最小安全净距示意图

表 2-1-8 　　　　　　　　　室内配电装置的最小安全净距 　　　　　　　　单位：mm

设备额定电压（kV）	1～3	6	10	35	110J
带电部分至接地部分（A_1）	75	100	125	300	850
不同相的带电部分之间（A_2）	75	100	125	300	900
带电部分至栅栏（B_1）	825	850	875	1050	1600
带电部分至网状遮栏（B_2）	175	200	225	400	950
带电部分至板状遮栏（B_3）	105	130	155	330	880
无遮栏带电体至地面间（C）	2375	2400	2425	2600	3150
不同时停电检修的无遮栏导体间（D）	1875	1900	1925	2100	2650
穿墙套管至室外通道路面（E）	4000	4000	4000	4000	5000

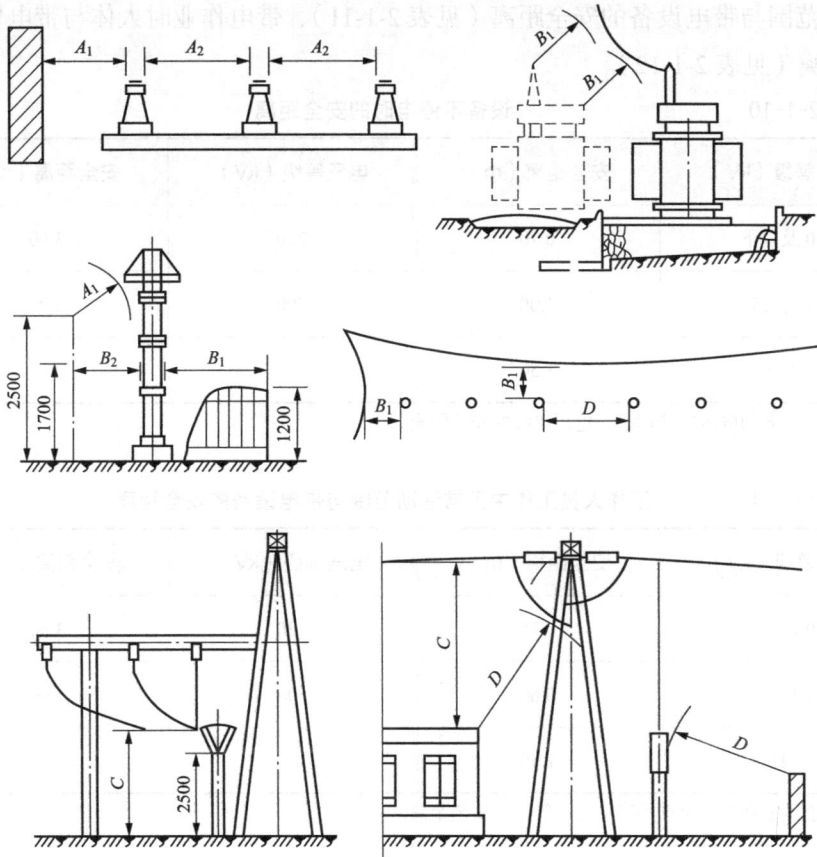

图 2-1-6 　室外配电装置最小安全净距示意图

表 2-1-9 　　　　　　　　　　室外配电装置的最小安全净距　　　　　　　　单位：mm

设备额定电压（kV）	1 ~ 10	35	110J	220J
带电部分至接地部分（A_1）	200	400	900	1800
不同相的带电部分之间（A_2）	200	400	1000	2000
带电部分至栅栏（B_1）	950	1150	1650	2550
带电部分至网状遮栏（B_2）	300	500	1000	1900
无遮栏带电体至地面间（C）	2700	2900	3400	4300
不同时停电检修的无遮栏导体间（D）	2200	2400	2900	3800

（3）检修、维护时的安全距离。

检修安全距离是指工作人员进行设备维护检修时与设备带电部分间的最小允许距离。该距离可分为设备不停电时的安全距离（见表 2-1-10）、工作人员工作中正常活动范围与带电设备的安全距离（见表 2-1-11）、带电作业时人体与带电体间的安全距离（见表 2-1-12）。

表 2-1-10　　　　　　　　　　设备不停电时的安全距离

电压等级（kV）	安全距离（m）	电压等级（kV）	安全距离（m）
10 及以下	0.70	220	3.00
20、35	1.00	500	5.00
110	1.50		

注：表中未列电压应选用高一电压等级的安全距离。

表 2-1-11　　　　工作人员工作中正常活动范围与带电设备的安全距离

电压等级（kV）	安全距离（m）	电压等级（kV）	安全距离（m）
10 及以下	0.35	220	3.00
20、35	0.60	500	5.00
110	1.50		

注：表中未列电压应选用高一电压等级的安全距离。

表 2-1-12　　　　　　　　　　人体与带电体间的安全距离

电压等级（kV）	安全距离（m）	电压等级（kV）	安全距离（m）
10 及以下	0.40	110	1.00
20、35	0.60	220	1.80

注：表中未列电压应选用高一电压等级的安全距离。

为了防止在检修工作中，人体及其携带工具触及或接近带电体，必须保持足够的检修间距。

在低压工作中，人体及其携带工具与带电体的距离应不小于 0.1m。在高压无遮栏操作中，人体及其携带工具与带电体之间的最小距离，10kV 及以下者不应小于 0.7m；20～35kV 者不应小于 1m。用绝缘棒操作时，上述距离可减为 0.4m 和 0.6m。不能满足上述要求时，应装设临时遮栏。在线路上工作时，人体及其携带工具与邻近线路带电导线的最小距离，10kV 及以下者不应小于 1m；35kV 者不应小于 2.5m。

⚙ 任务实施

一、明确任务

在架空输电线路日常巡视中，如发现危急缺陷或线路遭到外力破坏等情况，应立即采取措施并向上级或有关部门报告，以便尽快予以处理。对巡视中发现的可疑情况或无法认定的缺陷，应及时上报以便组织复查、处理。现需要对 35kV 架空输电线路线路进行安全日常巡视，要求做好防直接接触触电措施。

为更好地保证输电可靠性，减少事故率，所以巡视检查输电线路的运行情况是相当必要的。通过开展周期性的线路全方位巡视，能够全面地动态掌握线路设备的运行情况及其状态，及时发现缺陷隐患，防止事故的发生，同时可以为线路消缺和检修工作提供第一手材料，将更有力地保障输电线路安全稳定运行。

输电线路杆塔在电力网络建设中，主要是对架空输电线路起到支撑作用。通过输电线路杆塔使输电线路与地面保持相应的安全距离，从而能够对输电线路起到很好的保护作用，降低地面人为活动以及天气因素对输电线路运行安全性的影响。

在我国电网快速发展的同时，由于地形条件和自然气候等因素的影响，输电线路出现故障，给企业带来巨大经济损失和社会效益损失，也不利于保障人民的用电需求和用电安全。输电线路正确架设，保持足够的安全距离，能够有效保证输电线路的正常运行。与普通输电线路相比，电压等级越高的输电线路越长，多数会贯穿东南或者西北。这就意味着一条高电压等级的输电线路（如 220kV、500kV）会跨越平原、高原、盆地等各种地形，一条 35kV 普通配电线路也会跨越居民区、非居民区等地形，因此必须明确输电线路的必要安全距离。

> **说一说** ⚡ 小组讨论，如何制订架空输电线路巡视计划？

无论要开始什么类型的巡视工作，开始前都必须要制定相应的巡视计划，以保证巡视的质量。那么巡视计划是从何而来呢？首先，运维单位会根据运行规程制定年度巡视计划并下达至二级运维单位，二级单位根据年度计划向运维班组下发月度巡视计划，运维班组根据月度计划以及所辖线路的季节性特点、通道管控情况等制定相应的周巡视计划上报二级单位审核，通过批准后，就可以根据上报的日巡视计划安排开展每天的巡视工作了。

在架空线路巡检前，需要召开班前会。班前会作为班组的日常化管理平台，是巡视有效、安全开展重要管理保障和依托。班前会的主要目的，一方面是各小组明确今日巡视内容、安全风险、注意事项等，另一方面是检查巡视人员的工装、安全帽是否穿戴合格、巡视资料及物品是否齐备。另外，通过安全嘱咐、点名提问、一问一答等方式，让各巡视小组成员谈今日的工作要点、注意事项、潜在隐患等，这些内容是员工进行风险预控、确保现场巡视安全的重要基础，也是巡视安全联保互保的重要方式，从而有效地改善和加强现场安全管理工作。

架空输电线路主要由导线、绝缘子、金具、杆塔及其基础、避雷线和接地装置等构成，如图 2-1-7 所示。

导线：传导电流，它是线路的基本部分。

绝缘子：在导线传导电流时，保持三相之间互相绝缘，并对地绝缘。

杆塔：是为了架设导线，以使导线对地及其三相之间均有一定距离。

金具：连接导线和绝缘子等，把它们安装于杆塔上的金属附件。

避雷线：防止雷直接击落在导线上。

二维码 2-1-3
架空输电线路
巡视（视频）

图 2-1-7　架空输电线路

说一说 ⚡ 如何判断架空输电线路电压等级？

（1）看绝缘子串：大约是 1 个绝缘子是 6~10kV，3 个绝缘子是 35kV，60kV 线路不少于 5 片，7 个绝缘子是 110kV，11 个绝缘子是 220kV，16 个绝缘子是 330kV；28 个绝缘子是 500kV。低于 35kV 的用针式绝缘子，无片数之分。

（2）看杆塔、望线路：220kV 输电塔高度一般在 30~40m 左右，500kV 输电塔约有 50m 高，而 1000kV 特高压输电塔则达到 90~110m 的高度，相当于二三十层的高楼。

（3）看杆塔牌：杆塔上面的牌子就有线路的电压等级。一般 1 开头的是 110kV，2 开头的是 220kV，以此类推，5 开头的则是指 500kV。千万不要为了看清警示牌上标示的电压等级而过于接近高压线杆塔。

> **做一做** ⚡ 看一看学校周围的杆塔，绝缘子串由多少片组成，判断其输电等级?

> **安全小贴士** ⚡ 巡线过程中，如遇到导线断线接地，所有人员都应站在距故障点 8～10m 以外的地方，并应设专人看管，绝对禁止任何人走近接地点。

二、人员要求

35kV 架空输电线路巡视人员要求见表 2-1-13。

表 2-1-13　　　　　　　　35kV 架空输电线路巡视人员要求

序号	内容	责任人
1	作业人员经《电业安全工作规程》（电力线路部分）考试合格	
2	身体健康，精神状态良好	
3	具备输电线路 35kV 线路巡视方面的技能且具有登高作业证书	

三、工器具准备

验电器（35kV 专用）、接地线（35kV 专用）、安全带、脚扣、传递绳等。

四、架空输电线路巡视危险点分析

35kV 架空输电线路巡视危险点分析见表 2-1-14。

表 2-1-14　　　　　　　35kV 架空输电线路巡视危险点分析

序号	危险点分析	控制措施
1	高空坠落：攀登杆塔时由于脚扣松动没有抓牢；安全带没有系在牢固构件上或系安全带后扣环没有扣好；杆塔上作业转位时失去安全带保护等情况可能导致发生高空坠落	（1）攀登杆塔时，注意检查登高工具是否可靠，在杆塔上作业时，必须系好安全带 （2）安全带应系在杆塔的牢固构件上，应防止安全带被锋利物割伤；系好安全带后必须检查扣环是否扣牢；杆塔上转移作业位置时，不得失去安全带保护
2	物体打击：高空作业可能落物打击地面作业人员和路过的行人	（1）现场人员必须戴好安全帽 （2）杆塔上作业人员要防止掉东西，所使用的工器具、材料等应装在工具袋里，并用绳索传递，不得乱扔，绳扣要绑牢；传递人员应离开重物下方，杆塔下及作业点下方禁止人员靠近和停留
3	触电：未经验电，或未挂接地线进行作业可能发生触电；更换时未保持足够安全距离；输电线路架设后安全距离不够；输电线路存在断线等引发跨步电压触电	（1）严格执行停电、验电、挂接地线制度 （2）严格对照 35kV 线路安全距离要求，逐一排查，确保安全 （3）检查线路有无断线接地情况等 （4）登杆作业人员及杆塔上所用绳索及工器具材料应与带电体保持安全距离

续表

序号	危险点分析	控制措施
4	导线脱落：操作不当可能发生导线脱落	（1）提升导线前必须做好防止导线脱落的保护措施 （2）导线保护绳应有足够强度
5	工器具失灵：工器具保养或使用不当可能导致失灵	所有工器具在使用前必须经专人检查，保证合格、配套、灵活

五、安全措施

35kV 架空输电线路巡视安全措施见表 2-1-15。

表 2-1-15　　　　　　　　35kV 架空输电线路巡视安全措施

序号	内容
1	验电器必须经检验合格，验电、挂接地线时设专人监护
2	攀登杆塔时，注意检查脚扣是否牢固可靠
3	登杆作业人员及杆塔上所用绳索及工器具材料应与带电体保持安全距离
4	现场人员必须戴好安全帽，穿工作服
5	工器具必须经过试验并合格，工器具严禁以小代大
6	作业前检查弹簧销、金具连接是否牢固完整
7	不得随意变更现场安全措施，特殊情况下需要变更安全措施时，必须履行审批手续

六、架空输电线路巡视、记录过程

（1）班前会：进入现场巡视开始前，工作负责人要召开站班会，确认当日工作杆号（区段），通过列队的形式再次检查工装、安全帽、巡视资料及物品等，同时提醒员工要抛开杂念，开始进入工作状态。

（2）核名称：核对线路名称、杆塔号、色标无误方可登杆塔。攀登杆塔注意稳上稳下。

（3）验电挂接地线：验电操作人员在监护人的监护下，带传递绳使用脚扣登杆塔，将安全带系在杆塔的牢固构件上，再将传递绳系在杆塔的适当位置。使用验电器逐相验电并挂牢接地线，报告工作负责人验电确无电压、挂接地线完毕。悬挂"有人工作"标识牌。

（4）线路本体和附属设施的检查：根据实际需要，重点是对导地线、绝缘子、金具、接地装置、标志牌等等的完好情况进行全面检查。

（5）安全距离判断：

1）观察、记录架空线路经过居民区的距离。

2）观察、记录架空线路经过非居民区的距离。

3）观察、记录架空线路经过交通困难地区的距离。

4）讨论、记录架空线路经过徒步可以到达的山坡的距离。

5）讨论、记录架空线路经过徒步不能到达的山坡、峭壁等的距离。

6）观察、记录架空线路与建筑物的垂直距离。

7）观察、记录架空线路与建筑物的水平距离。

8）观察、记录架空线路与树木的垂直距离。

（6）巡视 35kV 架空线路有无断线接地情况：若发现导线断落或垂在半空，应设法防止人畜靠近，在断落点周围 8m 以内不允许旁人进去，并采取措施迅速处理，20m 以外视为安全区域。

（7）检查 35kV 架空线路地面是否有易燃易爆或者强烈腐蚀性物质；沿线路附近有无危险建筑物，有无在雷雨或大风天气可能对线路造成危害的建筑物及其他设施；线路有无树枝、风筝、鸟巢等杂物，如有应设法清除。

（8）观察架空线路有无交叉跨越现象。

（9）做好安装、巡线记录，对危险点作事故预想，并及时汇报。

（10）无论线路是否带电，都应该视为带电，巡线时应沿线路上风侧行走，以防止断线落于身上。

（11）巡视线路时，至少两人且穿戴好安全帽、绝缘鞋、持高压验电器等电力工器具，测量安全距离时，使用规定工器具，切不可造成对地短路，造成人员伤亡。

七、操作结束

操作完成，操作人员要整理工器具并清理现场，检查现场有无遗留物。

🏅 **任务评价**

35kV 架空输电线路巡视成果评价表见表 2-1-16。

表 2-1-16   35kV 架空输电线路巡视成果评价表

评价项目	评价内容	评价标准	评价等级		
			自评	组评	师评
资料准备（10分）	专业资料准备（10分）	优：能根据任务，熟练查找专业网站和专业书籍，咨询资深专业人士，获取需要的较全面的专业资料 良：能根据任务，查找专业网站或专业书籍，或通过资深专业人士，获取需要的部分专业资料 差：没有查找专业资料或资料极少	优□ 良□ 差□	优□ 良□ 差□	优□ 良□ 差□
实际操作（70分）	着装和工器具选用（15分）	优：正确着装，正确选取安全工器具，正确布置工作现场 良：未正确着装，未正确选取安全工器具，正确布置工作现场 差：未正确着装，未正确选取安全工器具，未正确布置工作现场	优□ 良□ 差□	优□ 良□ 差□	优□ 良□ 差□
	线路巡视全面，能做好全面防触电措施（25分）	优：巡线内容全面，防触电措施准确 良：巡线内容全面，防触电措施部分准确，经提醒能迅速改正 差：巡线内容不全面，防触电措施不准确，经过提醒仍未能改正	优□ 良□ 差□	优□ 良□ 差□	优□ 良□ 差□
	线路巡线时保持足够安全距离（30分）	优：安全距离正确，内容记录完整 良：安全距离存在 2 项以内错误，内容记录部分完整 差：安全距离存在 3 项及以上错误	优□ 良□ 差□	优□ 良□ 差□	优□ 良□ 差□
基本素质（20分）	严谨细致（10分）	优：能按规程要求进行细致操作 良：能完成操作，但过程有省略步骤 差：不能按照规程要求完成操作	优□ 良□ 差□	优□ 良□ 差□	优□ 良□ 差□
	安全规范（10分）	优：能完全遵守输电线路巡视现场管理制度和纪律，安全规范完成巡线任务 良：能遵守输电线路巡视现场管理制度，经过提醒能完成巡线任务 差：违反输电线路巡视现场管理制度，采取错误操作	优□ 良□ 差□	优□ 良□ 差□	优□ 良□ 差□
小组意见					
教师意见					
总成绩	优□ 良□ 差□	备注	总成绩 = 自评 × 0.2+ 组评 × 0.3 + 师评 × 0.5 各级权重：优 =1；良 =0.8；差 =0.5		

🔍 **任务深化**

📖 **拓展阅读**

我国特高压发展现状

特高压作为我国电力远距离输送必备的基础设施，已经成为电力调度不可或缺的存在，近日，随着南昌—长沙 1000kV 特高压交流工程竣工投产大会的成功召开，标志着我国第 28 条特高压线路正式建成。目前国内在运在建工程线路长度达到 4.6 万 km，变电（换流）容量超过 4.8 亿 kV·A（kW），累计送电超过 2 万亿 kW·h。

截至目前，我国国家电网已经投运的特高压线路累计形成 15 交 13 直的一个庞大家族。根据国家电网公司的规划，"十四五"期间特高压交直流工程总投资 3002 亿元，新增特高压交流线路 1.26 万 km、变电容量 1.74 亿 kV·A，新增直流线路 1.72 万 km、换流容量 1.63 亿 kW，特高压电网将迎来新一轮的建设高峰期。

《"新基建"之特高压产业发展及投资机会白皮书》预计，到 2025 年，特高压产业及其带动产业整体投资规模将达 5870 亿元。中国的一次能源和电力负荷分布极不均衡，西部能源丰富，全国三分之二以上的经济可开发水能资源分布在四川、西藏、云南，煤炭资源三分之二以上分布在山西、陕西和内蒙古西部；东部经济发达，全国三分之二以上的电力负荷集中在京广铁路以东地区，但西部能源基地与东部负荷中心距离却很遥远，500～2000km 的路程，一般线路输送一半，就会损失殆尽。

我国第一条特高压项目从 2006 年 8 月开工建设到 2009 年 1 月投运，历时 28 个月。这条名为 1000kV 晋东南—南阳—荆门特高压交流试验示范工程起于山西晋东南（长治）变站，经河南南阳关站，止于湖北荆门变电站，如图 2-1-8 所示。全线单回路架设，全长 654km，跨越黄河和汉江。变电容量 600 万 kV·A。系统标称电压 1000kV，最高运行电压 1100kV，静态投资约 57 亿元。这条特高压项目的投运，标志着我国全面建成了世界一流的特高压试验研究体系，全面掌握了特高压交流输电核心技术，全面建立了特高压交流输电标准体系，全面实现了国内电工装备制造的产业升级，全面验证了特高压交流输电的技术可行性、设备可靠性、系统安全性和环境友好性，全面培养锻炼了技术和管理人才队伍。特高压交流输电在我国已具备大规模应用条件。

图 2-1-8　1000kV 晋东南—南阳—荆门特高压交流试验示范工程

📋 **自检自测**

1. 直接接触电击是人体触及正常状态下带电的带电体时发生的电击。预防直接接触电击的正确措施是（　　）。

　　A. 绝缘、屏护和间距　　　　　　　　B. 保护接地、屏护

　　C. 保护接地、保护接零　　　　　　　D. 绝缘、保护接零

2. 安全电压是在一定条件下、一定时间内不危及生命安全的电压。我国标准规定的工频安全电压等级有 42、36、24、12V 和 6V（有效值）。不同的用电环境、不同种类的用电设备应选用不同的安全电压。在有电击危险环境中使用的手持照明灯电压不得超过（　　）V。

　　A. 6　　　　　　　B. 12　　　　　　　C. 36　　　　　　　D. 42

3. 用于防止人身触电事故的漏电保护装置应优先选用高灵敏度保护装置。高灵敏度保护装置的额定漏电动作电流不应超过（　　）mA。

　　A. 150　　　　　　B. 100　　　　　　C. 50　　　　　　　D. 30

4. 下列关于直接接触电击防护的说法中，正确的是（　　）。

　　A. 耐热分级为 A 级的绝缘材料，其使用极限温度高于 B 级绝缘材料

　　B. 屏护遮栏下边缘离地不大于 0.5m 即可

　　C. 低压电路检修时所携带的工具与带电体之间间隔不小于 0.1m

　　D. 起重机械金属部分离 380V 电力线的间距大于 1m 即可

5. 绝缘是防止直接接触电击的基本措施之一，电气设备的绝缘电阻应经常检测，绝缘电阻用兆欧表测定。下列关于绝缘电阻测定的做法中，正确的是（　　）。

　　A. 在电动机满负荷运行情况下进行测量

　　B. 在电动机空载运行情况下进行测量

　　C. 在电动机断开电源情况下进行测量

　　D. 在电动机超负荷运行情况下进行测量

6. 保持安全间距是一项重要的电气安全措施。在 10kV 无遮栏作业中，人体及其所携带工具与带电体之间最小距离为（　　）m。

　　A. 0.7　　　　　　　B. 0.5　　　　　　　C. 0.35

📱 **实践实拍**

实拍生活中见过的输电线路，判断其属于何种电压等级的输电线路及应该保持的安全距离。

任务 2　低压配电屏防间接接触触电措施

🔅 任务启化

做一做 ⚡ 低压配电屏防间接接触触电措施工作页见表 2-2-1。

表 2-2-1 　　　　　　　　　　低压配电屏防间接接触触电措施工作页

工作内容	查询我国低压配电柜发展的背景资料以及新型环保材料在低压配电柜中的应用。按小组模拟现场班组，通过角色扮演法，模拟工作人员根据检修工作要求，在漏电保护屏安装单相和三相漏电保护器，并对设备做好防漏电措施。
工作目标	深刻理解我国低压配电柜发展中大容量、高分断、智能化控制、模块化和标准化结构设计、高可靠性等技术创新及发展趋势。 　　能叙述漏电保护器的作用、原理，说明一般防间接触电的技术措施；能熟练安装单相和三相漏电保护器。
工作准备	每个小组由 4~6 名学生组成，指定组长。工作时，由组长分配，分别指定学生负责安全监督、工作实施、数据记录等，组织学生轮换操作。
工作思考	（1）结合推进高质量发展相关内容，阐述低压配电柜性能提升对提高电网质量、有效的控制电量等方面的重要意义。 （2）什么是接地？接地的作用是什么？常见的接地装置有哪些？ （3）列写安装漏电保护器时的常见危险点，并列出预防控制措施。说明如何预防间接触电？

续表

工作过程	（1）自学低压配电柜安装施工工艺要求标准、安装流程及注意事项，按照"工作思考"栏中的提示，做好学习笔记。 （2）按照现场实际情况，正确安装单相和三相漏电保护器，做好预防间接接触触电措施。
总结反思	（1）通过完成上述工作页，你学到哪些知识或技能？遇到哪些难题？ （2）想要成为一名合格的低压电工，低压配电柜验收的规范标准有哪些？
工作组成员	
工作点评	

说一说 ⚡ 生活中，需要强制安装漏电保护器的设备及场所有哪些？

💬 任务描述

现场电工作业环境中往往存在设备漏电的现象，容易导致间接接触触电事故。为了防止该类事故的发生，保证设备和现场工作人员人身安全，需要采取有效的防间接接触触电措施。本任务通过对低压配电柜防间接接触触电措施认知和单相、三相漏电保护器的安装，强化对防间接接触触电措施的掌握与应用，以保障电力工作人员的人身安全。

◎ 任务目标

1. 素养目标

（1）树立安全至上理念。

（2）具备团队协作精神，养成遵章守纪和规范工作意识。

2. 知识目标

（1）掌握漏电保护器的工作原理及作用。

（2）掌握漏电保护器的安装原则及验收规范。

3. 能力目标

（1）能举例说明预防间接接触触电措施。

（2）能正确熟练安装单相、三相漏电保护器。

📋 任务资料

防间接接触触电的主要技术措施有保护接地、保护接零、装设剩余电流动作保护器、采用安全电压等。

> **说一说** ⚡ 接地的种类有哪些?

一、保护接地

为防止电气设备绝缘损坏发生碰壳故障（漏电）引发间接接触触电，将电气设备外露金属部分及其附件经保护接地线与深埋在地下的接地体紧密连接起来，称为保护接地，如图 2-2-1 所示。

低压配电系统的保护接地有 IT 和 TT 两种。其中，第一字母表示电力系统的对地关系，I 表示所有带电部分不接地或通过阻抗及等值线路接地，T 表示系统一点直接接地（通常指中性点直接接地）；第二字母 T

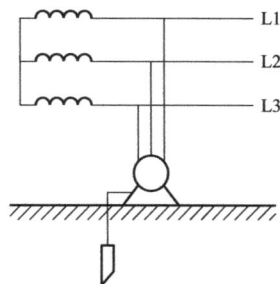

图 2-2-1　保护接地

二维码 2-2-2
保护接地
（微课）

61

表示独立于电力系统的可接地点直接接地。

保护接地仅适合于中性点不接地的系统，在中性点接地的系统中使用不能完全保证安全。

说一说 ⚡ 低压配电系统中的 IT 和 TT 指的是什么？

二、保护接零

二维码 2-2-3
保护接零
（微课）

在中性点直接接地的系统中，把电气设备在正常情况下不带电的金属部分与中性点接地系统的零线连接起来，称为保护接零，如图 2-2-2 所示。采用保护接零的低压配电系统称为 TN 系统。

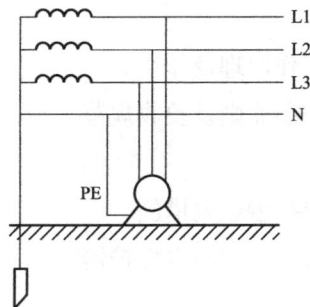

图 2-2-2　保护接零

1. 保护原理

一旦设备发生碰壳事故，接零线形成单相短路，漏电电流将上升为数值很大的短路电流，迫使线路上的保护装置迅速动作而切断电源，如图 2-2-3 所示。

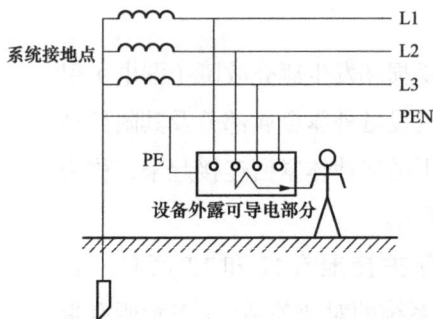

图 2-2-3　保护接零的原理图

2. 保护接零的形式

TN 系统根据设备金属外壳与系统零线连接方式的不同分为以下三类：

（1）TN-C 系统。我国当前所普遍采用的 TN 系统（俗称三相四线制）中，保护零线 PE 和工作零线 N 是合为一体的，称为 PEN 线。保护接地时，将设备金属外壳与 PEN 线连接，如图 2-2-4 所示。

（2）TN-S 系统。在 TN-S 系统（俗称三相五线制）中，零线 N 和保护零线 PE 在整个系统中是分开的。N 线和 PE 线各尽其责：N 线作为工作回路专用，PE 线作为保护专用，与设备金属外壳连接，如图 2-2-5 所示。这种保护接地方式具有较高的用电安全性，也是应该大力提倡的。

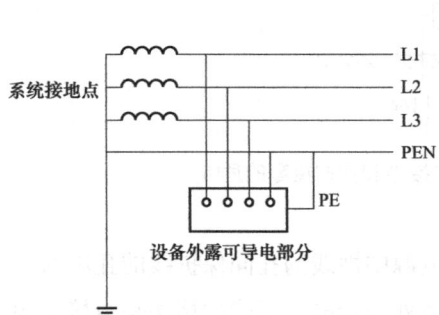

图 2-2-4　TN-C 系统

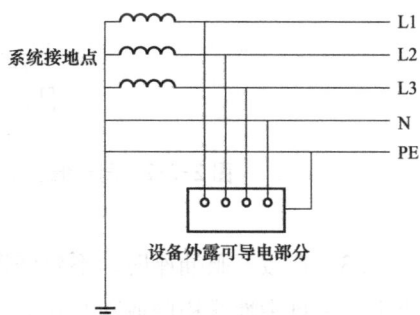

图 2-2-5　TN-S 系统

（3）TN-C-S 系统。在同一 TN 系统中，前一部分保护零线和工作零线合用，后一部分两者分开，即构成 TN-C-S 系统，如图 2-2-6 所示。组合方式前端用 TN-C，给一般的三相平衡负荷供电，末端采用 TN-S，给少量单相不平衡负荷或对供电质量要求高的电子设备供电。应注意的是，采用 TN-C-S 系统时，PEN 线一经分开为 N 线和 PE 线以后，不得再合并。

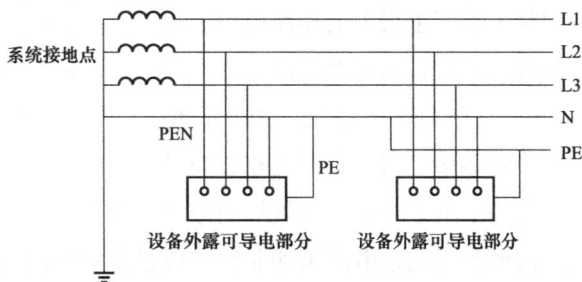

图 2-2-6　TN-C-S 系统

3. 对 TN 系统的要求

（1）零线上不能安装熔断器和断路器，以防止中性线回路断开时，零线出现相电压而引起的触电事故。

（2）在同一低压电网中，不允许将一部分电气设备采用保护接地，而另一部分设备采用保护接零。否则，当保护接地的用电设备发生碰壳短路时，接零设备的外壳上将产生对地电压 $I_d R_0$，这样将会使故障范围扩大，如图 2-2-7 所示。

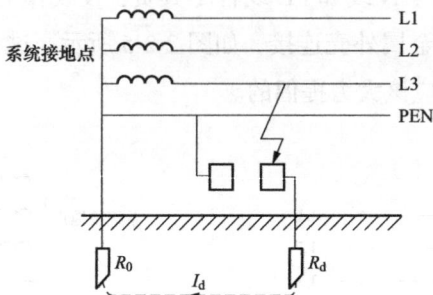

图 2-2-7 同一低压电网中混用保护接地和保护接零的危险

（3）在接三眼插座时，不允许将插座上接电源中性线的孔同保护线的孔串联。否则，一旦中性线松脱或断开就会使设备的金属外壳带电。正确的接法是由接电源中性线的孔和接保护线的孔分别引出导线接到中性线上。

（4）在 TN 系统中，除系统中性点必须良好接地外，还必须将零线重复接地。重复接地是指将中性线或接零保护线的一点或数点与地再作金属连接。当零线断线时，若断线点后设备发生碰壳事故，保护接零将失效，采用重复接地可降低断线点后中性线和保护线的对地电压，减轻故障的严重程度。

三、漏电保护器

低压配电线路的故障主要是三相短路、两相短路及接地故障。由于相间短路产生很大的短路电流，可采用熔断器、断路器等开关设备来切断电源。由于其保护动作电流按躲过正常负荷电流整定，故动作值大，一般情况下接地故障靠熔断器、断路器难以自动

> **说一说** ⚡ 生活中，你见过漏电保护器吗？他们通常使用在哪些场合？知道如何使用和安装吗？

切除，或者说其灵敏度满足不了要求。电气线路或电气设备发生单相接地短路故障时会产生剩余电流，这种利用剩余电流来切断线路或设备电源而保护电器的装置，称为剩余电流动作保护器，俗称漏电保护器，英文缩写 RCD。

根据工作原理，漏电保护器可分为电压型、电流型和脉冲型三种。如图 2-2-8 所示。电压型保护器接于变压器中性点和大地间，当发生触电时中性点偏移对地产

生电压，以此来使保护动作切断电源，但由于它是对整个低压配电网进行保护，不能分级保护，因此停电范围大，动作频繁，所以已被淘汰。脉冲型电流保护器是当发生触电时，以三相不平衡漏电流的相位、幅值产生的突然变化为动作信号，但也有死区。目前应用广泛的是电流型漏电保护器。

图 2-2-8　常见漏电保护器

二维码 2-2-4
漏电保护器
（微课）

安全小贴士 ⚡ 为了保障人身安全，漏电保护器的额定漏电动作电流应不大于人体安全电流值。

1. 电流型漏电保护器的工作原理

电流型漏电保护器（简称漏电保护器）主要由检测元件（零序电流互感器）、中间环节（包括放大器、比较器、脱扣器）和执行机构组成。

检测元件是一个零序电流互感器。被保护的相线、中性线穿过环形铁芯，构成了互感器的一次绕组 N1，缠绕在环形铁芯上的绕组构成了互感器的二次绕组 N2。

中间环节通常包括放大器、比较器、脱扣器，中间环节的作用就是对来自零序互感器的漏电信号进行放大和处理，并输出到执行机构。

执行机构用于接收中间环节的指令信号，实施动作，自动切断故障处的电源。

由于漏电保护器是一个保护装置，因此应定期检查其是否完好、可靠。试验装置就是通过试验按钮和限流电阻的串联，模拟漏电路径，以检查装置能否正常运作。

如图 2-2-9 所示为三相四线制供电系统的漏电保护器工作原理示意图。在被保护电路工作正常，没有发生漏电或触电的情况下，由基尔霍夫电流定律可知，通过电流互感器一次侧的电流相量和为零，这使得电流互感器铁芯中的磁通的相量和也为零，因此，电流互感器的二次侧不感应电动势，漏电保护器不动作，系统维持正常供电。

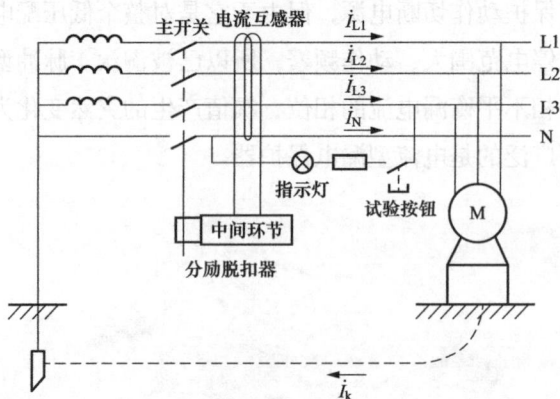

图 2-2-9　漏电保护器工作原理示意图

当被保护电路发生漏电或有人触电时，由于剩余电流的存在，通过电流互感器一次侧各相电流的相量和不再等于零，此时，电流互感器铁芯中磁通的相量和也不等于零，铁芯中出现了交变磁通。在交变磁通作用下，零序电流互感器二次绕组感应出电动势，二次侧有了输出信号，这个信号经过放大、比较元件判断，如达到预定动作值，即发执行信号给执行机构动作跳闸，切断电源。

单极二线漏电保护器、二极二线漏电保护器、三极三线漏电保护器的工作原理与此相同。

2. 漏电保护器的应用

漏电保护器是防止低压电网剩余电流造成故障危害——间接接触触电的有效技术措施。

低压电网漏电保护一般采用总保护（中级保护）和末级保护的多级保护方式。总保护和中级保护范围是及时切除低压电网主干线和分支线路上断线接地等产生较大剩余电流的故障；末级保护装于用户受电端，其保护的范围是防止设备绝缘损坏（漏电）发生的人身间接接触触电所造成的事故。

在防直接接触触电措施中，漏电保护器只作为防直接接触触电事故基本措施的补充安全措施。对保护范围内出现的相相、相零间引起的触电危险，漏电保护器不起作用。

3. 漏电保护器的选用

漏电保护器应根据供电方式、供电目的、安装场所、电压等级、被控回路的泄漏电流和用电设备的接触电阻等因素来综合考虑。

（1）根据电气设备的供电方式选择。

1）单相220V电源供电的电气设备，应选取二级二线式（2P）的漏电保护器 ［如图 2-2-10（a）所示］，或单极二线式（1P+N）的漏电保护器 ［如图 2-2-10（b）所示］。

2）三相三线制 380V 电源供电的电气设备，应选用三极式（3P）漏电保护器。

3）三相四线制 380V 电源供电的电气设备，和单相与三相设备共用电路应该选用三极四线（3P+N）的漏电保护器［如图 2-2-10（c）所示］、四极四线式（4P）漏电保护器［如图 2-2-10（d）所示］。

（a）

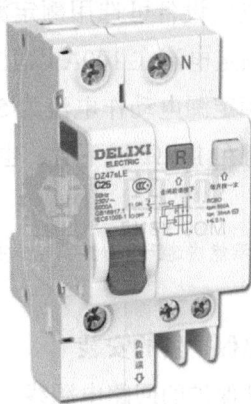
（b）

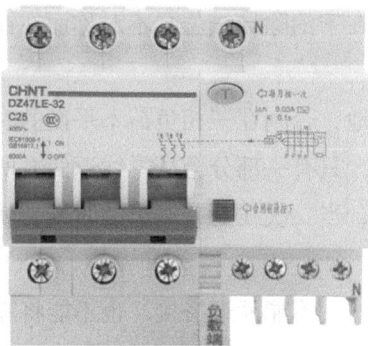
（c）

（d）

图 2-2-10　常见的漏电保护器
（a）二级二线式（2P）；（b）单极二线式（1P+N）；（c）三极四线式（3P+N）；（d）四极式（4P）

（2）根据使用目的选择。

用于防止人身触电的漏电保护器，应根据接触形式（直接接触或间接接触）的不同来选用。

1）直接接触保护：防止人体直接接触带电导体而设置的保护装置，手持式电动工具、移动电器、家用电器插座回路和临时用电的拖动供电线路等，使用时操作者经常与其发生接触，容易发生带电导体与人体直接接触电事故，在漏电保护器切断电源之前，漏电保护器不能限制触电电流，为了尽量缩短人体的触电时间，应优先选用额定漏电动作电流 ≤ 30mA 的快速动作（< 0.1s）型漏电保护器。

2）间接接触保护：漏电断路器用于间接接触保护的目的，是在用电设备的绝缘损坏时，防止其金属外壳出现危险的接触电压，所以选择漏电保护器时，额定动作电流 I_n 应与设备的接触电阻 R_d 和允许的接触电压 U 联系起来考虑，即 $I_n \le U/R_d$。对于额定电压为 220V 或 380V 的固定式电气设备（如水泵、压缩机、农用电气设备和其他容易被人接触的电气设备），当其金属外壳接地电阻在 500Ω 以下时，单台电气设备可选用额定漏电动作电流为 30~50mA < 0.1s 动作的漏电保护器，对于额定电流在 100A 以上的大型电气设备或带有多台电气设备的供电线路，可以选定额定漏电动作电流为 50~100mA 的快速动作型漏电保护器。当用电设备的接地电阻在 100Ω 以下时，也可选用 200~500mA 的快速动作型漏电保护器。

做一做 ⚡ 谁能快速正确分辨漏电保护器。

4. 漏电保护器的安装

（1）被保护的回路电源线，包括相线和中性线都穿入零序电流互感器中。

（2）穿入零序互感器的一段电源线应该用绝缘胶带包扎紧，捆成一束之后再由零序电流互感器孔的中心穿入，这样做的目的在于消除导线位置不对称而在铁芯中所产生的不平衡磁通。

（3）由零序互感器引出的零线不能重复接地，否则在三相负荷不平衡的时候就会产生不平衡的电流，就不会全部从零线返回，只有一部分会从零线返回。所以，通过零序电流互感器电流的相量和便不能为零，当二次线圈有输出的时候，就可能会造成错误的动作。

（4）每一保护回路的零线，都应该是专用的，不能就近搭接，也不能将零线相互连接，否则三相的不平衡电流或者单相的触电保护器相线的电流，会有一部分会被分流到所连接的不同保护回路的零线上，导致第二个回路的零序电流互感器铁芯产生不平衡的磁动势。

（5）在安装好了漏电保护器之后，可以进行通电，并且按试验按钮进行试验，检查一下漏电保护器是否正常运行。

5. 漏电保护器的运行维护

由于漏电保护器是涉及人身安全的重要电气产品，因此在日常工作中要按照国家有关漏电保护器的规定，做好运行维护工作。

（1）漏电保护器投入运行后，应每年对保护系统进行一次普查，普查的重点项目有测试漏电动作电流值是否符合规定、测量电网和设备的绝缘电阻、测量中性点漏电流并消除电网中的各种漏电隐患、检查变压器和电机接地装置有无松动和接触不良。

（2）电工每月至少对漏电保护器用试跳器试验一次。每当雷击或其他原因使保护动作后，应做一次试验，雷雨季节需增加试验次数。停用的保护器使用前应试验一次。

（3）漏电保护器动作后，若经检查未发现事故点，允许试送电一次；如果再次动作，应查明原因，找出故障，不得连续强送电。

（4）在保护范围发生人身触电伤亡事故，应检查漏电保护器动作情况，分析未能起到保护作用的原因。在未调查前保护好现场，不得改动漏电保护器。

（5）漏电保护器故障后要及时更换，并由专业人员检修，严禁私自撤除漏电保护器。

> **安全小贴士** ⚡ 检测漏电的最好方法就是用电笔接触带电体，如氖泡亮一下立刻就熄灭，证明带电体带的就是静电；如长亮则是漏电无疑。

四、安全电压

不危及人身安全的电压称为安全电压。安全电压能将人员触电时通过人体的电流限制在安全电流范围内，从而在一定程度上保障了人身安全。采用安全电压供电，是一种对直接接触触电和间接接触触电兼顾的防护措施。

安全电压值取决于人体允许电流（安全电流）和人体电阻的大小。在触电电源不会自动消除的情况下，我国规定安全电压系列交流电的上限值为 50V，这一限值是根据人体允许电流 30mA 和人体电阻 17000 的条件定的。

《特低电压（ELV）限值》（GB/T 3805—2008）规定我国安全电压额定值的等级为 42、36、24、12V 和 6V，应根据作业场所、操作员条件、使用方式、供电方式、线路状况等因素选用。当电气设备采用了超过 24V 电压时，必须采取防止直接接触触电的措施。

目前，我国采用的安全电压以 36V 和 12V 两个等级居多。凡手提照明灯、危险环境和特别危险环境的局部照明灯、高度不足 2.5m 的一般照明灯、危险环境和特别环境中使用的携带式电动工具，如果没有特殊安全结构或安全措施，应采用 36V 安全电压。凡工作地点狭窄、行动不便及周围有大面积接地导体的环境（如金属容器内、隧道内、矿井内），所使用的手提照明灯应采用 12V 电压。对于水下的安全电压额定值，我国尚未规定，国际电工委员会（IEC）规定为 2.5V。

⚙ 任务实施

一、明确任务

根据检修工作要求，需要在低压配电柜中安装单相和三相漏电保护器，并要求对设备做好防漏电措施。

低压配电柜作用是进行电力分配，将经过变压器的电压分配到各个用电单元。低压配电柜如图 2-2-11 所示。低压配电柜是按一定的接线方案将低压一、二次设备组装起来，用于低压配电系统中动力、照明配电之用。

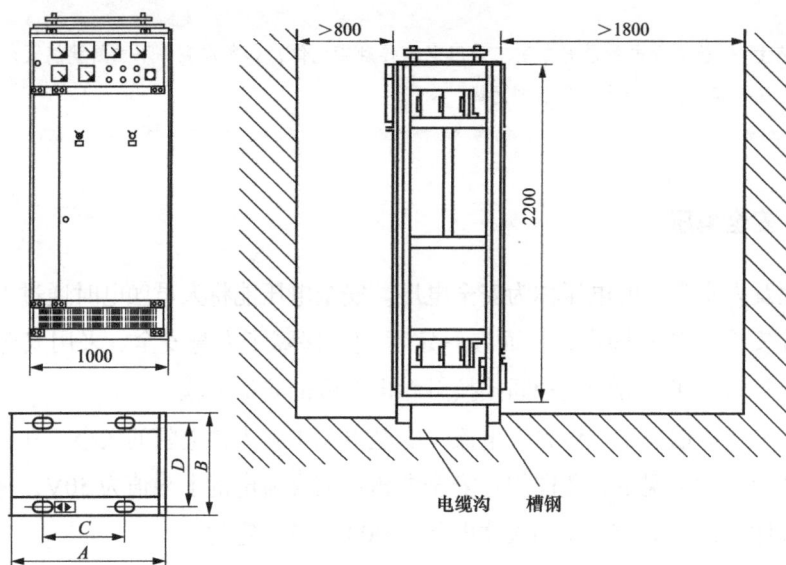

图 2-2-11 低压配电柜

配电柜主要由进线柜、出线柜、电容器柜、计量柜等组成。

（1）进线柜：又叫受电柜，是用来从电网上接受电能的设备（从进线到母线），一般安装有断路器、电流互感器、电压互感器、隔离刀等元器件。

（2）出线柜：也叫馈电柜或配电柜，是用来分配电能的设备（从母线到各个出线），一般也安装有断路器、CT、PT、隔离刀等元器件。

（3）母线联络柜：也叫母线分断柜，是用来连接两段母线的设备（从母线到母线），在单母线分段、双母线系统中常常要用到母线联络，以满足用户选择不同运行方式的要求或保证故障情况下有选择地切除负荷。

（4）PT柜：电压互感器柜，一般是直接装设到母线上，以检测母线电压和实现保护功能。内部主要安装电压互感器PT、隔离刀、熔断器和避雷器等。

（5）隔离柜：是用来隔离两端母线用的或者是隔离受电设备与供电设备用的，它可以给运行人员提供一个可见的端点，以方便维护和检修作业。由于隔离柜不具有分断、接通负荷电流的能力，所以在与其配合的断路器闭合的情况下，不能够推拉隔离柜的手车。在一般的应用中，都需要设置断路器辅助接点与隔离手车的联锁，防止运行人员的误操作。

（6）电容器柜：用来改善电网的功率因数，又叫补偿柜，主要的器件就是并联在一起的成组的电容器组、投切控制回路和熔断器等保护用电器。一般与进线柜并列安装，可以一台或多台电容器柜并列运行。电容器柜从电网上断开后，由于电容器组需要一段时间来完成放电的过程，所以不能直接用手触摸柜内的元器件，尤其是电容器组；在断电后的一定时间内（根据电容器组的容量大小而定，如：1min），不允许重新合闸，以免产生过电压损坏。电容器柜用作自动控制功能时，也要注意合理分配各组电容器组的投切次数，以免出现一组电容器损坏，而其他组却很少投切的情况。

（7）计量柜：主要用来作计量电能用的（kW·h），又有高压、低压之分，一般安装有隔离开关、熔断器、CT、PT、有功电度表（传统仪表或数字电表）、无功电度表、继电器以及一些其他的辅助二次设备（如负荷监控仪等）。

安全小贴士 ⚡ 对标有"电源侧"和"负载侧"的漏电保护器，安装接线必须加以区别。

二、工器具准备

工器具准备表见表 2-2-2。

表 2-2-2 工器具准备表

序号	名称	数量	序号	名称	数量
1	低压配电屏	1	8	日光灯	1
2	三相电动机	1	9	万用表	1
3	三相漏电断路器	1	10	十字螺丝刀	1
4	单相漏电断路器	1	11	电工刀	1
5	单相刀闸开关	1	12	剥线钳	1
6	三相隔离开关	1	13	低压验电表	1
7	熔断器	4	14	绝缘胶带	1

三、操作人员分工

按照"电工作业必须监护，至少应有两人同时作业"的规定，安装漏电保护器必须保证有一人监护，一人操作。

四、操作注意事项

（1）禁止带电作业。

（2）漏电保护器负载侧的中性线，不得与其他回路共用。

（3）漏电保护器标有负载侧和电源侧时，应按规定安装接线，不得反接。

（4）安装时必须严格区分中性线和保护线。

五、任务实施

（1）观察并分析低压配电柜中的防范触电措施有哪些。

（2）检查各元器件是否能正常使用。

（3）按照图 2-2-12 所示电路安装并连接单相、三相漏电保护器等元器件。

二维码 2-2-5
漏电保护器安装使用（AR）

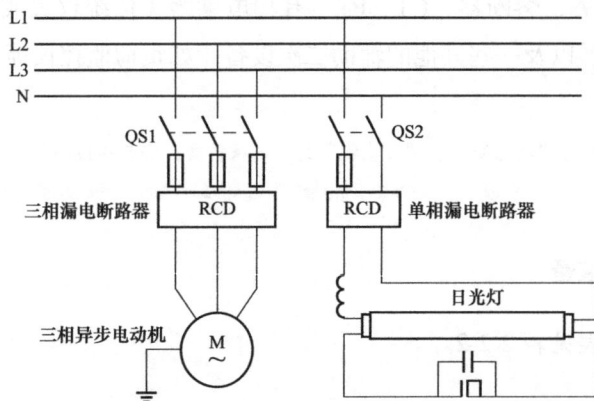

图 2-2-12 漏电保护器安装电路图

（4）检查线路连接的可靠性。

（5）经教师检查无误后，合上电源开关，对漏电保护器进行试验，带负荷分合三次，确保动作无误，方可正式投入使用，做好相关记录。

六、过程监控

现场漏电保护器安装应执行唱票、复诵制度，全过程录音，操作人应按操作票填写的顺序逐项操作，每操作完一项应检查确认后做完成记号，全部操作完毕后进行复查，复查结束后，受令人应立即汇报发令人，监护人员对操作人员进行全程监护。

七、操作结束

操作完成，操作人员要整理工器具并清理现场，检查现场有无遗留物。

🏅 **任务评价**

低压配电屏防间接接触触电措施成果评价表见表 2-2-3。

表 2-2-3　　　　　　低压配电屏防间接接触触电措施成果评价表

评价项目	评价内容	评价标准	评价等级		
			自评	组评	师评
资料准备（10分）	专业资料准备（10分）	优：能根据任务，熟练查找专业网站和专业书籍，咨询资深专业人士，获取需要的较全面的专业资料 良：能根据任务，查找专业网站或专业书籍，或通过资深专业人士，获取需要的部分专业资料 差：没有查找专业资料或资料极少	优□ 良□ 差□	优□ 良□ 差□	优□ 良□ 差□
实际操作（70分）	着装和工器具选用（10分）	优：正确着装，正确选取安全工器具，正确布置工作现场 良：未正确着装，未正确选取安全工器具，正确布置工作现场 差：未正确着装，未正确选取安全工器具，未正确布置工作现场	优□ 良□ 差□	优□ 良□ 差□	优□ 良□ 差□
	连接导线的选择（10分）	优：导线截面、线色选用正确 良：导线截面选用不合适，线色选用正确 差：导线型号选用错误、接线相色错误等	优□ 良□ 差□	优□ 良□ 差□	优□ 良□ 差□
	工器具的使用（10分）	优：正确使用工器具 良：使用过程中存在使用不当、掉工具、脚踩工具等情况不超过 2 次 差：使用过程中存在使用不当、掉工具、脚踩工具等情况 3 次及以上	优□ 良□ 差□	优□ 良□ 差□	优□ 良□ 差□
	线路施工、布线工艺（15分）	优：元器件排布美观大方，导线连接全部完成，布线横平竖直、排列整齐，扎带间距均匀 良：元器件排布美观大方，导线连接全部完成，扎带间距均匀，布线不美观 差：元器件安装明显偏斜，布线不整齐，扎带间距不均匀等	优□ 良□ 差□	优□ 良□ 差□	优□ 良□ 差□
	漏电保护器安装规范、试验记录完整（15分）	优：安装正确，试验记录正确 良：安装正确，试验记录未能详细记录 差：安装不正确	优□ 良□ 差□	优□ 良□ 差□	优□ 良□ 差□
	低压配电柜防范触电措施分析（10分）	优：能全面反映学习过程、任务完成情况，有较好总结，提出相应改进办法 良：能全面反映学习过程、任务完成情况，总结不全面，没有提出相应改进办法 差：不能全面反映学习过程、任务完成情况，总结不全面，没有提出相应改进办法	优□ 良□ 差□	优□ 良□ 差□	优□ 良□ 差□

续表

评价项目	评价内容	评价标准	评价等级		
			自评	组评	师评
基本素质（20分）	标准规范（10分）	优：能严格按操作规程要求正确进行漏电保护器安装 良：能完成漏电保护器安装，但过程中有省略步骤 差：不能按照规程要求完成漏电保护器安装	优□ 良□ 差□	优□ 良□ 差□	优□ 良□ 差□
	安全至上（10分）	优：操作过程中，时刻谨记安全至上，小组成员互相提醒 良：操作过程中，小组成员未能完全做到安全正确操作，存在部分违规操作现象 差：小组成员多次出现违规操作现象	优□ 良□ 差□	优□ 良□ 差□	优□ 良□ 差□
小组意见					
教师意见					
总成绩	优□　良□　差□	备注	总成绩 = 自评 ×0.2+ 组评 ×0.3+ 师评 ×0.5 各级权重：优 =1；良 =0.8；差 =0.5		

💡 **拓展阅读**

智慧节电—智能低压开关配电柜

随着国家"双碳"战略的实施，国家"十四五"规划将推动传统产业高端化、智能化、绿色化、发展服务型制造，并构建系统完备、高效实用、智能绿色、安全可靠的现代化基础设施体系。为了承载低碳变革和实现碳中和承诺，国家电网的战略目标已经由"2009—2020 年智能电网"向"2021—2060 新型电力系统"方向迈进，将成为以"清洁低碳、安全可控、灵活高效、智能友好、开放互动"为特点，以交流同步机制为基础发挥大电网稳定性作用，以新型数字技术与传统技术深度融合的开放包容的渐进过渡构建过程的新型电力系统。在国家"双碳"和国家电网"新型电力系统"的双向夹持下，园区、企业、工厂和商业等大用户的传统配电系统均受到新科技、新技术、新思路和新市场的带动，正逐渐向智能化、节能化、低碳化和高效化方面发展。

低压配电柜的分断能力是以主母线的分断能力作为衡盘装置的分断水平。近年来，随着变压器单机容量的不断增大，装置的分断水平将达到 100kA 甚至更大。为更合理地利用与节约电能，减少人工检测的误差，低压配电柜正逐步采用电源管理系统软件，由监控器或计算机对其实行集中监控，采集数据（电流、电压、功率因数等）、波形分析、通信对话，保证系统始终处于最佳运行状态。

低压配电柜的应用范围在不断扩大，防护等级也越来越高，例如防尘、防潮、防腐。因此，要求装置的防护等级不断完善，所以抽屉柜、密封柜日趋增多。为了利用固定柜和抽屉柜的突出优点，并防止装置内元件等故障的蔓延乃至殃及其他元件的正常工作，组合分隔单元柜得到很大的发展。防护等级将达到 IP54 或更高。如图 2-2-13 所示。

图 2-2-13 智能低压配电柜

低压配电柜作为电力系统的重要组成部分，其运行的稳定性对于电力系统负荷及运行的稳定性等都会产生重要的影响。对于低压配电柜的安装与维护上，要对每一工序进行严格的控制，提高安装质量的同时，应加强日常维护，以保证其运行的安全性和有效性，维护电力系统的正常运行。为适应电网容量的不断增加，低压配电与控制系统日益复杂化，对低压电器产品的性能与结构提出了更高的要求，同时随着科学技术的进步，新技术、新工艺、新材料不断出现，为低压电器产品开发提供了良好的条件，未来我国低压电器产品已经进入了智能化、可通信的产品发展阶段，其应具备模块化、组合化和绿色化的方向发展。如图 2-2-14 所示。

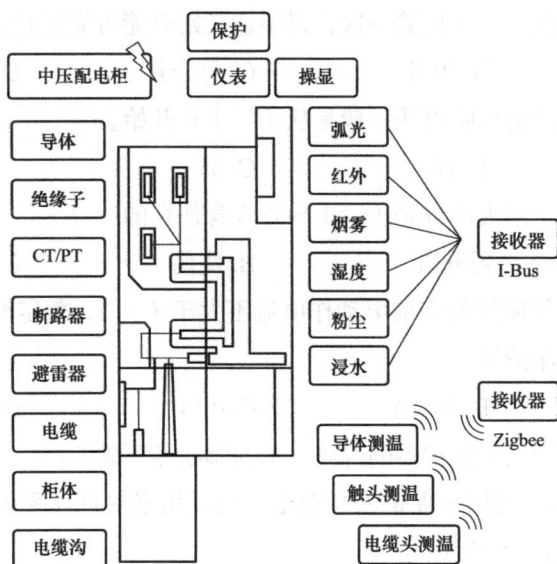

图 2-2-14 智能中低压配电柜新技术

📋 **自检自测**

1. 配电装置的漏电保护器应于每次使用时用试验按钮试跳一次，只有试跳正常后才可继续使用。（　）

A. 正确　　　　　　　　　　　　　　　B. 错误

2. 如果工作场所潮湿，为避免触电，使用手持电动工具的人应（　　）。

A. 站在铁板上操作　　　　　　　　　　B. 站在绝缘胶板上操作

C. 穿防静电鞋操作

3. 漏电保护器在安装前，有条件的最好进行动作特性参数测试，安装投入使用后，在使用过程中应（　　）检验一次，以保证其始终能可靠运行。

A. 每周　　　　　B. 半月　　　　　C. 每个月　　　　　D. 每季度

4. 发生触电事故的危险电压一般是从（　　）V 开始。

A. 24　　　　　　B. 26　　　　　C. 65

5. 触电事故中，绝大部分是（　　）导致人身伤亡的。

A. 人体接受电流遭到电击　　　　　B. 烧伤　　　　　C. 电休克

6. 一般场所必须使用额定漏电动作电流不大于（　　），额定漏电动作时间应不大于（　　）的漏电保护器。

A. 30mA　　　　　B. 50mA　　　　　C. 0.1s　　　　　D. 0.2s

7. 下列有关使用漏电保护器的说法，下列哪项是正确的。（　　）

A. 漏电保护器既可用来保护人身安全，还可用来对低压系统或设备的对地绝缘状况起到监督作用

B. 漏电保护器安装点以后的线路不可对地绝缘

C. 漏电保护器在日常使用中不可在通电状态下按动实验按钮来检验其是否灵敏可靠

D. 漏电保护器可以起到稳定电压的作用

8. 在 TN-C 系统中，漏电保护器后面的工作零线不能重复接地（　　）。

A. 正确　　　　　B. 错误

📷 **实践实拍**

1. 实拍实训室中的低压配电柜，对照验收标准检查是否存在安全隐患。

2. 参与实训室维修、旧实训设备升级改造活动，完成实训室实训设备漏电保护器的安装，并录制安装视频。

任务 3　触电急救

任务启化

做一做　⚡　触电急救知识工作页见表 2-3-1。

表 2-3-1　　　　　　　　　　触电急救知识工作页

工作内容	心肺复苏创始人彼得·沙法有一句名言：四分之一不该逝去的生命，有二分之一是可以被挽救回来的。按小组模拟现场突发触电事故，借助心肺复苏假人模型，模拟在工作中触电导致休克的突发状况，首先对伤者进行脱离电源的操作，接下来判断伤者有无意识，最后根据触电伤者的不同情况，采用在不同伤情下的急救方法演示施救过程。
工作目标	能够了解和掌握触电急救常用知识，培养在面对紧急情况时能沉着应对、冷静思考的素质和争分夺秒的抢救意识。
工作准备	每个小组由 2~3 名学生组成，指定组长。工作时，由组长分配，分别指定学生负责伤情判断、实施施救、数据记录等，组织学生轮换进行操作。
工作思考	（1）脱离电源的方式有哪些？ （2）如何判断伤者有无意识？ （3）心肺复苏的操作注意事项有哪些？ （4）做好全面推进急救知识与急救技能的普及推广，实现急救社会化、知识普及化，实现自救、互救与救人，做生命与健康的守护神，目前 AED 在急救中发挥很大的作用，那么该如何使用呢？

续表

工作过程	（1）模拟触电，进行脱离电源，对伤者伤情进行判断。
	（2）通过心肺复苏假人模型进行施救练习。
	（3）学习使用自动体外除颤仪（AED）的方法。
总结反思	（1）通过完成上述工作页，你学到哪些知识或技能？
	（2）认真思考生命的意义！真正遇到需要救助的时候，你会怎么做？
工作组成员	
工作点评	

说一说 ⚡ 在人员发生触电以后，首先需要使触电者脱离电源。如果你是操作人员，在伤者触电的情况下，如何使触电者脱离电源？

据统计，中国每年心搏骤停猝死需急救的人数约为 54.4 万人，居世界各国之首。对于此类紧急事件，临床上把患者发病最初的 4~6 分钟称为"黄金救命时间"，在此期间内患者如能得到正确的心肺复苏救治，可以争取宝贵的抢救时间，将极大提高患者的存活率。由于心搏骤停大多发生在院外，因此要求在事故现场病人身边的第一目击者，即普通民众应该掌握基本的急救知识。

本任务根据模拟案例进行任务介绍，掌握心肺复苏前的伤情判断和体位摆放，熟悉胸外按压和人工呼吸的流程及注意事项，了解自动体外除颤仪（AED）的使用方法。

◎ 任务目标

1. 素养目标

（1）提升学生在发生意外情况时的应急处理能力，培养学生救死扶伤的责任感。

（2）保护伤员不仅是口头上的关爱，也体现在操作的方方面面，让"敬佑生命"扎根到每一位学生心底。

2. 知识目标

（1）能熟知心脏骤停对人体的危害。

（2）能快速对触电者的伤情进行判断。

3. 能力目标

（1）能正确规范地使用心肺复苏假人模型进行急救操作。

（2）熟练掌握自动体外除颤仪（AED）的使用方法和注意事项。

📋 任务资料

一、心脏骤停

心脏突然不工作，血液循环停止，血液不再被送到身体的各个器官，患者因此出现意识丧失，呼吸停止，脉搏消失等症状。如果不及时恢复心搏，在完全缺氧的状态下 4~6min 大脑就会出现损伤，8~10min 后大脑的损伤将变得不可逆。当患者发生心搏骤停时，能否及时得到周围人的救护是至关重要的。如不及时恢复心搏，触电者很有可能发生死亡。心跳停止的表现见表 2-3-2。

表 2-3-2　　　　　　　　　　　心跳停止的表现

心跳停止 3s：头晕	心跳停止 60s：呼吸停止
心跳停止 10~20s：晕厥	心跳停止 4~6min：脑细胞开始发生损害
心跳停止 40s：抽搐	心跳停止 10min：脑细胞基本死亡

二、心肺复苏（CPR）

心肺复苏术，简称 CPR，是针对骤停的心脏和呼吸采取的救命技术，是为了恢复患者自主呼吸和自主循环。2020 年 8 月，中国红十字会总会和教育部联合印发《关于进一步加强和改进新时代学校红十字工作的通知》，将学生健康知识、急救知识，特别是心肺复苏纳入教育内容。《中华人民共和国民法典》第一百八十四条：因自愿实施紧急救助行为造成受助人损害的，救助人不承担民事责任。法律鼓励善行，也让施行善意没有后顾之忧。必备的法律知识是救助者必备的铠甲，同时应谨记，作为救护者，掌握正确的急救方法，保护伤者尽量避免不必要的损害是本分，也是最根本的善意。现场 CPR 流程如图 2-3-1 所示。

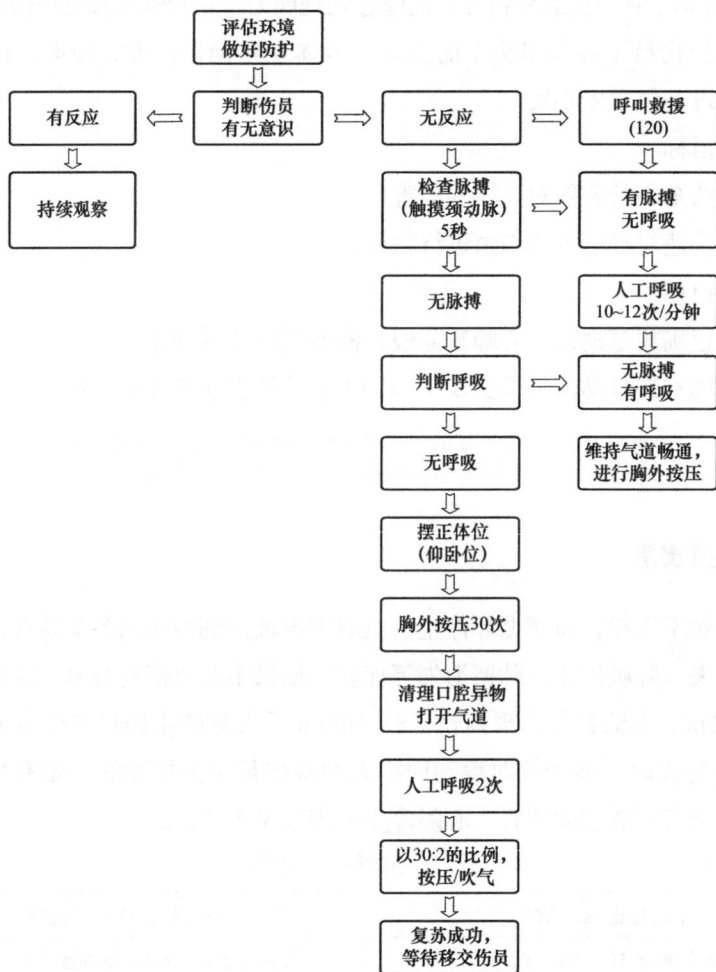

图 2-3-1 现场 CPR 流程

82

1. 伤情判断

（1）判断有无意识，如图 2-3-2 所示。判断伤员有无意识的方法：

1）轻轻拍打伤员肩部，高声喊叫："喂！你怎么啦？"。

2）如果认识，可直呼其姓名。如有意识，也应立即送医院。

3）无反应时，立即用手指甲掐压人中穴、合谷穴约 5s。

注意，以上 3 步动作应在 10s 以内完成，不可太长，伤员如出现眼球活动、四肢活动及疼痛感后，应即停止掐压穴位，拍打肩部不可用力太重，以防加重可能存在的骨折损伤。

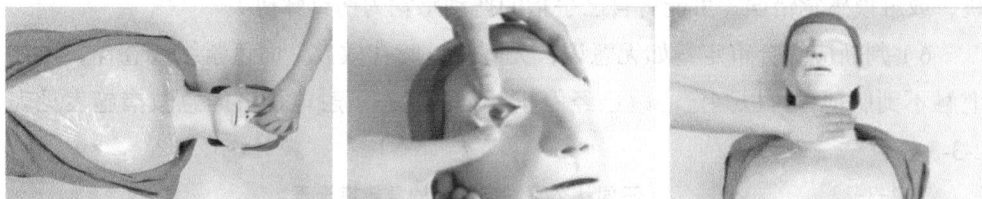

图 2-3-2　判断有无意识

（2）判断有无呼吸。

在畅通呼吸道之后，由于气道畅通可以明确判断呼吸是否存在。维持开放气道位置，用耳贴近伤员口鼻，头部侧向伤员胸部，眼睛观察其胸部有无起伏；面部感觉伤员呼吸道有无气体排出；或耳听呼吸道有无气体通过的声音。

注意：

1）保持气道开放位置。

2）观察 5s 左右时间。

3）有呼吸者，注意保持气道通畅。

4）无呼吸者，立即进行口对口人工呼吸。

> **做一做** ⚡ 小组成员相互模拟有无呼吸时的状态，认真观察。

5）通畅呼吸道：部分伤员因口腔、鼻腔内异物（分泌物、血液、污泥等）导致气道阻塞时，应将触电者身体侧向一侧，迅速将异物用手指抠出。

6）不通畅而产生窒息，以致心跳减慢。可因呼吸道畅通后，随着气流冲出，呼吸恢复，而致心跳恢复。

要领（听、看、感觉）：利用 5～10s，用千位计数法（口述或默念 1001，1002，1003…，1007）扫视胸腹部、观察有无起伏。

（3）判断有无脉搏。在检查伤员意识、呼吸、气道之后，应对伤员的脉搏进行检查，以判断伤员的心跳情况。具体方法如下：

在开放气道的位置下进行首次人工呼吸。

一手置于伤员前额，使头部保持后仰，另一手在靠近抢救者一侧触摸颈动脉。

可用食指及中指指尖触及气管正中部位，男性可先触及喉结，然后向两侧滑移2～3cm，在气管旁软组织处轻轻触摸颈动脉。

注意：

1）触摸颈动脉不能用力过大，以免推移颈动脉，妨碍触及。

2）不要同时触摸两侧颈动脉，造成头部供血中断。

3）不要压迫气管，造成呼吸道阻塞。

4）检查时间不要超过10s。

5）未触及搏动：心跳已经停止，或触摸位置有错误；触及搏动：有脉搏、心跳，或触摸感觉错误（可能将自己手指的搏动感觉为伤员脉搏）。

6）判断应综合审定：如无意识，无呼吸，瞳孔散大，面色紫绀或苍白，再加上触不到脉搏，可以判定心跳已经停止。不同状态下触电伤者的急救措施表见表2-3-3。

表 2-3-3　　　　　　　　　　不同状态下触电伤者的急救措施表

神志	心跳	呼吸	对症救治措施
清醒	存在	存在	静卧、保暖、严密观察
昏迷	停止	存在	胸外心脏按压术
昏迷	存在	停止	口对口（鼻）人工呼吸
昏迷	停止	停止	同时作胸外心脏按压口对口（鼻）人工呼吸

安全小贴士 ⚡ 任何人在接近伤员对其实施救护之前都应观察周围环境，做好自我保护。

2. 体位摆放

将伤员旋转至适当体位：仰卧位。患者头、颈、躯干平卧无扭曲，双手放于两侧躯干旁。

> **说一说** ⚡ 将伤员体位摆放合适后，发现伤员衣服较紧时，在急救前该做什么？

如伤员摔倒时面部向下，应在呼救同时小心将其转动，使伤员全身各部分成一个整体。尤其要注意保护颈部，可以一手托住颈部，另一手扶着肩部，使伤员头、颈、胸平稳地直线转至仰卧，在坚实的平面上，四肢平放。

3. 确定按压部位

快速测定按压部位可分4个步骤。

（1）触及伤员上腹部，以食指及中指沿伤员肋弓处向中间滑移。

（2）在两侧肋弓交点处寻找胸骨下切迹。以切迹作为定位标志。不要以剑突下定位。

（3）将食指及中指两横指放在胸骨下切迹上方，食指上方的胸骨正中部即为按压区，如图 2-3-3 所示。以另一手的掌根部贴食指上方，放在按压区。

（4）将定位之手取下，重叠将掌根放于另一手背上，两手手指交叉抬起，使手指脱离胸壁。

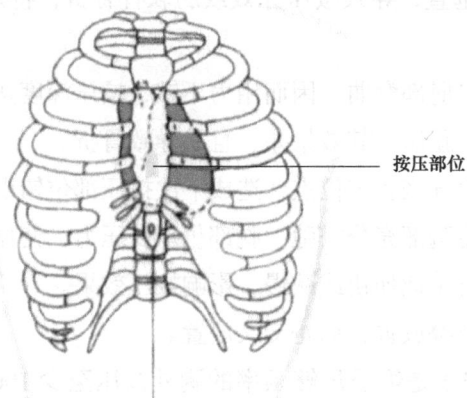

图 2-3-3　按压部位

按压部位

> **安全小贴士**　⚡　当第一轮胸外按压、人工呼吸结束后，再次按压前，应再次确认按压部位。

4. 胸外按压

胸外按压使胸骨与脊柱之间的心脏受到挤压，推进血液向前流动。松开按压时，心脏恢复舒张状态，心腔扩大产生吸引作用，促使血液回流，起到恢复人体部分血液循环的作用。完全按照要求操作的 CPR 产生的血流量可给心脏提供正常血流量的 10% ~ 30%，给脑提供正常血流量的 30% ~ 40%。

人工建立的循环方法有两种：第一种是体外心脏按压（胸外按压），第二种是开胸直接压迫心脏（胸内按压）。在现场急救中，采用的是第一种方法，应牢记掌握。

（1）按压用力方式：解开患者衣服，将一只手掌根紧贴患者胸部正中，双手十指相扣，掌根重叠，掌心翘起，双上肢伸直，上半身前倾以髋关节为轴，用上半身的力量垂直向下按压，确保按压深度 5 ~ 6cm，放松时定位的手掌根部不要离开胸骨定位点，但应尽量放松，务使胸骨不受任何压力。

（2）按压频率：按压频率应保持在 100 ~ 120 次 /min。

（3）按压与人工呼吸比例关系通常是，单人为 30∶2。

（4）按压深度：通常，成人伤员为 3.8 ~ 5cm，5 ~ 13 岁伤员为 3cm，婴幼儿伤员为 2cm。

（5）胸外心脏按压常见的错误：

1）按压除掌根部贴在骨外，手指也压在胸壁上，这容易引起骨折（肋骨或肋软骨）。

2）按压定位不正确，向下易使剑突受压折断而致肝破裂，向两侧易致肋骨或肋软骨骨折，导致气胸、血胸。

3）按压用力不垂直，导致按压无效或肋软骨骨折，特别是摇摆式按压更易出现严重并发症。

4）抢救者按压时肘部弯曲，因而用力不够，按压深度达不到 3.8～5cm。

5）按压冲击式，猛压，其效果差，且易导致骨折。

6）放松时抬手离开胸骨定位点，造成下次按压部位错误，引起骨折。

7）放松时未能使胸部充分松弛，胸部仍承受压力，使血液难以回到心脏。

8）按压速度不自主地加快或减慢，影响按压效果。

9）双手掌不是重叠放置，而是交叉放置。

高质量的胸外按压是给予足够频率的胸外按压至少 100 次 /min，每次按压后让胸廓完全回弹，将中断按压减到最少，按压方法如图 2-3-4 所示。如有多位施救者，2min 轮换一次，中断时间小于 10s。

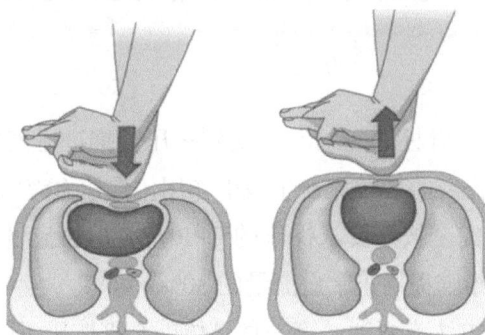

图 2-3-4 按压方法

做一做 ⚡ 利用心肺复苏模拟小人，小组成员轮流进行操作。

5. 开放气道

首先应清理口腔异物，救护者跪于伤病员一侧，两手大拇指按压下颌，将嘴打开，侧头查看口腔，若有异物，将异物取出。

开放气道主要采用仰头举颌法，如图 2-3-5、图 2-3-6 所示。即一手置于前额使头部后仰，另一手的食指与中指置于下颌骨近下颌或下颌角处，抬起下颌。注意：严禁用枕头等物垫在伤员头下；手指不要压迫伤员颈前部、颌下软组织，以防压迫气道，颈部上抬时不要过度伸展，有假牙托者应取出。儿童颈部易弯曲，过度抬颈反而使气道闭塞，因此不要抬颈牵拉过甚。成人头部后仰程度应为 90°，儿童头部后仰程度应为 60°，婴儿头部后仰应为 30°，颈椎有损伤的伤员应采用双下颌上提法。

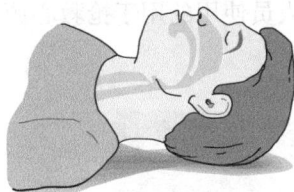

图 2-3-5　气道闭合　　　　　　　图 2-3-6　气道开放

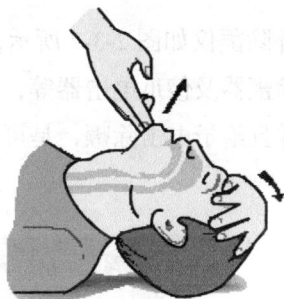

6. 人工呼吸

施救者用嘴罩住患者的嘴，用手扭住患者的鼻翼。吹气两次，每次约 1s，吹气时可见患者胸部隆起，吹气同时眼睛看胸廓有无起伏，胸廓抬起即可。

（1）在保持呼吸通畅的位置下进行。用按于前额一手的拇指与食指，捏住伤员鼻孔（或鼻翼）下端，以防气体从口腔内经鼻孔逸出，施救者深吸一口气屏住并用自己的嘴唇包住（套住）伤员微张的嘴。

（2）用力快而深地向伤员口中吹（呵）气，同时仔细地观察伤员胸部有无起伏，如无起伏，说明气未吹进。

（3）一次吹气完毕后，应即与伤员口部脱离，轻轻抬起头部，面向伤员胸部，吸入新鲜空气，以便作下一次人工呼吸。同时使伤员的口张开，捏鼻的手可放松，以便伤员从鼻孔通气，观察伤员胸部向下恢复时，是否有气流从伤员口腔排出。

（4）抢救一开始，应即向伤员先吹两口，吹气有起伏者，人工呼吸有效；吹气无起伏者，则表示气道通畅不够，或鼻孔处漏气、或吹气不足、或气道有梗阻。

注意：

1）每次吹气量不要过大，大于 1200ml 会造成胃扩张。

2）吹气时不要按压胸部。

3）儿童伤员需视年龄不同而异，其吹气量为 800ml 左右，以胸廓能上抬时为宜。

4）抢救一开始的首次吹气两次，每次时间约 1～1.5s。

5）有脉搏无呼吸的伤员，则每 5s 吹一口气，每分钟吹气 12 次。

6）口对鼻的人工呼吸，适用于有严重的下颌及嘴唇外伤，牙关紧闭，下颌骨骨折等情况的伤员，难以采取口对口吹气法。

二维码 2-3-2
单人徒手心肺
复苏操作
（动画）

安全小贴士 ⚡ 尊重他人、尊重生命。也尊重自己的生命，在按压过程中要保持正确的操作方法。

三、自动体外除颤仪（AED）的使用

自动体外除颤仪如图 2-3-7 所示，又称自动体外电击器、自动电击器、自动除颤器、心脏除颤器及傻瓜电击器等，是一种便携式的医疗设备，它可以诊断特定的心律失常，并且给予电击除颤，是可供非专业人员使用的用于抢救心源性猝死患者的医疗设备。

图 2-3-7　自动体外除颤仪

AED 的使用流程：

AED 由 1 台主机、2 片电极片和 1 根数据线组成，如图 2-3-8 所示。就是一个这么简单的仪器，能够在紧急状态下挽救人的生命。当瞬间强大电流通过心脏时，具有高度自律的窦房结重新来控制心脏，使心脏恢复节律性收缩。

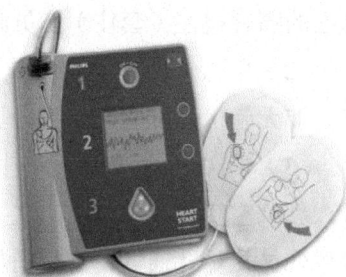

图 2-3-8　AED 实物

（1）检查环境安全。在使用 AED 除颤仪之前，必须先检查环境的安全性。首先，要确认周围是否有水或湿润物体，因为水会导电，容易使使用者和伤者触电。其次，检查周围是否有金属物体或接地线，因为这些物体会干扰 AED 除颤仪的正常工作。最后，要确保伤者的身体处于安全位置，没有危险。

（2）确认伤者是否需要除颤。AED 除颤仪只适用于伤者出现了心脏骤停或心室颤动的情况。因此，要首先确认伤者是否需要除颤。具体方法是检查伤者是否有呼吸和脉搏。如果伤者没有呼吸或脉搏，就需要进行除颤。

（3）准备 AED 除颤仪。在使用 AED 除颤仪之前，要先检查 AED 除颤仪的运作状况。首先，确认 AED 除颤仪的电源是否开启。其次，检查电极贴片是否完好，如果电极贴片损坏或过期就需要更换。最后，拿出 AED 除颤仪的电极贴片并撕掉背面的纸质保护片。

（4）贴上电极贴片。贴上电极贴片是 AED 除颤仪操作中最重要的步骤之一。

首先，要擦干伤者的胸口，确保它是干燥的。其次，取出电极贴片并将其贴在伤者的胸口上。一般来说，电极贴片的放置位置是右侧胸骨旁边和左侧腋下，如图2-3-9所示。贴上电极贴片后，不要触摸伤者的身体，以免误触电极贴片。

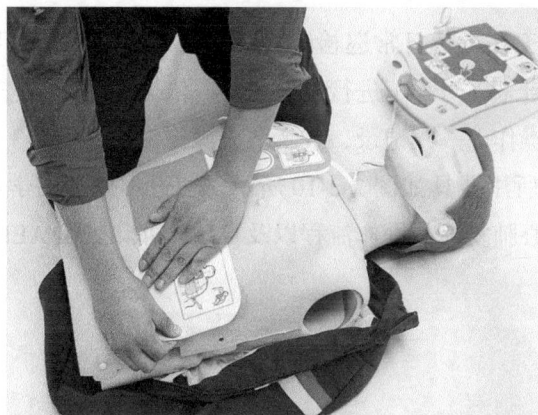

图 2-3-9　贴电极贴片位置

（5）连接电极贴片。连接电极贴片是 AED 除颤仪操作的下一个步骤。首先，将电极贴片上的导线插入 AED 除颤仪的接口上。其次，确保电极贴片连接稳定谨防松脱。最后，打开 AED 除颤仪的盖子，并按照屏幕上的提示完成连接。

（6）按照 AED 除颤仪指示进行除颤。连接电极贴片后，AED 除颤仪将自动分析伤者的心脏情况，并向使用者发出声音提示。如果 AED 除颤仪检测到伤者需要除颤，它将向使用者发出强烈的警报声。此时，使用者应按照 AED 除颤仪的指示进行除颤，即按下除颤按钮，以送出电击。

（7）按照指示进行人工呼吸和 CPR。如果 AED 除颤仪提示进行人工呼吸和CPR，则需要按照 AED 除颤仪的指示进行操作。具体来说，首先按照 AED 除颤仪的指示进行口对口人工呼吸，然后按照 AED 除颤仪的指示进行胸外按压，直到急救车到达。

（8）保持使用者和伤者的安全。在使用 AED 除颤仪时，保持使用者和伤者的安全十分重要。首先要确保使用者和伤者都没有接地或与金属物体接触，以免触电。其次要确保周围环境的安全，谨防意外发生。最后要确保使用者使用 AED 除颤仪前受到过相关培训，熟悉正确使用方法。

注意：每个品牌的 AED 均自带电池状态、故障状态的指示以及机器自检功能。主要对电量、除颤电板等进行检测。当电池电量不足或发生故障时，一般表现为指示灯亮红灯或机器"OK"符号消失。

安全小贴士 ⚡ 在使用 AED 进行电击时，周围人员禁止接触靠近伤者。

⚙ 任务实施

一、明确任务

某光伏电厂小王在进行日常巡检时，不小心触碰到掉落的导线，发生意外触电，员工小赵闻讯赶来，对小王进行触电急救。依据此案例，进行触电急救的操作过程，内容为一人操作，一人记录，或者两人操作，一人记录，进行单人操作和双人操作练习。操作所用器具如图2-3-10所示。通过本任务的学习，可以熟悉脱离电源的方法，掌握心肺复苏的操作流程以及自动体外除颤仪AED的使用方法。

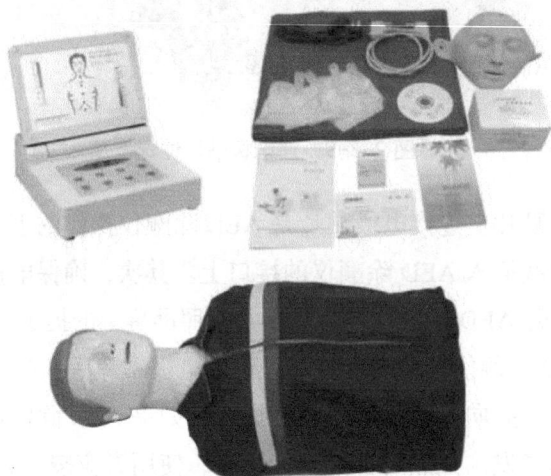

图 2-3-10 心肺复苏模型

二、脱离电源

两人进行模拟，一人扮演触电者，一人为施救者，首先为伤者进行脱离电源的操作。

（1）如果触电地点附近有电源开关或电源插座，可立即拉开开关或拔出插头，断开电源。但应注意到拉开开关或墙壁开关等只控制一根线的开关，有可能因安装问题只能切断中性线而没有断开电源的相线。

（2）如果触电地点附近没有电源开关或电源插座（头），可用有绝缘柄的电工钳或有干燥木柄的斧头切断电线，断开电源。

（3）当电线搭落在触电者身上或压在身下时，可用干燥的衣服、手套、绳索、皮带、木板、木棒等绝缘物作为工具，拉开触电者或挑开电线，使触电者脱离电源。

（4）如果触电者的衣服是干燥的，又没有紧缠在身上，可以用一只手抓住他的衣服，拉离电源。但因触电者的身体是带电的，其鞋的绝缘也可能遭到破坏，救护人不得接触触电者的皮肤，也不能抓他的鞋。

三、实际操作过程

脱离电源完成后，借助心肺复苏模拟假人，开始进行心肺复苏操作和 AED 的使用。完成后可以真人进行相互操作，按压过程中注意力度，防止按压过重造成伤害。

1. 操作过程有以下步骤

（1）首先判断昏倒的人有无意识。

（2）如无反应，立即呼救，叫"来人啊！救命啊！"并拨打 120 和值班室其他工作人员请求帮助。

（3）迅速将伤员放置于仰卧位，并放在地上或硬板上。

（4）开放气管（仰头颏）。

（5）判断伤员有无呼吸（通过看、听和感觉来进行）。

（6）如无呼吸，立即口对口吹气两口。

（7）保持头后仰，另一手检查颈动脉有无搏动。

（8）如无脉搏，表面心脏尚未停跳，可仅做人工呼吸，每分钟 12 ~ 16 次。

（9）如无脉搏，立即在正确定位下在胸外按压位置进行心前区叩击 1 ~ 2 次。

（10）叩击后再次判断有无脉搏，如有脉搏即表明心跳已经恢复，仅做人工呼吸即可。

（11）如无脉搏，立即在正确的位置进行胸外按压。

（12）每 30 次按压，需两次人工呼吸，然后再在胸部重新定位，再作胸外按压，如此反复进行，直到协助抢救者或专业医务人员赶来。按压频率为 120 次 / min。

（13）开始 1min 后检查一次脉搏、呼吸、瞳孔，以后每 4 ~ 5min 检查一次，检查不超过 5s，最好由协助抢救者检查。

（14）如有担架搬运人员，应该持续作心肺复苏，中断时间不超过 5s。

2. 心肺复苏操作的时间要求

0 ~ 5s：判断意识。

5 ~ 10s：呼救并放好伤员体位。

10 ~ 15s：开放气道，并观察呼吸是否存在。

15 ~ 20s：口对口呼吸两次。

20 ~ 30s：判断脉搏。

30～50s：进行胸外心脏按压 30 次，并做人工呼吸 2 次，以后连续反复进行。以上程序尽可能在 50s 以内完成，最长不宜超过 1min。

3. AED 的使用流程

根据语音提示操作，共 5 步：一开电源，二贴片，三插插头，四评估心律，五除颤。

（1）第一步，开机。

按"开启"按钮或掀开盖子，以开启自动体外除颤仪的电源，取出电极片。脱掉或剪开伤患的衣服，擦干伤患胸部的汗水。

（2）第二步，贴上电极片。

撕去电极片贴膜。按照电极片上的图示。一张电极片贴于伤患胸部右上方，即锁骨下方。另一张贴于伤患左乳外侧的左腋中线处。

（3）第三步，评估心律。

AED 开始分析伤患心率时，停止按压，并确保没有人接触伤患。按照 AED 语音或屏幕提示操作。

（4）第四步，除颤。

当 AED 充电完成，放电指示灯会连续闪烁，指示开始电击，操作者再次确定周围人都离开伤者，按下放电按钮。

完成放电后，立即恢复心肺复苏，并按照语音提示，重复分析 - 除颤过程直至伤患复苏成功或急救医生抵达。

四、操作结束

操作完成，操作人员要整理模型及测试仪器并清理现场，检查现场有无遗留物。现场记录人员根据操作流程点评工作过程。

二维码 2-3-3
火速救援—心肺复苏（企业现场）

安全小贴士 ⚡ 机会稍纵即逝，只有敏锐的眼光和争分夺秒才能把握住它。

任务评价

心肺复苏操作成果表见表 2-3-4。

表 2-3-4　　　　　　　　　　心肺复苏操作成果评价表

评价项目	评价内容	评价标准	评价等级		
			自评	组评	师评
资料准备（10分）	专业资料准备（10分）	优：能根据任务，熟练查找专业网站和专业书籍，咨询资深专业人士，获取需要的较全面的专业资料 良：能根据任务，查找专业网站或专业书籍，或通过资深专业人士，获取需要的部分专业资料 差：没有查找专业资料或资料极少	优□ 良□ 差□	优□ 良□ 差□	优□ 良□ 差□
实际操作（70分）	伤情判断（5分）	优：正确判断伤者有无意识，正确判断伤者有无呼吸，正确判断伤者有无心跳 良：未正确判断伤者有无意识，正确判断伤者有无呼吸，正确判断伤者有无心跳 差：未正确判断伤者有无意识，未正确判断伤者有无呼吸，未正确判断伤者有无心跳	优□ 良□ 差□	优□ 良□ 差□	优□ 良□ 差□
	心肺复苏操作（30分）	优：正确规范打开气道，按压位置正确，人工呼吸吹气适中，测试仪器显示正确 良：未规范打开气道，按压位置正确，人工呼吸吹气适中，测试仪器显示正确 差：未正确规范打开气道，按压位置不正确，人工呼吸吹气不足，测试仪器显示不正确	优□ 良□ 差□	优□ 良□ 差□	优□ 良□ 差□
	AED 使用流程（30分）	优：正确规范进行 ADE 的使用，电极位置正确 良：正确规范进行 ADE 的使用，电极位置不正确 差：不正确规范进行 ADE 的使用，电极位置不正确	优□ 良□ 差□	优□ 良□ 差□	优□ 良□ 差□
	清理现场（5分）	优：清理工作现场干净，整理收放工具整洁 良：清理工作现场基本干净，工具未整理 差：未清理工作现场，工具未整理	优□ 良□ 差□	优□ 良□ 差□	优□ 良□ 差□
基本素质（20分）	应急能力（10分）	优：能按规程要求处理突出意外情况 良：有意识去处理问题，但是不全面 差：不能按照规程要求处理意外情况	优□ 良□ 差□	优□ 良□ 差□	优□ 良□ 差□
	爱护设备（10分）	优：能完全在操作中细致认真，对心肺复苏模拟人轻拿轻放，关爱设备 良：能在操作中细致认真，但对设备关爱不够 差：操作过程不认真，对待设备没做到好好维护	优□ 良□ 差□	优□ 良□ 差□	优□ 良□ 差□
小组意见					
教师意见					
总成绩	优□ 良□ 差□	备注	总成绩 = 自评 ×0.2+ 组评 ×0.3+ 师评 ×0.5 各级权重：优 =1；良 =0.8；差 =0.5		

💡 **拓展阅读**

海姆立克急救法

如果你身边有人被食物卡得喘不上气，你该怎么办？此时，一定有很多人想到了海姆立克急救法，但有很多人只知道名称却不知道具体的施救方式。气道阻塞的抢救时间分秒必争，不管是哪一类人群，都建议学习海姆立克急救法，关键时刻不仅能救别人，还能自救。

海姆立克急救法也叫作海姆立克腹部冲击法，是当气道出现异物阻塞的危急情况下，简单有效排出异物的急救方法。这个方法是由美国外科医生海姆立克提出的，他于1974年首次做出相关报告，次年10月，美国医学会就将此急救方法命名为海姆立克急救法。经广泛宣传后，海姆立克急救法推广到了全世界，成功挽救了无数生命。因此，被人们称为"生命的拥抱"。

海姆立克急救法是通过冲击膈肌下部，将腹部的膈肌迅速上抬，使两肺的下部受到施压，用肺部的残留气体产生一道气流，喷向气道，促使堵住气道的异物从嘴里排出，避免患者发生窒息。如图 2-3-11 所示。

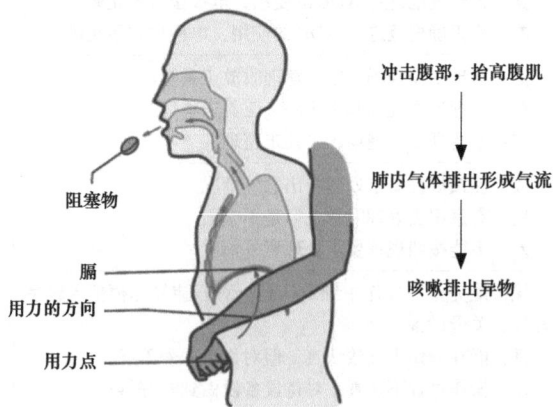

图 2-3-11 海姆立克急救原理图

海姆立克急救法主要包括腹部冲击法、胸部冲击法和婴儿急救法，分别适用于不同人群。

腹部冲击法。如果患者是清醒的状态，那就可以实施腹部冲击法，这也是在实际操作中运用得最为广泛的一类方法。具体操作步骤如下：首先在患者可以站立的情况下，让其身体稍微向前倾斜，抢救者站在患者背后，也稍微弓起身体，两只胳膊从患者的腰部环绕过去，一手握拳，将拇指侧顶住患者肚脐上方二指处，剑突下方，另一只手抓住此拳头，快速向内、向上挤压冲击患者的上腹部，重复上述的操作方式直到异物排出。

胸部冲击法。如果患者体型较胖可以使用胸部冲击法。将患者平躺在空地上，抢救者跨于患者的髋部，脸朝向患者，两手交叠放置，将一手的手掌根置于患者的胸廓下方，对着肚脐上二横指的地方，快速向下前方冲击患者的上腹部，直到异物排出。

婴儿急救法。抢救者呈坐姿，将婴儿面朝下俯卧，且婴儿的头要比身体低一些，抢救者一只手臂托住婴儿的身体，抵住其下颌部，用另一只手的掌根快速拍击婴儿背部肩胛之间，每秒次拍打 5 次，如果异物还没有排出，需再将婴儿翻转过来，在两乳头连线中间的位置，用食指、中指连续按压，重复进行五次背部拍击和五次胸部冲击，直到婴儿吐出异物能够呼吸。

如果是自己吃东西的时候卡在气道，找到肚脐上方两横指的位置，一手握成拳头，找到椅子或桌子等着力点顶住，冲击腹部直到可以呼吸。需要注意的是，正常情况下不要去练习。

📋 **自检自测**

1. 成人心肺复苏时打开气道的最常用方式为（　　）。

A. 仰头举颏法　　　　　　　　　B. 双手推举下颌法

C. 托颌法　　　　　　　　　　　D. 环状软骨压迫法

2. 心肺复苏指南建议应用 AED 时，给予一次电击后即重新进行胸外按压，而循环评估应在实施（　　）个周期（约 2min）CPR 后进行。

A. 2　　　　　　B. 3　　　　　　C. 4　　　　　　D. 5

3. 双人或多人实施 CPR，施救者应在（　　）s 内完成转换。

A. 5　　　　　　B. 7　　　　　　C. 9　　　　　　D. 11

4. 搬运昏迷或有窒息危险的伤员时，应采用（　　）的方式。

A. 俯卧　　　　　B. 仰卧　　　　　C. 侧卧　　　　　D. 侧俯卧

5. 手法开放气道时，应给患者（　　）。

A. 仰卧位　　　　B. 头高足低位　　C. 头低足高位　　D. 侧卧位

6. 判断口对口人工呼吸法是否有效，首先观察（　　）。

A. 口唇紫绀是否改善　　　　　　B. 病人胸廓是否起伏

C. 瞳孔是否缩小　　　　　　　　D. 剑突下隆起

7. 简单而迅速地确定心脏骤停的指标是（　　）。

A. 呼吸停止　　　　　　　　　　B. 血压下降

C. 瞳孔散大　　　　　　　　　　D. 意识消失，无大动脉搏动

8. 判断有无脉搏，下列正确的是（　　）。

A. 同时触摸双侧颈脉　　　　　　B. 检查时间不得短于 10s

C. 触摸颈动脉时，不要用力过大　D. 不能摸股动脉

9. 成人胸外心脏按压的操作，下列错误的是（　　）。

A. 病人仰卧背部垫板　　　　　　B. 急救者用手掌根部按压

C. 按压部位在病人心尖区　　　　D. 使胸骨下陷 4～5cm

10. 胸外心脏按压的位置是（　　）。

A. 剑突下　　　　　　　　　　　B. 胸骨左旁第四肋间

C. 左锁骨中线第四肋间　　　　　D. 胸骨中下三分之一处

📷 **实践实拍**

录下心肺复苏操作过程，大家共同观看，查找操作过程中存在的问题。

任务 4　创伤急救

🔆 **任务启化**

做一做 ⚡ 认识创伤急救知识工作页见表 2-4-1。

表 2-4-1　　　　　　　　　　　　认识创伤急救工作页

工作内容	按小组模拟现场突发高处坠落事故，有效地对伤者进行急救，使学生掌握包扎技术和处理细节。
工作目标	能够了解和掌握创伤急救常用知识，树立运用急救技术为社会做贡献的担当意识。
工作准备	每个小组由 2 名学生组成。工作时，分别指定学生负责扮演伤员和操作急救人员，对操作过程进行记录，组织学生轮换进行操作。
工作思考	（1）在创伤急救过程中止血的方法有哪些？ （2）包扎过程中需要用到的工具有哪些？ （3）包扎过程中注意的事项有哪些？ （4）教育引导学生认真学习、守护更多的生命，增强学生勇于探索的创新精神、善于解决问题的实践能力。当受伤骨折时没有夹板等工具，该怎么办？

工作过程	（1）小组模拟突发高处坠落事故造成上臂中段闭合性骨折。 （2）按照任务流程进行包扎固定，并根据评价表进行打分。
总结反思	（1）你学到的新知识点或技能点有哪些？ （2）相互交流在操作过程中遇到的问题有哪些？ （3）使用完后的绷带、纱布等该如何处理？谈谈你对国家决策部署的落实抓紧抓实环保相关工作的理解。
工作组成员	
工作点评	

二维码 2-4-1
知识锦囊

说一说 ⚡ 在日常突发出血的情况下，如何判断是哪里出血？怎么进行有效的止血？在止血的过程中需要注意事项的有哪些？

　　本任务根据模拟案例为例，介绍绷带包扎的方法，掌握 8 字包扎、环形包扎、螺旋包扎、螺旋反折包扎的方法，了解三角巾包扎的过程，掌握骨折的伤情判断、工具的使用以及操作的流程，学习大腿、小腿、上臂、前臂和骨盆骨折的固定方法以及注意事项。

◎ **任务目标**

　　1. 素养目标

　　（1）教育引导学生认真学习、守护更多的生命，增强学生勇于探索的创新精神、善于解决问题的实践能力。

　　（2）引导学生增强使命感和责任感，树立运用急救技术为社会做贡献的担当意识。

　　2. 知识目标

　　（1）能熟知包扎方法与注意事项。

　　（2）能熟练掌握对伤者骨折情况的判断。

　　3. 能力目标

　　（1）能正确规范地利用绷带进行包扎处理。

　　（2）能正确判断骨折的类型以及掌握各类型骨折固定的方法。

📋 **任务资料**

> 说一说 ⚡ 什么情况下需要用到绷带包扎？绷带包扎的过程中需要注意的有哪些？

一、绷带包扎法

　　包扎是外伤现场应急处理的重要措施之一。及时正确地包扎，可以达到压迫止血、减少感染、保护伤口、减少疼痛，以及固定敷料和夹板等目的。相反，错误的包扎可导致出血增加、加重感染、造成新的伤害、遗留后遗症等不良后果。

　　1. 清洗伤口

　　清洁伤口前，先让患者调节至适当位置，以便救护人操作。如周围皮肤太脏并杂有泥土等，应先用清水洗净，然后再用 75% 酒精消毒伤面周围的皮肤。消毒受伤位置周围的皮肤要由内往外，即由伤口边缘开始，逐渐向周围扩大消毒区，这样越靠近伤口处越清洁。如用碘酒消毒伤口周围皮肤，必须再用酒精擦去，这种"脱碘"方法，是为了避免碘酒灼伤皮肤。应注意，这些消毒剂刺激性较强，不可直接涂抹在伤口上。伤口要用棉球蘸生理盐水轻轻擦洗。自制生理盐水，即 1000ml 冷开水加食盐 9g 即成。在清洁、消毒伤口时，如有大而易取的异物，可酌情取出；深而小又不易取出的异物切勿勉强取出，以免把细菌带入伤口或增加出血。如果有刺入体腔或血管附近的异物，切不可轻率地拨出，以免损伤血管或内脏，引起危险，现场不必处理。伤口清洁后，可根据情况做不同处理。如果是黏膜处小的伤口，可涂上红汞或紫药水，也可撒上消炎粉，但是大面积创面不要涂撒上述药物。如遇到一些特殊严重的伤口，如内脏脱出时，不应送回，以免引起严重的感染或发生其他意外。原则上可用消毒的大纱布或干净的布类包好，然后将用酒精擦拭或煮沸消毒后的碗或小盆扣在上面，用带子或三角巾包好。

2. 包扎方法

（1）8 字包扎法。

8 字包扎法一般可用于肢体的肩、肘、膝、腕等关节部位。下面以手部腕关节为例。

第一步，伤口用无菌或干净的敷料覆盖，固定敷料，绷带打开，第一圈环绕稍作斜状，大致倾斜 45°。如图 2-4-1（a）所示。

第二步，包扎时从腕部开始，先环形缠绕两圈，稳定好后，将第一圈斜出一角压入环形圈内环绕第二圈。如图 2-4-1（b）所示。

第三步，经手部和腕部，右手将绷带从右下越过关节向左上绷扎，绕过后面，再从右上（近心端）越过关节向左下绷扎，使之呈"8"字形，每周覆盖上周的 1/3 ~ 1/2。如图 2-4-1（c）所示。

第四步，继续绕"8"字法包扎，包扎时应用力均匀，由内而外扎牢，直到应将盖在伤口上的敷料完全遮盖。如图 2-4-1（d）所示。

第五步，完成上述步骤后，检查伤口包扎的情况，将绷带沿"8"字绕至手腕处，屈曲关节后在关节远心端环形包扎两周，最后将绷带尾端在腕部固定。如图 2-4-1（e）所示。

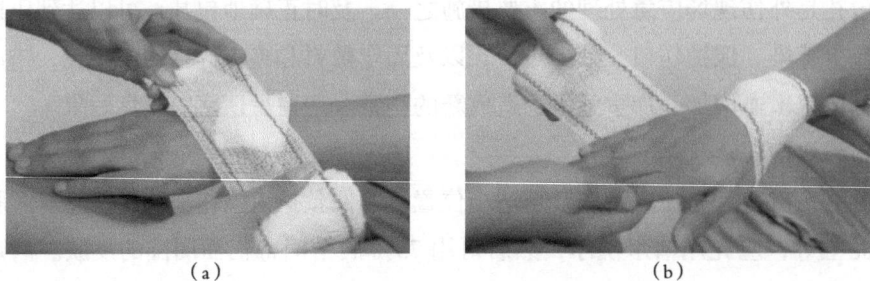

（a）
（b）

图 2-4-1 8 字包扎法（一）
（a）步骤 1；（b）步骤 2

二维码 2-4-2
神奇绷带—8
字包扎（微课）

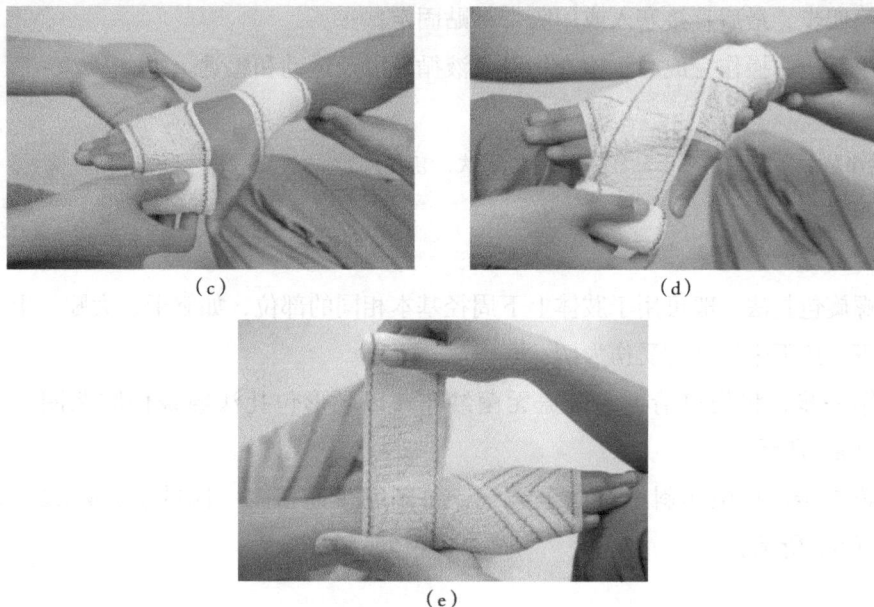

图 2-4-1 8 字包扎法（二）
（c）步骤 3；（d）步骤 4；（e）步骤 5

（2）环形包扎法。

绷带环形包扎法是绷带包扎法中最常用的，一般可用于肢体粗细较均匀处的伤口包扎。下面以小臂受伤为例。

第一步，伤口用无菌或干净的敷料覆盖，并且固定敷料。（小臂处伤口，伤员用另一只手进行敷料固定）。

第二步，将绷带一端稍作斜状环绕第一圈，将第一圈斜出一角压入环形圈内，环绕第二圈。如图 2-4-2（a）所示。

第三步，加压绕肢体环形缠绕 4～5 圈，每圈覆盖住前一圈，绷带缠绕范围要超出敷料边缘。如图 2-4-2（b）所示。

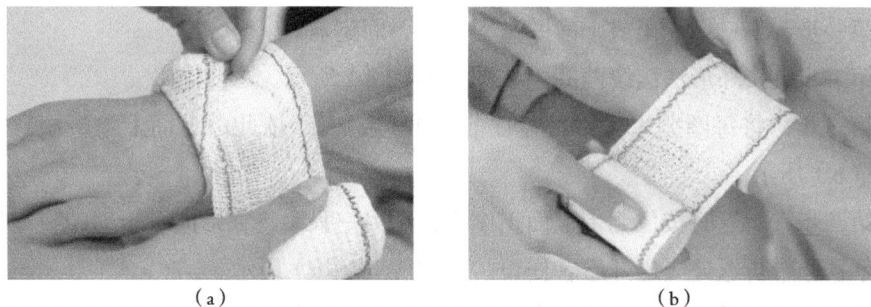

图 2-4-2 环形包扎法
（a）步骤 1；（b）步骤 2

二维码 2-4-3
神奇绷带—环形包扎（微课）

第四步，最后直接塞入或用胶带粘贴固定。

第五步，操作完成后，检查伤肢血液循环以及运动和感觉。

安全小贴士 ⚡ 正常条件下，绷带要一天换一次，有利于伤口的恢复。

（3）螺旋包扎法。

螺旋包扎法一般可用于肢体上下周径基本相同的部位，如躯干、大腿、上臂、手指等。接下来以上臂受伤为例：

第一步，将伤口清创，覆盖无菌纱布。以环形包扎法缠绕伤肢两圈。如图2-4-3（a）所示。

第二步，稍微倾斜螺旋向上缠绕，每圈绷带遮盖上一圈的1/3或1/2。如图2-4-3（b）所示。

二维码 2-4-4
神奇绷带—螺
旋包扎（微课）

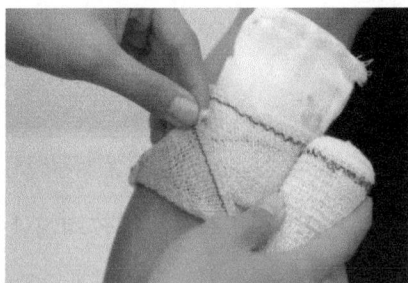 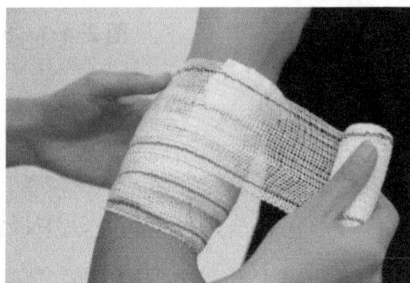

（a）　　　　　　　　　　　　　　（b）

图 2-4-3　螺旋包扎法
（a）步骤 1；（b）步骤 2

第三步，再将绷带缠绕两圈后用胶带固定。

第四步，操作完成后，检查伤肢血液循环以及运动和感觉。

（4）螺旋反折包扎法。

螺旋反折包扎法适用于肢体粗细不等处，接下来以小臂受伤为例：

第一步，伤口用无菌或干净的敷料覆盖，固定敷料。

第二步，按环形法缠绕两圈。如图2-4-4（a）所示。

第三步，将每圈绷带反折，盖住前圈1/3或2/3。依此由下而上地缠绕。如图2-4-4（b）所示。

第四步，折返时按住绷带上面正中央，用另一只手将绷带向下折返，再向后绕并拉紧；绷带折返处应避开患者伤口。如图2-4-4（c）所示。

第五步，最后以环形包扎结束。如图2-4-4（d）所示。

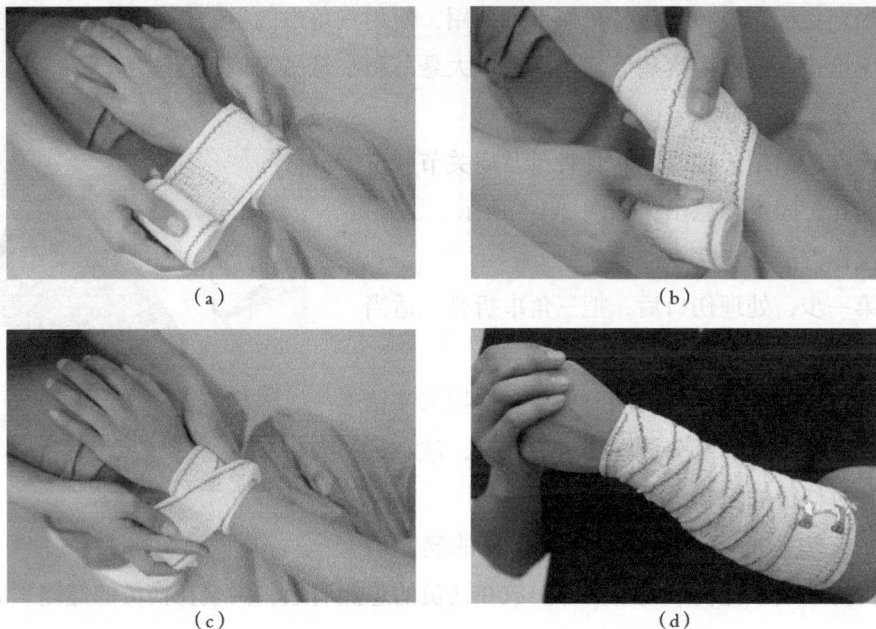

图 2-4-4　螺旋反折包扎法
（a）步骤 1；（b）步骤 2；（c）步骤 3；（d）步骤 4

3. 包扎注意事项

（1）绷带包扎前的准备。包扎部位必须保持清洁干燥，对皮肤皱褶处，如腋下、乳下、腹股沟等处应用棉垫、折叠纱布遮盖，骨隆突处用棉垫保护。

（2）绷带包扎的体位。在满足治疗目的的前提下，病人位置应尽量舒适。对肢体应保持功能位或所需要的体位。

（3）绷带选用。根据包扎部位选用不同宽度的绷带。手指用 3cm 宽，手、臂、头、足用 5cm 宽，上臂、腿用 7cm 宽，躯体用 10cm 宽的绷带。

（4）包扎操作。一般应自远心端向近心端包扎，开始处作环形两周固定绷带头，以后包扎应使绷带平贴肢体或躯干，并紧握绷带勿使落地，包扎时每周用力要均匀适度，并遮过前周绷带的 1/3～1/2，太松易滑脱，太紧易致血运障碍。一般指、趾端最好暴露在外面，以观察肢体血循环情况。包扎完毕，要环形包绕两周用胶布固定，或将绷带端撕开结扎，但注意打结处不应在伤处及发炎部、骨突起处、四肢内侧面、病人坐卧受压部位和易受摩擦部位。

> **做一做** ⚡ 小组成员间相互使用绷带进行练习，和其他组的同学进行对比。

二、三角巾包扎法

三角巾是一种便携好用的包扎材料，同时可以

> **说一说** ⚡ 什么时候需要用到三角巾？三角巾包扎和绷带包扎的区别是什么？

103

作为固定夹板、敷料和代替止血带来使用，使用三角巾的目的是保护伤口、减少感染、压迫止血，减少疼痛等。接下来以大悬吊和小悬吊为例进行学习。

1. 小悬吊

该方法适用于锁骨、肋骨骨折及肩关节脱位时的包扎、固定与悬吊，如图 2-4-5 所示。

操作方法与步骤：

第一步，处理伤口后，把三角巾折叠成适当宽度的条带，大约 10cm（一手掌）。

第二步，把伤员的伤侧肘关节屈曲把末端抬高，将条带中央的部分放在伤员的腕部，注意远端要超过伤员的腕掌关节。

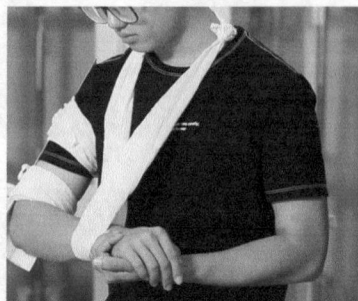

图 2-4-5　小悬吊

第三步，把宽带的一端放在伤员的健侧肩上，把另一端承托伤肢腕掌关节，放在伤员的患侧肩上，两端在伤员的健侧颈后侧方打结。

最后将前臂悬吊于伤员的胸前。

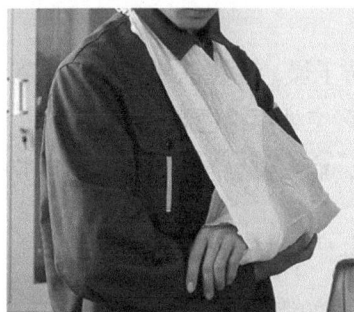

图 2-4-6　大悬吊

2. 大悬吊

该方法适用于前臂、上臂、手及手腕外伤进行包扎、悬吊，如图 2-4-6 所示。

操作方法与步骤：

第一步，支起受伤的前臂，手及手腕高于肘部，形成约 80°～85° 的角度。

第二步，将三角巾全幅张开置于前臂与胸部之间，带尖伸展至肘部。

第三步，将上面的带尾从未受伤的肩部绕过颈后，到受伤一侧的肩前。这一过程中前臂应保持原来的位置，将下面的带尾向上覆盖手和前臂，然后在锁骨上凹处打结。将带尖向前折，然后扣紧或将带尖扭紧。

第四步，扎紧后，须露出小指的指甲，以便观察血液循环的情况。

3. 头部帽式包扎

适用于头皮外伤时进行止血包扎，如图 2-4-7 所示。

图 2-4-7　头部帽式包扎

操作方法与步骤：

第一步，先除去伤者的眼镜与头饰。

第二步，将三角巾底边内折起数厘米，置于额部，眼眉上方，留意不要遮盖住眼睛和眉毛。覆盖伤者头上的敷料。

> **安全小贴士** ⚡ 当没有三角巾时，可以使用领带、围巾、衬衫等就地取材进行包扎。

第三步，将三角巾两端经过耳朵上方往后收，在枕后交叉，再绕回前额中央打一个平结，将结尾收藏于带边内。最后将带尖轻轻拉紧后固定或折入带内。

> **做一做** ⚡ 小组成员间相互使用三角巾进行练习，和其他组的同学进行对比。

三、骨折包扎

> **说一说** ⚡ 发生骨折的第一步应该怎么处理？在不知道是否骨折的情况下，该怎么处理？

1. 骨折的定义

骨折是指骨结构的连续性完全或部分断裂。骨折是骨头的破坏，其有多种类型。闭合性骨折时，骨折有破坏，该处的皮肤没有破裂且风险不大；开放性骨折，骨折处皮肤破裂，软组织及骨头端突出，感染的危险性很大；单纯性骨折即主要损伤骨本身；复合性骨折除骨本身外，还包括其他组织如神经及血管的损伤，受伤部位不自然地变形，骨骼从皮肤中突起，疼得不能动弹，严重红肿。

日常生活中我们如果发现了骨折患者，应第一时间判断患者的呼吸、脉搏及心率是否正常，是否有危及生命的大出血。如果患者病情较重，呼吸、脉搏停止，须及时联系急救人员，并进行心肺复苏。如果患者出血较多，可采取指压、包扎、止血带等方法进行止血。如果患者无明显生命危险，而骨折情况较重，联系急救人员后进行下一步针对性急救。

2. 骨折的判断

（1）先看受伤时的暴力大小，一般暴力大更容易造成骨折。

（2）看自己受伤时的姿势，如果是滑倒，手会不由自主先着地，这时手臂易骨折。

（3）从伤后出现的症状加以分析。如果伤处疼痛剧烈，局部肿胀明显，有严重的皮下淤血、青紫，出现外观畸形，均应考虑骨折的可能。此外，骨折处常常存在功能障碍，比如手臂骨折后，手的握力差，甚至不敢提东西；下肢骨折后不能站立或行走；腰部骨折后不能坐。

（4）可以用远离受伤部位叩击的方法检查。如上肢骨折，此手握拳，用另一只手的手掌轻轻撞击，若伤处感觉疼痛，则骨折的可能性较大。怀疑下肢骨折，可以用拳头轻轻叩击痛肢足跟，所疑处有痛感，骨折的可能性较大。如果通过以上几条的判断，自己能够确认的确是骨折，最好还是在同伴的帮助下，迅速就医。

（5）仔细判断后，发现没有骨折，只是伤处轻微出血，这并无大碍，也不必恐慌。因为，小伤口出点血不但无害，反而于康复有利。少量出血，可以冲洗伤口，使伤道内的污物随血液流出，从而达到自净的目的。少量出血，还可以起到加速伤口的愈合的作用，这是由于血液中的纤维蛋白能使伤口迅速黏合。同时，让血液充满伤道后，还可以及时杀灭伤口内的细菌，因为血中的溶菌霉和白细胞对伤道内的细菌和异物有溶解和吞噬作用，这对防止感染有好处。不过伤口也不能一直裸露在外，等少量血液流出后，就用创可贴把伤口处理好。

3. 上臂中段闭合性骨折

（1）查看病情。

当发现有人手臂骨折时，询问伤者致伤时间及过程；检查伤者是否有局部红肿、瘀斑、疼痛、畸形、不能活动等表现；并看伤肢远端是否有感觉异常及皮肤苍白等情况。

（2）用到的工具有三角巾四条、夹板一块。

（3）操作流程。

第一步，将一块夹板置于伤肢外侧，夹板上端超肩关节，下端超肘关节。两条三角巾分别叠成两指宽宽带，依次在骨折上端下端固定，切记不要碰到伤处。如图2-4-8（a）所示。

第二步，用一块三角巾叠成四指宽进行小悬吊，注意结要打在健侧颈部侧下方。如图2-4-8（b）所示。

第三步，用另一块三角巾做自身固定。如图2-4-8（c）所示。

第四步，操作完成后，检查伤肢指端末梢和血液循环以及运动和感觉。用毛巾包裹冰袋对伤处进行冰敷，并及时就医。

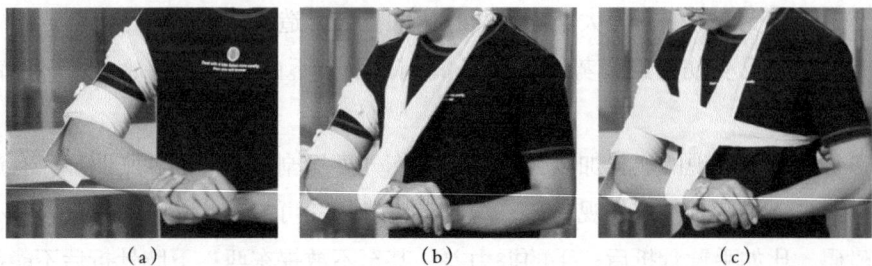

图 2-4-8 上臂中段闭合性骨折操作流程
（a）步骤1；（b）步骤2；（c）步骤3

4. 大腿中段闭合性骨折

（1）需要用到的工具有：三角巾四条、大毛巾一条。

（2）操作流程。

第一步，两名救护员一名位于伤员的脚部，脱掉伤肢鞋袜，检查脚趾运动和感觉，另一名救护员位于健肢侧进行操作。

第二步，将两块三角巾叠成三指宽的带子，两根从健肢膝关节下穿过，一根置于骨折下端，另一根置于膝关节下方，从健肢侧腰部穿过一根宽带，置于骨折上端，从健肢侧踝关节处穿过另一根宽带，至于踝关节处，过程中动作要轻，不要移动伤肢。如图 2-4-9（a）所示。

第三步，膝关节踝关节处加棉垫，也可用毛巾衣物等代替。

第四步，移动健肢将伤肢并拢。

第五步，固定顺序分别是，骨折上端，骨折下端，膝关节下方，结打在健肢侧，询问伤者是否系得过紧。如图 2-4-9（b）所示。

第六步，将脚掌用八字法固定在功能位，脚掌与地面呈 90° 角，注意结不要打在皮肤上。如图 2-4-9（c）所示。

第七步，检查脚部末梢和血液循环。

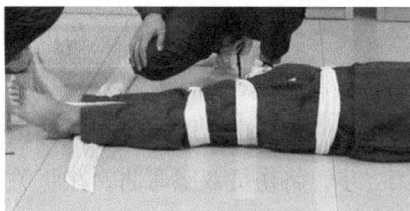

（a）　　　　　　　　　　　　　（b）

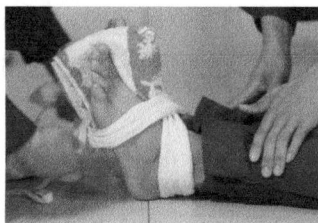

（c）

图 2-4-9　大腿中段闭合性骨折操作流程
（a）步骤 1；（b）步骤 2；（c）步骤 3

二维码 2-4-6
巧妙固定—大腿中段闭合性骨折（微课）

5. 小腿中段闭合性骨折

（1）需要用到的工具有：三角巾五条、大棉垫一块、长短夹板两块。

（2）操作流程。

第一步，一名救护员一名位于伤员的脚部，脱掉伤肢鞋袜，检查脚趾运动和感

二维码 2-4-7
巧妙固定—小
腿中段闭合性
骨折（微课）

觉，另一名救护员位于健肢侧进行操作，将四块三角巾穿过伤肢底部，大腿处一条，膝关节一条，小腿处两条，一条穿过腰部，过程中动作要轻，不要移动伤肢。

第二步，一块长夹板放在伤肢侧腰部至脚后跟，一块短夹板放在大腿内侧至脚后跟，大腿内侧要垫棉垫。第一名救护员协助抓稳夹板。如图 2-4-10（a）所示。

第三步，系三角巾的顺序应是骨折上下两端，接下来是腰部和膝关节上方。最后固定踝关节的同时，将伤肢的脚固定在功能位。如图 2-4-10（b）所示。

第四步，检查脚部末梢和血液循环。

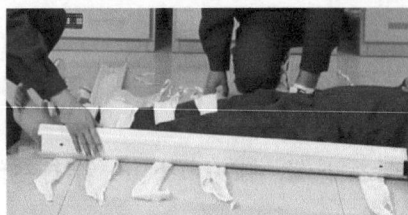 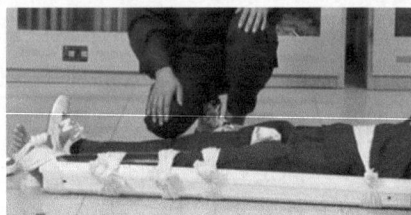

（a） （b）

图 2-4-10 小腿中段闭合性骨折操作流程
(a) 步骤 1；(b) 步骤 2

6. 骨盆骨折

（1）需要用到的工具有：三角巾两条、棉垫一块、软垫一个。

（2）操作流程。

第一步，三角巾从腰部穿入，将顶角放于臀部下方。

第二步，将伤员双膝弯曲，在膝关节间加棉垫，用三角巾叠成四指宽宽带，固定膝关节。膝盖下放置软垫支撑。以减轻疼痛。如图 2-4-11（a）所示。

第三步，将第一块三角巾顶角拉至双腿之间，两底角同时向上拎起，在腹部正中打结，松紧适度，顶角的带子系在两底角打结处。打结时询问伤员松紧是否合适。如图 2-4-11（b）所示。

二维码 2-4-8
巧妙固定—骨
盆骨折固定
（微课）

 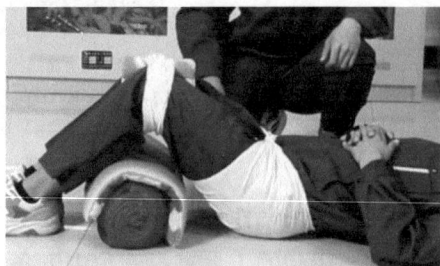

（a） （b）

图 2-4-11 骨盆骨折操作流程
(a) 步骤 1；(b) 步骤 2

> **做一做** ⚡ 小组成员利用工具进行骨折包扎，按照流程进行操作。

四、伤者转运

经以上现场救护后，应将伤员迅速、安全地转运到医院救治。转运途中要注意动作轻稳，防止震动和碰坏伤肢，以减少伤员的疼痛，并且注意给伤员保暖。在搬运过程中，掌握正确的救护方法可保证伤员生命安全，避免因搬运造成更大损伤。

> **说一说** ⚡ 在包扎完毕后，如何将伤员转移到安全的地方？

1. 背负法

多用于伤者不能自行行走，救护人员只有一人时。对于失去意识神志不清的伤者，可采用交叉双臂紧握手腕的背负法。这样可以使伤者紧贴救护者，减少行走时摇动给伤者带来的损伤。

对于神志清醒的伤者可采用普通背负法，只要抓紧伤者的手腕使其不要左右摇晃即可。当救护者需要攀附其他物体才能保持平衡脱离险境时，可将伤者横扛在肩上，用一只手臂固定伤者，另一只手臂用于攀附。

2. 抱持法

救护者一手抱其背部，一手托其大腿将伤者抱起。若伤者还有意识可让其一手抱着救护者的颈部。

3. 拖拉法

如果伤者较重，人无法背负或抱持时，救护者可从后面抱住伤者将其拖出。也可用大毛巾将伤者包好，然后拉住毛巾的底角将伤者拉走。

4. 双人搬运法

椅托法：两名救护者面对面分别站在伤者两侧，各伸出一只手放于伤者大腿之下并相互握紧，另一只手彼此交替搭在对方肩上，起支持伤者背部的作用。

双人拉车法：两名救护者，一人站在伤者的头部位置，两手伸于腋下，将其抱入怀中；另一人站在伤者的两腿之间，抱住双腿。两人步调一致将伤者抬起运走。

5. 脊柱损伤搬运法

对于损伤严重的患者，例如头颈部骨折、脊柱骨折、大腿骨折、开放性胸腹外伤等，必须要有多名救护人员协同参加并应用器械，才能防止因搬运不当而造成的伤残或死亡。

对疑似有脊柱骨折的伤者，均应按脊柱骨折处理。脊柱受伤后，不要随意翻身、扭曲。在进行急救时，上述方法均不得使用。因为这些方法都将增加受伤脊柱的弯曲，使失去脊柱保护的脊髓受到挤压、伸拉的损伤，轻者造成截瘫，重者可因高位颈髓损伤导致呼吸功能丧失而立即死亡。

正确的搬运方法是：先将伤者双下肢伸直，上肢也要伸直放在身旁，硬木板放在伤者一侧，用于搬运伤者的必须为硬木板、门板或黑板，且不能覆盖棉被、海绵等柔软物品。至少三名救护人员水平托起伤者躯干，由一人指挥整体运动，平起平放地将伤者移至木板上。

6.如何制作搬运工具

搬运中使用的担架可以就地取材现场制作。可以用大床单将伤者放在中央，两端卷起，两侧各站三人，一起抬起，搬运伤者。用粗绳在两根竹竿间交叉结成锯齿状结构，即可做成一个简易担架。利用木棒与大床单折叠也可快速制成简易担架。急救现场一时找不到粗绳或大毛巾，救护者可将衣裤脱下套在两个木棒之间制成简易担架。

7.搬运的注意事项

在搬运过程中动作要轻柔、协调，以防止躯干扭转。对颈椎损伤的伤者，搬运时要有专人扶住伤者头部，使其与躯干轴线一致，防止摆动和扭转。伤者放在硬木板上后，可将衣裤装上沙土固定住伤者的颈部及躯干部，以防止在往医院转运过程中发生摆动，造成再次损伤。因为脊柱脊髓损伤的病人对温度的感知和调节能力差，所以冬季要注意保暖，用热水袋热敷时要用厚布包好，防止烫伤皮肤。夏季要注意降温，防止发生高热，冰袋也应包好。对有大腿骨折的伤者，要先将伤肢用木板固定后再行担架搬运，以防止骨折断端刺破大血管加重损伤。其他一些较严重的损伤也要使用担架搬运，以减轻伤者的痛苦。

做一做 ⚡ 各小组相互进行转运操作，扮演伤员的同学进行打分。

任务实施

一、明确任务

2021 年 9 月 1 日 9 时，某光伏电站员工小李发现光伏板顶部挂有异物，在无人监护的情况下私自进行处理，在处理过程中，发生意外坠落事故，员工小赵闻讯赶来，对小王进行检查后，确定本次事故导致小王前臂中段闭合性骨折。小赵对小王进行包扎处理。

> 说一说 ⚡ 在进行前臂中段闭合性骨折包扎需要准备的工具有哪些?

二、作业流程

根据前臂中段闭合性骨折任务内容，小组负责人分配小组成员操作内容，一人负责扮演伤员，一人负责实际操作。

1. 伤情检查

发生外伤的情况后，如果感觉到受伤部位剧烈疼痛，并有严重的青紫或是皮下出血的情况发生，那么骨折的可能性相对来说会比较大一些。

判断是否骨折，可以从以下几个方面判断：

（1）观察在受伤的部位是否出现明显的畸形，即与对侧正常的肢体比较是否出现变形，如果出现变形，判断存在骨折。

（2）观察受伤的部位是否存在异常的活动，即在不应该活动的地方出现活动，若出现异常活动，则判断存在骨折。

（3）观察受伤的部位是否存在骨擦音或者是骨擦感，如果出现骨擦音或者是骨擦感，则判断出现骨折。

2. 准备工具

需要用到的工具有：三角巾三条、夹板一块。

3. 固定方法

简单固定需要注意的几点事项：

（1）在上夹板前，凡是和身体接触的部位要用棉花，软物垫好，防止进一步压迫，摩擦损伤。

（2）骨的凹凸处，四肢、躯干的凹凸处，因骨折造成的畸形处，一定要加够厚的棉织品软垫防止再度损伤。

（3）骨折固定绑扎时应将骨折处上下两个关节同时固定，限制骨折处的活动。要求夹板长度一定要超越骨折处上下两个关节。只有大腿骨折时夹板的长度是从腋下至足跟，因为大腿肌肉丰厚，仅仅固定髋及膝关节，难以固定牢固。

（4）骨折固定绑扎的顺序。

1）固定骨折的近心端，再固定骨折的远心端。

2）依次由上到下固定各关节处。

3）下肢骨折和脊柱骨折要将两脚靠在一起，中间加厚垫，用"8"字包扎方法固定。

4）绑扎松紧度以绑扎的带子上下能活动 1cm 为宜。

5）四肢固定要露出指（趾）尖，以便随时观察末梢血液循环状况。

6）如果指（趾）尖苍白、发凉、发麻或发紫，说明固定太紧，要松开重新调整固定压力。

（5）操作步骤。

第一步，将伤肢屈肘放在胸前，将夹板放于伤肢下方，夹板两端分别超过肘关节和腕关节。如图 2-4-12（a）所示。

第二步，将一条三角巾叠成两指宽固定骨折上端，另一条叠成四指宽，将骨折下端及腕关节一同固定。切记过程中动作要轻，不要移动伤肢。如图 2-4-12（b）所示。

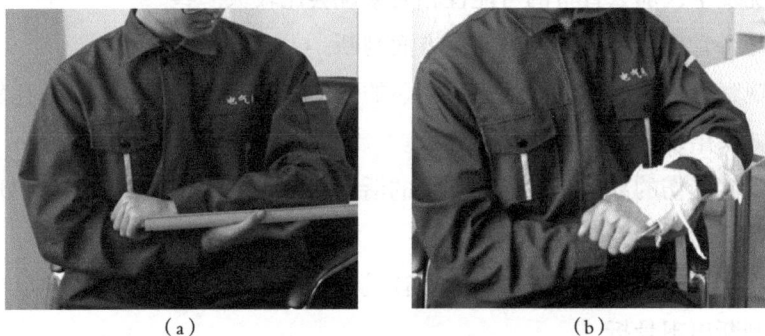

图 2-4-12 上臂中段闭合性骨折操作流程
(a) 步骤 1；(b) 步骤 2

第三步，固定后，将伤肢进行大悬吊，用三角巾轻轻穿过伤肢下方，在健侧颈部下方进行打结，三角巾底角打结收起。三角巾打结处不能位于皮肤上。

第四步，操作完成后，检查伤肢指（趾）端末梢和血液循环以及运动和感觉。

三、操作结束

小组负责人对现场和操作过程进行监督，操作完成后，各组相互进行学习，组间进行评价，选出操作规范，包扎优秀的一组进行展示。全部结束后，清理工作现场，将工具整理好并回收放置在工具箱中。

任务评价

骨折固定操作成果评价表见表 2-4-2。

表 2-4-2　　　　　　　　　　　骨折固定操作成果评价表

评价项目	评价内容	评价标准	评价等级		
			自评	组评	师评
资料准备（10分）	专业资料准备（10分）	优：能根据任务，熟练查找专业网站和专业书籍，咨询资深专业人士，获取需要的较全面的专业资料 良：能根据任务，查找专业网站或专业书籍，或通过资深专业人士，获取需要的部分专业资料 差：没有查找专业资料或资料极少	优□ 良□ 差□	优□ 良□ 差□	优□ 良□ 差□
实际操作（70分）	工具准备（10分）	优：正确准备 3 条三角巾，正确选取 1 根合适长度的夹板 良：正确准备 3 条三角巾，未正确选取 1 根合适长度的夹板 差：未正确准备 3 条三角巾，未正确选取 1 根合适长度的夹板	优□ 良□ 差□	优□ 良□ 差□	优□ 良□ 差□
	伤情检查（10分）	优：正确判断伤者骨折位置，正确判断伤者骨折程度 良：未正确判断伤者骨折位置，正确判断伤者骨折程度 差：未正确判断伤者骨折位置，未正确判断伤者骨折程度	优□ 良□ 差□	优□ 良□ 差□	优□ 良□ 差□
	包扎操作（40分）	优：正确规范使用三角巾，正确规范使用夹板，进行规范包扎 良：未正确规范使用三角巾，正确规范使用夹板，进行规范包扎 差：未正确规范使用三角巾，未正确规范使用夹板，包扎不规范	优□ 良□ 差□	优□ 良□ 差□	优□ 良□ 差□
	清理现场（10分）	优：清理工作现场干净，整理收放工具整洁 良：清理工作现场基本干净，工具未整理 差：未清理工作现场，工具未整理	优□ 良□ 差□	优□ 良□ 差□	优□ 良□ 差□
基本素质（20分）	细致认真（10分）	优：能根据操作步骤按要求进行细致操作 良：能完成操作，但过程中有省略步骤 差：不能按照规程要求完成操作	优□ 良□ 差□	优□ 良□ 差□	优□ 良□ 差□
	遵章守纪（10分）	优：能完全遵守现场管理制度和劳动纪律，无违纪行为 良：能遵守现场管理制度，迟到 / 早退 1 次 差：违反现场管理制度，或有 1 次旷课	优□ 良□ 差□	优□ 良□ 差□	优□ 良□ 差□
小组意见					
教师意见					
总成绩	优□ 良□ 差□	备注	总成绩 = 自评 ×0.2+ 组评 ×0.3+ 师评 ×0.5 各级权重：优 =1；良 =0.8；差 =0.5		

🔍 任务深化

💡 拓展阅读

史纯清："电力医生"用匠心书写励志传奇

史纯清，今年 51 岁，贵州电网有限责任公司都匀供电局高压电气试验高级作业员。

1991 年参加工作以来，史纯清从一名技校毕业生到技能专家，从普通工人到全国五一劳动奖章获得者、全国技术能手、南网工匠、贵州省劳模创新工作室领衔人。带队研究形成创新成果 30 项、获奖 60 余次，发表专业论文 15 篇，获得国家专利 60 余项，软件著作权 5 项，累计为企业综合创效达 4000 万元以上，这是史纯清从业 32 年来交出的答卷。他在平凡的岗位上创造了不平凡的实绩，书写了一个励志的传奇。

史纯清长期扎根生产服务一线，努力钻研技术，在实践中磨炼出了高超的电气试验专业技能，他只需 3min 就能完成"空载试验"接线，比别人节约了 50% 的时间；他创下的 8min 拆装 10kV 真空断路器真空泡的纪录，至今仍未被打破；他总结研究的《电气设备故障诊断望、闻、问、切"四诊法"》等工作方法，为企业解决了多项生产技术难题，及时消除了多起重大设备缺陷。对工作中出现的技能难题，史纯清具有极其敏锐的洞察力，能发现问题的根源，在解决问题时，有着狂热和不妥协的精神，被行内称为"电力医生"。

凭着"干一行爱一行，钻一行精一行"的执着，32 年来，史纯清扎根基层班组，秉着"严、勤、细、实"的工作准则，通过"观察外表、听声嗅味、询查详情、测试数据"总结研究出一套实用工作方法让工作中的疑难杂症化繁为简。他以"严、勤、细、实"的标准教导徒弟，在"南网工匠课堂"等平台累计开展培训授课上万余人次，编写出版技能培训标准、教材 8 套，参与编制行业标准 2 套，制作的培训教材多次获奖。他设计研发的"一种具有多种故障模拟功能的培训教学变压器"，极大提升了电网设备故障诊断水平和技能实操水平。

工匠精神在于传承，传承的不仅是技术，更是一种品质。谈及未来，史纯清（见图 2-4-13）说："我将持续投入到职工创新工作中去，以匠心守初心，培养出更多的接班人，和大家一起用专业知识守护好万家灯火。"

图 2-4-13　史纯清工作照

自检自测

1. 对于关节处流血，应选用的止血方法是（　　）。

A. 带环形包扎
B. 绷带螺旋包扎
C. 绷带螺旋反折式包扎
D. 绷带 8 字形包扎

2. 下列不是伤口包扎的目的的是（　　）。

A. 使伤口与外界环境隔离，减少污染

B. 止痛，缓解伤员紧张情绪

C. 加压包扎可以止血

D. 脱出的内脏纳入伤口，以免内脏暴露在外加重损伤

3. 创伤急救，必须遵守"三先三后"的原则，对于出血的伤员应该（　　）。

A. 先搬运后止血
B. 先止血后搬运
C. 先送医院后处置
D. 先搬运后送医院

4. 对于受伤人员进行急救的第一步是（　　）。

A. 观察伤者有无意识
B. 对出血部位进行包扎
C. 进行心脏按压
D. 立即送医院

5. 绷带包扎顺序原则上应为（　　）。

A. 从上向下，从左向右，从远心端向近心端

B. 从下向上，从右向左，从远心端向近心端

C. 从下向上，从左向右，从远心端向近心端

D. 从下向上，从左向右，从近心端向远心端

6. 发生开放性骨折后，现场正确的处理方法是（　　）。

A. 必须先将骨折端还纳后，再止血，包扎，固定

B. 先止血，再固定，最后包扎

C. 立即复位后，再止血，固定，包扎

D. 先止血，再包扎，最后固定

7. 包扎止血不能用的物品是（　　）。

A. 带
B. 三角巾
C. 止血带
D. 麻绳

8. 如果某人动脉出血，下列做法可取的是（　　）。

A. 等待血液在伤口处自然凝固

B. 在伤口的近心端用绷带压迫止血

C. 将伤者送医院等待医生处理

D. 在伤口的远心端用绷带压迫止血

9.某人因外伤出血，血色暗红，血流缓慢，紧急的抢救措施是（　　）。

A.赶紧送往医院   B.指压法远心端压住

C.用消毒纱布包扎   D.止血带近心端捆扎

10.有关损伤的急救和转运，下列错误的是（　　）。

A.开放伤口应用无菌纱布覆盖，缠上绷带

B.昏迷病人为防止呕吐物所致窒息，最可靠的方法是放置胃管

C.四肢动脉大出血时要上止血带或立即止血

D.对怀疑有脊椎骨折的伤员必须平卧

📱 实践实拍

拍摄不同位置骨折包扎的图片，分享给大家相互学习。

模块 3   履行电气作业安全措施

事故案例：

某公司进行某 10kV 线路 39 号杆低电压改造工作，在 41 号杆装设两组高压接地线（其中一组装在同杆架设的废弃线路上，该废弃线路实际带电）。作业人员未对废弃线路验电即挂设接地线，地面监护人员同时触及脱落的接地极，造成 1 人触电死亡。

规程提示：

《电力安全工作规程　电力线路部分》（GB 26859—2011）中规定：在线路和配电设备上工作，应有停电、验电、装设接地线及个人保安线、悬挂标示牌和装设遮栏（围栏）等保护安全的技术措施。

编者有话：

安全生产事关人民福祉，事关经济社会发展大局。党的十八大以来，习近平总书记高度重视安全生产工作，作出一系列关于安全生产的重要论述，一再强调要统筹发展和安全。

安全组织和技术措施是电力安全生产中的重要组成部分，它是具体安排和指导安全作业的管理与技术文件，是针对作业过程中可能发生的事故隐患和可能发生安全问题的环节进行预测，从而在技术上和管理上采取措施，消除或控制不安全因素，防范发生事故。

在电气工作中，为了防止事故的发生，必须严格执行《电力安全工作规程　电力线路部分》（GB 26859—2011）的规定，严格按规定对电气工作人员进行培训考核。在整个过程中，必须按照规定完成保证工作人员安全的组织措施和技术措施。

学习目标：

（1）培养责任意识，辨识工程中的道德问题，做到严肃认真。

（2）学会用科学精神与方法解决实际问题，养成低碳生活习惯。

（3）能根据工作任务要求进行现场勘察，填写勘察记录单。

（4）熟悉工作票的填用要求和执行流程。

（5）能正确履行工作许可、工作监护、工作间断、转移和终结制度。

（6）能规范地进行停电、验电和挂接地线、装设遮栏、悬挂标示牌等作业。

二维码 3-0-1
电气工作安全
措施案例剖析
（企业案例）

任务 1　履行更换电杆安全作业的组织措施

💡 任务启化

> **做一做** ⚡ 更换线路导线标准化作业流程工作页见表 3-1-1。

表 3-1-1 　　　　　　　　　　更换线路导线标准化作业流程工作页

工作内容	按小组模拟现场班组，通过角色扮演法，演示更换 10kV 及以下线路导线标准化作业流程。
工作目标	能够了解工作票的作用和意义，能够了解更换 10kV 及以下线路导线标准化作业流程和安全注意事项。
工作准备	每个小组由 4~6 名学生组成，指定组长。工作时，由组长分配角色和任务，组织作业。
工作思考	（1）用自己的理解，阐述工作票的作用和意义。 （2）思考一下，作业时应使用的工器具及作用。 （3）电力生产现场作业有"十不干"，包括工作任务、危险点不清楚的不干，危险点控制措施未落实的不干。全体人员在作业过程中，应熟知各方面存在的危险因素，随时检查危险点控制措施是否落实到位。请分析本次作业中的危险点和控制措施。
工作过程	简述更换 10kV 及以下线路导线标准化作业流程，按理解画出其工作流程图。

续表

总结反思	（1）你学到的新知识点或技能点有哪些？ （2）你对自己在本次任务中表现是否满意？写出课后反思。 （3）从"谈电色变"到"科学防护"，谈谈你对工程伦理中"科学精神与方法"的理解。
工作组 成员	
工作点评	

二维码 3-1-1
知识锦囊

说一说 ⚡ 在进行更换线路导线操作时，在人员管理、协调和组织方面所采取的安全措施有哪些？

📢 任务描述

本任务针对 10kV 配电线路最常进行的作业任务——更换线路电杆、导线操作进行介绍，你会掌握更换电杆、导线的标准化作业流程，并深入理解电力安全组织措施。

◎ 任务目标

1. 素养目标

（1）树立责任意识，做到严肃认真。

（2）会用科学精神与方法解决实际问题。

2. 知识目标

（1）掌握工作票制度、工作许可制度、工作监护制度、工作间断、转移和终结制度。

（2）能理解和掌握安全组织措施的内容及其发挥的作用。

3. 能力目标

（1）能正确执行工作票制度。

（2）会熟练填写工作票。

📋 任务资料

电力安全组织措施是根据电力系统的安全防护特点，在人员管理、协调和组织方面所采取的安全措施。在电气设备上工作，《电力安全工作规程》制定了保证电气作业安全的组织措施为：工作票制度、工作许可制度、工作监护制度、工作间断、转移和终结制度。有的企业在线路施工中，除完成上述国家规定的组织措施外，还增加了现场勘察制度。

一、工作票制度

1. 定义

工作票制度，是指在电气设备上进行任何电气作业，都必须填写工作票，并依据工作票布置安全措施和办理开工、终结手续。执行工作票制度的方式有填写工作票（第一种工作票或第二种工作票）、执行口头或电话命令两种。

安全小贴士 ⚡ 执行工作票是安规的核心；是准许工作的书面命令；是保证人身安全的组织措施和技术措施的依据。

---

2. 执行流程

电气工作票制度是保证作业安全的重要措施，从填写工作票开始一直到作业终结，有严格的执行流程。电气工作票执行流程图如图 3-1-1 所示。

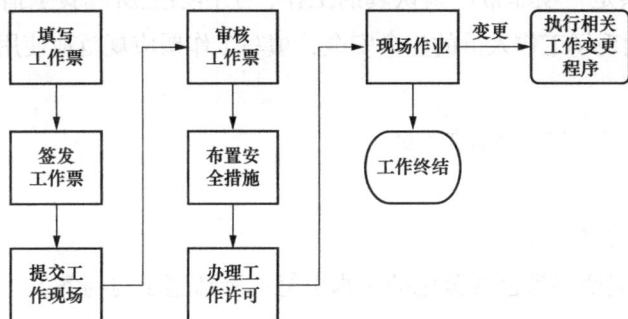

图 3-1-1　电气工作票执行流程图

可以看出，电气工作票执行从工作负责人接受作业任务并根据工作内容、现场条件填写工作票开始。填写好的工作票由工作票签发人审定签发，提交工作现场的运行值班人员。运行值班人员接收工作票并对作业的必要性、安全措施进行审核，确认工作票合格后，按照工作票所列要求布置作业安全措施。工作负责人在进场作业前，办理工作许可手续，得到工作许可人的工作许可后，带领工作班成员进入现场进行作业。在作业期间，若发生某些工作变更，如工作间断、转移、扩大工作范围或变更工作人员，按有关规定办理变更手续。工作结束后，履行工作终结手续。至此，该工作票执行完毕。

3. 有关人员任职条件和安全职责

电气工作票制度中涉及四类工作人员，工作票签发人、工作负责人（监护人）、工作许可人和工作班成员，并确定其任职条件和安全职责。

（1）工作票签发人，由熟悉生产技术和现场情况的部门领导或技术人员担任，对作业的必要性、安全性以及对所派工作负责人和工作人员是否恰当，工作票所填写的安全措施是否完备负责。

（2）工作负责人（监护人），一般由班组长或部门领导指派人员担任，对作业的组织、安全措施的落实负责，以及担负现场作业指导和监督作业安全工作。《电力安全工作规程》中同时规定，工作票签发人不能同时担任该项工作负责人。

（3）工作许可人，由对现场设备熟悉，有运行经验的电气运行值班人员担任，对无人值守变电站，则由巡检操作人员担任。负责审查工作票所列安全措施是否正确完备，是否符合现场条件，工作现场布置的安全措施是否完善；负责检查停电设备有无突然来电的危险；仔细检查工作票所列的内容，如有疑问，必须向工作票签发人询问清楚，必要时应要求作详细补充。

（4）工作班成员，是作业的具体执行人，应遵守现场作业有关安全规定，接受工作负责人的指导和监督，保证检修作业安全地进行。

4. 工作票填写

填写工作票是一项非常严肃认真的工作，工作票上所载安全措施是否正确完备，直接关系到现场工作人员的生命安全，填写工作票应规范地使用调度术语。

> 说一说 ⚡ 举例说明，调度术语都有哪些？

（1）填写一般规定。

1）工作票应使用黑色或蓝色的（水）笔或圆珠笔填写与签发，一式两份，内容正确，字迹清楚，不得任意涂改，特别是关键字不能涂改，如开关、刀闸编号。

2）如采用计算机生成或打印的工作票应使用统一的票面格式。

3）填写时应注意：一张工作票中，工作票签发人、工作负责人和工作许可人三者不得互相兼任。

4）工作票由工作负责人填写，也可以由工作票签发人填写。

（2）填写讲解。

下面以《配电第一种工作票》为例，讲解工作票的填写要求。

配电第一种工作票

单位及编号

单位是指：工作负责人所在的单位、工区的单位名称。

编号是指：该张工作票具有追溯的编码。对于工作票编码各基层单位都有自己不同的规定，通常编码采用年月日张的编码方式。如编号 2010-01-22-01，表示该张工作票签发日期为 2010 年 1 月 22 日，签发的第一张工作票。

工作负责人及班组

工作负责人（监护人）指：现场工作总负责人。

班组是指：从事工作任务的车间、班组或部门的全称。

工作班人员

工作班人员是指：除工作负责人以外的参加工作的所有人员姓名。后一项填人数。

> 说一说 ⚡ 遇到一项工作参与的工作班人数较多（几十人或上百人）的情况，工作班人员栏不能将所有人员全部写下时，该如何操作？

工作的线路或设备双重名称（多回路应注明双重称号）

工作的线路或设备双重名称是指：

1）线路的电压等级及线路名称。

2）两端变电站开关编号，停电范围。注意：其中"T"接变电站的开关编号也应填写在内，停电范围可根据实际情况填写"全线"或起止杆号。

多回路应注明双重称号指：同杆架设线路部分工作线路的位置称号（位置称号指上线、中线或下线和面向线路杆塔号增加方向的左线或右线）及同杆架设部分工作线路的起止杆号。

具体填写规范如下：

［电压等级］［线路名称］［变电站开关编号（T接变电站开关编号）］［停电范围］［共杆线路区段的位置称号及起止杆号］

工作任务

工作地点或设备栏：按现场实际填写变（配）电站、电压等级、线路名称起止杆塔号，同杆塔双回及以上线路中一回线路停电作业时，以面向线路杆塔号增加的方向，区分"左线""右线""上线""中线""下线"，在线路起止杆号后加括号注明。例：新远 110kV 变电站 10kV 中心线主干 1 号杆 -19 号杆（上线）。

工作内容栏：工作内容填写应具体、明确，并与工作地点或地段对应。缺陷较多时，可另附缺陷处理单，应同时在工作内容栏内注明"处理缺陷几件"，见表3-1-2。缺陷处理单作为工作票的附页，填写工作票编号，同工作票一并保存。

表 3-1-2　　　　　　　　　　　缺陷处理单示例

工作地点或设备［注明变（配）电站、线路名称设备双重名称及起止杆号］	工作内容
新远 110kV 变电站 10kV 中心线主干 1 号杆 -19 号杆（上线）	更换电杆、导线
新近 110kV 变电站 10kV 中心线主干 1 号杆 -19 号杆（上线）	缺陷 18 件（详见缺陷处理单）

计划工作时间：自＿＿年＿＿月＿＿日＿＿时＿＿分至＿＿年＿＿月＿＿日＿＿时＿＿分

计划工作时间：调度（工作许可人）批准的检修开始时间和结束时间期限。

安全措施（必要时可附页绘图说明）

1）调控或运维人员（变配电站、发电厂）应采取的安全措施。

应写明线路停电作业调控或运维人员需要断开的变电站、发电厂升压站、开闭所、换流站、配电站等出口断路器（开关）和隔离开关（刀闸）；联络开关及其刀闸；环网柜内开关；线路开关和刀闸；跌落式熔断器；低压开关、刀闸和熔断器；装设的标示牌；装设的操作接地线（接地刀闸）。

2）工作班完成的安全措施。

a. 工作班需拉开的开关、刀闸和熔断器；在线路上已拉开的开关、刀闸；合上的接地开关；操作机构上加锁；悬挂标示牌；应装设的遮栏（围栏）等。

b. 用断开引流线的方法将检修设备与带电设备隔离时，须将断开引流线的杆塔号及具体位置填入此项内。

由工作负责人核实并确认各项安全措施均已执行完毕，在最后一条安全措施右侧的已执行栏的下一格填写"已执行"；若某栏不需做安全措施者，则在此栏填"无"，对应的已执行栏内空白。

3）工作班装设（或拆除）的接地线。

a. 应挂的接地线是指停电线路作业单位、班组自行装设的接地线，不包括由调控及运维人员命令装设的接地线。

b. 装设接地线应填写工作地段两端必须装设的接地线，可能反送电到停电线路上的分、支线应挂的接地线，防止停电线路感应电压加挂的接地线。

c. 作业要求装设接地线必须与实际相符，所列接地线与附图必须相符。装设的接地线必须保证作业人员在接地线保护范围内工作。

d. 线路名称或设备双重名称和装设位置，栏内写明 ××kV×× 线 ×× 号杆大（小）号侧。遇有绝缘导线作业时，可根据现场验电接地环境位置装设接地线。

e. 接地线编号栏内应写明接地线的编号。

f. 流动接地线必须注明。流动接地线系指配电专业作业班组使用的移动接地线，不包括个人保安线。该项填写与接地线的填写相同，并在接地线编号后括号注明流动接地线。

g. 同一停电线路上不同作业班组、不同工作票的接地线编号不允许重复。

h. 装设时间、拆除时间栏内应按现场实际装设、拆除时间填写。

4）配合停电线路应采取的安全措施。

一回线路检修（施工），邻近或交叉的其他电力线路需配合停电和接地时，应在工作票中列入由调控或运维人员采取的安全措施。如：应改为检修状态的线路、设备名称，断开的开关、刀闸、熔断器，合上的接地开关、装设的接地线、绝缘隔板、遮栏（围栏）和标示牌等。

5）保留或邻近的带电线路、设备。保留或邻近的带电线路、设备须写明电压等级和双重名称。例如，与停电线路交叉、跨越、平行邻近带电线路，以面向线路杆塔号增加的方向注明上（下）方、左（右）侧带电。有联络开关要写明在哪条线路侧带电，同一条线路要写明线路具体杆号大（小）号侧带电（停柱上开关时应注明柱上开关电源侧带电；停跌落式熔断器时应注明跌落式熔断器上触头及以上10kV 线路带电）。无保留或邻近的带电线路、设备应填写"无"，此项不允许空白。

6）其他安全措施和注意事项。

此栏由工作负责人或工作票签发人填写。主要内容有：按规定应设的看守人姓名、看管具体工作内容；取下已拉开的跌落式熔断器熔管保管人姓名；停电的电容器和电缆应采取的放电措施以及其他保证安全的措施等，此栏不允许空白或写"无"。

7）其他安全措施和注意事项补充。工作负责人或工作许可人根据工作任务和现场情况，提出和完善安全措施，应在现场核对后，手工填写。此栏无补充措施时不允许空白，应填写"无"。

8）配电第一种工作票必须绘图。绘图说明：绘图应另附 A4 纸，可根据需要选择横向或纵向的排版格式。单线简图应包括停电的变电站、升压站、开闭所、配电站；停电线路作业地段的起止杆塔号；停电线路与其并架、平行和交叉跨越的带电线路的相对位置和杆塔号及色标；挂接地线的杆塔号或设备位置及接地线编号；与停电设备相邻的带电设备，保留的带电设备和线路。单线简图中用虚线表示带电部分，用实线表示停电部分。未设置围栏的作业区域用虚线框标注。

工作许可

1）许可开始工作的命令必须通知到工作负责人，通知方式有当面通知，简写"当面"；电话通知，简写"电话"。根据实际通知方式进行填写。

2）许可工作的时间须填写工作许可人准许开始工作的准确时间，该时间由工作许可人与工作负责人进行核对，核对无误后，进行填写。

工作任务单登记

工作任务单登记，应将工作任务单的编号、具体工作任务、小组负责人姓名、工作许可、终结时间填写清楚。

现场交底

现场交底，工作班成员确认工作负责人布置的任务、人员分工、安全措施和注意事项并签名。

1）工作负责人应对新增工作人员进行安全交底，并履行签名确认手续。

2）工作班组人员仅在工作负责人收执的工作票上签名，无需在工作许可人或工作票签发人收执工作票上签名。

人员变更

1）工作负责人变动要注明姓名、变动时间，并由工作票签发人、原工作负责人、新工作负责人签名确认。

2）工作人员变动情况由工作负责人在新增、离开人员栏注明姓名、变动时间，并签名确认。

工作票延期

工作票只能延期一次。办理工作票延期手续，应在工作票有效期内，由工作负责人向工作许可人提出申请，得到同意后给予办理。

每日开工和收工记录

每日开工和收工记录，使用一天的工作票不必填写。

1）工作任务单不填写此栏。

2）填用数日内工作有效的第一种工作票，每日收工和次日开工时必须由工作负责人和工作许可人在此栏分别办理收工终结手续和开工许可手续。每日收工时如果将工作地点所装的接地线拆除，次日恢复工作前应重新验电挂接地线，认真检查安全措施是否符合工作票的要求，并在此栏办理开工许可手续后方可开工。

工作终结

1）工作结束后，工作负责人应"当面"或"电话"向工作许可人报告。报告时各方必须认真记录，清楚明确，并复诵核对无误。

2）终结报告的时间应填写工作负责人向工作许可人报告工作终结的时间。

备注

1）由工作负责人负责填写专责监护人姓名及其所负责的监护人员、地点及具体工作。

2）注明作业人员自备个人保安线（组数及负责人姓名）和联系方式；工作间断时间、原因；因故不能作业的原因；其他需要特殊注明的内容。

3）要求夜间具备恢复热备用条件的线路（工期超过一天），每日收工时，工作人员应在备注栏内记录工作地点所拆除的工作接地线及现场安全措施变动情况，向工作许可人汇报，并记录汇报时间和双方联系人姓名。次日复工前应经工作许可人同意，并记录工作许可人姓名和许可时间。

二、工作许可制度

工作许可制度是指凡在电气设备上进行停电或不停电的工作，事先都必须得到工作许可人的许可，并履行许可手续后方可工作的制度。未经许可人许可，一律不准擅自进行工作。其工作流程如图 3-1-2 所示。

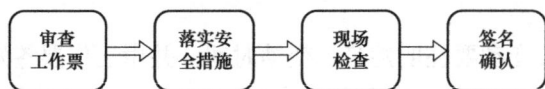

审查工作票 → 落实安全措施 → 现场检查 → 签名确认

图 3-1-2 工作许可流程

1.变电站的工作许可制度

（1）审查工作票。工作许可人对工作负责人送来的工作票应进行认真、细致的全面审查，审查所列的安全措施是否正确完备，是否符合现场条件。若对工作票中所列的内容即使哪怕发生细小疑问，也必须向工作票签发人询问清楚，必要时应要求作详细补充或重新填写。

（2）布置安全措施。工作许可人审查工作票并确认合格，然后由工作许可人根据票面所列的安全措施到现场逐一布置，并确认安全措施布置无误。

（3）检查安全措施。安全措施布置完毕，工作许可人应会同工作负责人到工作现场检查所做的安全措施是否完备、可靠，工作许可人应以手触拭，证明检修设备确实无电压，然后，工作许可人向工作负责人指明带电设备的位置和注意事项。

（4）签发许可工作。工作许可人会同工作负责人检查工作现场安全措施，确认无问题后，双方分别在工作票上签名，至此，工作班方可开始工作。应该指出的是，工作许可手续是逐级许可的，即工作负责人从工作许可人那里得到工作许可后，工作班成员只有得到工作负责人许可工作的命令后方可开始工作。

2. 电力线路工作许可制度

电力线路填用第一种工作票进行工作，工作负责人必须在得到值班调度员或工区值班员的许可后，方可开始工作。

对于线路停电检修，值班调度员必须在发电厂、变电站将线路可能受电的各方面都拉闸停电，并装好接地线后，将工作班、组数目，工作负责人的姓名，工作地点和工作任务，线路装设接地线的位置及编号记入记录簿内，才能发出许可工作的命令。许可工作的命令必须当面通知、电话传达或派人传达到工作负责人。

严禁约时停、送电。约时停电是指不履行工作许可手续，由值班人员或其他人员按预先约定停电时间而进行工作；约时送电是指不履行工作终结制度的计划送电时间合闸送电。

说一说 ⚡ 约时停、送电的危害。

三、工作监护制度

工作监护制度是指工作人员在工作过程中，工作负责人（监护人）必须始终在工作现场，对工作人员的安全认真监护，及时纠正违反安全的行为和动作的制度。

工作负责人（监护人）在办完工作许可手续之后，在工作班开工之前应向工作班成员交待现场安全措施，指明带电部位和其他注意事项。工作开始以后，工作负责人必须始终在工作现场，对工作人员的安全认真监护。

1. 监护工作要点

根据工作现场的具体情况和工作性质（如设备防护装置和标志是否齐全，是室内还是室外工作，是停电工作还是带电工作，是在设备上工作还是在设备附近工作，是进行电气工作还是非电气工作，参加工作的人员是熟练电工还是非熟练电工或是一般的工作人员等）进行工作监护。监护工作的要点如下：

（1）监护人应有高度的责任感，并履行监护职责。从工作一开始，工作监护人就要对全体工作人员的安全进行认真监护，发现危及安全的动作立即提出警告和制止，必要时可暂停工作。

（2）监护人因故离开工作现场，应指定一名技术水平高且能胜任监护工作的人作为代替监护人。监护人离开前，应将工作现场向代替监护人交待清楚，并告知全体工作人员。原监护人返回工作地点时，也应履行同样的交代手续。若工作监护人长时间离开工作现场，应由原工作票签发人变更新的工作监护人，新老工作监护人应做好必要的交接。

（3）为了使监护人能集中注意力监护工作人员的一切行动，一般要求监护人只担任监护工作，不兼做其他工作。在全部停电时，工作监护人可以参加工作；在部分停电时，只有安全措施可靠，工作人员集中在一个工作地点，不致误碰导电部分，则工作监护人可一边工作，一边进行监护。

（4）专人监护和被监护人数。对有触电危险、施工复杂、容易发生事故的工作，工作票签发人或工作负责人（监护人），应根据现场的安全条件、施工范围、工作需要等具体情况，增设专人监护并批准被监护的人数。专人监护只对专一的地点、专一的工作和专门的人员进行特殊的监护，因此，专责监护人员不得兼做其他工作。

（5）允许单人在高压室内工作时监护人的职责。为了防止独自行动引起触电事故，一般不允许工作人员（包括工作负责人）单独留在高压室内和室外变电站高压设备区内。若工作需要（如测量极性、回路导通试验等），且现场设备具体情况允许时，可以准许工作班中有实际经验的一人或几人同时在室内进行工作，但工作负责人（监护人）应在事前将有关安全注意事项予以详尽地指示。

2. 监护工作的内容

（1）部分停电时，监护所有工作人员的活动范围，使其与带电部分之间保持不小于规定的安全距离。

（2）带电作业时，监护所有工作人员的活动范围，使其与接地部分保持安全距离。

（3）监护所有工作人员工具使用是否正确，工作位置是否安全，操作方法是否得当。

四、工作间断、转移和终结制度

工作间断、转移和终结制度是指工作间断、工作转移和工作全部完成后应遵守的制度。

1. 工作间断

工作间断是指因进餐、当日工作时间结束，或室外作业时因天气变化等所发生的作业中断。当工作间断时，检修人员从现场撤离，所有安全措施保持不变。

2. 工作转移

在同一厂、站，检修人员从一个工作地点转移到另一地点进行作业，称为工作转移。

3. 工作终结

在作业全部结束后，工作班应清扫、整理现场，消除工作中各种遗留物件。工作负责人应先作周密检查，确认无问题后带领工作人员撤离现场，然后向运行值班人员讲清检修项目、发现的问题、试验结果和存在问题等。最后与运行值班人员一道检查设备状况，现场清理情况，然后，在工作票（一式两份）上填明工作终结时间，经双方签名后，即认为工作终结。

二维码 3-1-2
电力线路第一种工作票执行程序（动画）

说一说 ⚡ 工作终结是否意味着工作票终结？

⚙ 任务实施

一、明确任务

更换沙海 35kV 变电站 10kV 911 四支线主干 180 ~ 190 号杆，履行安全的组织措施。

二、现场勘察

针对线路作业具有点多、面广、线长、施工复杂、危险性大，特别是施工地理条件复杂等特点，从众多事故案例分析，许多事故的发生往往是作业人员事前缺乏危险点的勘察与分析，事故中缺少危险点的控制措施所致，因此作业前的危险点的勘察与分析是一项十分重要的组织措施。

缺乏严肃认真的现场勘察和分析，就必定导致现场作业组织的缺失及对危险点的失控。在《电力安全工作规程 电力线路部分》（GB 26859—2011）第 2.2.1 条规定：进行电力线路设备施工作业或工作票签发人和工作负责人认为有必要现场勘察的施工（检修）作业，施工、检修均应根据工作任务组织现场勘察，并做好记录。第 2.2.2 条规定：现场勘察应察看施工（检修）作业需要停电的范围、保留的带电部位和作业现场的条件、环境及其他危险点等，必须对施工现场进行施工间的勘察工作，根据现场勘察结果，对危险性、复杂性和困难程度较大的作业项目，编制施工方案和组织措施、技术措施、安全措施，经本单位主管生产领导批准后执行。

（1）勘察需要停电的范围。

（2）保带电部位，需挂接地线的范围（检修线路两端和可能反送电的分支线上、交叉跨越线路上）。

（3）施工环境：地形和交通运输情况。

（4）交叉跨越情况。

（5）危险点分析有带电线路、高处作业、交叉跨越、跨越公路和国道等因素。

（6）根据勘察情况，正确填写勘察记录表，见表 3-1-3。

表 3-1-3 现场勘察记录

勘察单位:＿＿＿＿＿＿ 部门或班组:＿＿＿＿＿＿ 编号:＿＿＿＿＿＿
勘察负责人:＿＿＿＿＿＿ 勘察人员:＿＿＿＿＿＿
勘察线路或设备双重名称（多回应注明双重称号及方位）
工作任务（工作地点地段和工作内容）:＿＿＿＿＿＿

续表

现场勘察内容:
1. 工作地点需要停电的范围
2. 保留的带电部位
3. 作业现场的条件、环境及其他危险点（应注明：交叉、临近同杆塔、并行电力线路。多电源、自发电情况。地下管网沟道及其他影响施工作业的设施情况）
4. 应采取的安全措施（应注明：接地线、绝缘隔板、遮挡、围栏、标识等装设位置）
5. 附图与说明

记录人：_____　勘察日期：____年____月____日____时____分至____年____月____日____时____分

三、填写工作票

填写工作票，见表 3-1-4。

表 3-1-4　　　　　　　　　　配电第一种工作票

单位：__某供电分局__　　　　　　签发编号：_____沙 20200002_____

1. 工作负责人（监护人）____王××____　　　　班组____沙海供电所____

2. 工作班人员（不包括工作负责人）：刘××、杨××、李××　　　共（含工作负责人）__4__人。

3. 工作的线路或设备双重名称（多回路应注明双重称号）：__沙海 35kV 变电站 10kV 911 四支线__。

4. 工作任务

工作地点或设备［注明变（配）电站、线路名称、设备双重名称及起止杆号］	工作内容
沙海 35kV 变电站 10kV 911 四支线主干 180～190 号杆	更换电杆、导线

5. 计划工作时间：自 2020 年 01 月 15 日 08 时 30 分至 2020 年 01 月 15 日 17 时 30 分

6. 安全措施［应改为检修状态的线路、设备名称，应断开的断路器、隔离开关、熔断器，应合上的接地刀闸，应装设的接地线、绝缘隔板、遮栏（围栏）和标示牌等，装设的接地线应明确具体位置，必要时可附页绘图说明］

6.1 调控或运维人员（变配电站、发电厂）应采取的安全措施	已执行
拉开 10kV 911 四支线主干 115 号杆断路器并确认确在断开位置	√
拉开 10kV 911 四支线主干 115 号杆 B 相、C 相、A 相高压隔离开关，并确认确在断开位置	√
在 10kV 911 四支线主干 116 号杆小号侧三相分别验明确无电压后，装设 01 号 10kV 接地线	√
在 10kV 911 四支线主干 191 号杆大号侧三相分别验明确无电压后，装设 03 号 10kV 接地线	√
拉开 10kV 911 四支线八一分支 2 号杆断路器并确认确在断开位置	√
拉开 10kV 911 四支线八一分支 2 号杆 B 相、C 相、A 相高压隔离开关，并确认确在断开位置	√
在 10kV 911 四支线八一分支 1 号杆小号侧三相分别验明确无电压后，装设 04 号 10kV 接地线	√
拉开 10kV 911 四支线新丰分支 2 号杆断路器并确认确在断开位置	√
拉开 10kV 911 四支线新丰分支 2 号杆 B 相、C 相、A 相高压隔离开关，并确认确在断开位置	√
在 10kV 911 四支线新丰分支 1 号杆小号侧三相分别验明确无电压后，装设 05 号 10kV 接地线	√
拉开 911 四支线向阳十七社变台低压空气开关，并确认其在断开位置	√
拉开 911 四支线向阳十七社变台 B 相、C 相、A 相低压隔离开关，并确认其在断开位置	√
在 10kV 911 四支线向阳十七社变台低压线路 01 号杆小号侧四相逐相验明确无电压后，装设 07 号 10kV 接地线	√
在 10kV 911 四支线主干 115 号杆断路器机构箱处悬挂"禁止合闸，线路有人工作"标示牌	√

6.2 工作班完成的安全措施	已执行
在 10kV 911 四支线主干 179 号杆小号侧装设接地线一组	√
在 10kV 911 四支线主干 191 号杆小号侧装设接地线一组	√
海 35kV 变电站 10kV 911 四支线主干 180～190 号杆工作区域周围装设带有"止步，高压危险！"的围栏，在围栏出入口处悬挂"由此进出！"标示牌	√

6.3 工作班装设（或拆除）的接地线			
线路名称或设备双重名称和装设位置	接地线编号	装设时间	拆除时间
10kV 911 四支线主干 179 号杆小号侧	15	08 时 50 分	16 时 40 分
10kV 911 四支线主干 191 号杆小号侧	16	09 时 00 分	16 时 30 分

6.4 配合停电线路应采取的安全措施	已执行
无	

6.5 保留或邻近的带电线路、设备：
10kV 911 四支线主干 115 号杆高压隔离开关电源测带电

续表

6.6 其他安全措施和注意事项：

作业人员必须正确使用劳动防护用品及安全工器具。登杆前，核对线路或设备双重名称无误并开挖检查杆根、防止高空坠落、防止高空坠物、禁止携带施工材料登杆；组立电杆时应设专人统一指挥，明确信号，起吊电杆时，机具下方严禁站人，防止倒杆伤人，电杆未夯实前，严禁上杆作业；放紧线时杆上严禁站人，撤旧时，严禁突然剪断导线方式撤线；传递材料使用手绳。作业区域内严禁行人靠近作业区。

运维单位工作票签发人签名 __张××__ 　2020 年 01 月 14 日 16 时 30 分

工作负责人签名 __王××__ 　2020 年 01 月 14 日 16 时 40 分

6.7 其他安全措施和注意事项补充（由工作负责人或工作许可人填写）

　无

7. 确认本工作票 1~6 项，许可工作开始

许可的线路或设备	许可方式	工作许可人	工作负责人签名	许可工作的时间
10kV 911 四支线主干 180~190 号杆	当面通知	谢××	王××	2020 年 01 月 15 日 08 时 40 分

8. 工作任务单登记

工作任务单编号	工作任务	小组负责人	工作许可时间	工作结束报告时间

9. 现场交底，工作班成员确认工作负责人布置的工作任务、人员分工、安全措施和注意事项并签名：

刘××、杨××、李××

10. 人员变更

10.1 工作负责人变动情况：原工作负责人 王×× 离去，变更 杨×× 为工作负责人。工作票签发人：张×× 　2020 年 01 月 15 日 09 时 40 分 　原工作负责人签名确认：王×× 　新工作负责人签名确认：杨×× 　2020 年 01 月 15 日 09 时 40 分

10.2 工作人员变动情况：

新增人员	姓名	郝××				
	变更时间	09:40				
离开人员	姓名	杨××				
	变更时间	09:40				

工作负责人签名 杨××

11. 工作票延期：有效期延长到____年____月____日____时____分

工作负责人签名_____ 　____年____月____日____时____分

工作许可人签名_____ 　____年____月____日____时____分

12. 每日开工和收工记录（使用一天的工作票不必填写）

收工时间	工作负责人	工作许可人	开工时间	工作许可人	工作负责人

13. 工作终结：

13.1 工作班现场所装设接地线共 _2_ 组、个人保安线共 _0_ 组已全部拆除，工作班人员已全部撤离现场，材料工具已清理完毕，杆塔、设备上已无遗留物。

续表

13.2 工作终结报告

终结的线路或设备	报告方式	工作负责人	工作许可人	终结报告时间
10kV 911 四支线主干 180～190 号杆	当面报告	王××	谢××	2020 年 01 月 15 日 16 时 50 分
				年　月　日　时　分

14. 备注

（1）指定专责监护人＿＿＿＿＿＿负责监护＿＿＿＿＿＿＿＿＿＿

（人员、地点及具体工作）

（2）其他事项＿＿＿＿＿＿＿＿＿＿＿＿＿＿＿＿＿＿＿＿＿＿＿＿＿

已执行章

15. 附图

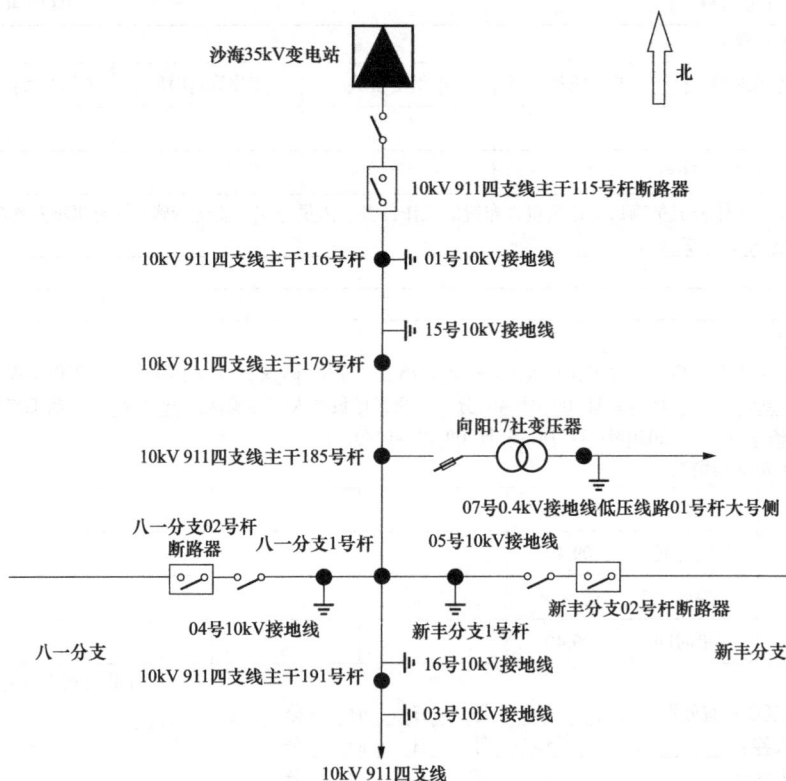

四、办理停电申请

为了合理安排停电检修，合理安排运行方式，确保电网安全运行，提高供电可靠性，必须规范地办理停电申请书手续。

五、办理工作许可手续

1. 班前会

（1）检查作业人员精神状态是否良好，检查着装正确。

（2）交代危险点、控制措施。

（3）明确工作任务、责任分工。

二维码 3-1-3
更换电杆

2. 履行工作票手续

核对设备名称及杆号无误后，向工作班成员宣读工作票，交代工作内容、停电范围、保留带电部位及危险点控制措施，现场作业人员全部清楚后，逐个在工作票上签字确认。

3. 开始工作

经工作许可人许可后开始工作。

六、办理工作终结手续

1. 清理现场、办理终结

作业结束后，工作负责人依据施工验收规范对施工工艺、质量进行自查验收。合格后，清理工作现场，将工器具全部回收并清点，废弃物按相关规定处理，材料及备件回收清点。现场确保无遗留物品，办理工作终结手续。

2. 班后会

工作负责人召开班后会，总结本次工作中作业人员是否存在违章现象及作业中发现和存在的问题。

🏅 任务评价

更换电杆安全作业的组织措施成果评价表见表 3-1-5。

表 3-1-5　　　　　　　　更换电杆安全作业的组织措施成果评价表

评价项目	评价内容	评价标准	评价等级		
			自评	组评	师评
资料准备（10分）	专业资料准备（10分）	优：能根据任务，熟练查找专业网站和专业书籍，咨询资深专业人士，获取需要的较全面的专业资料 良：能根据任务，查找专业网站或专业书籍，或通过资深专业人士，获取需要的部分专业资料 差：没有查找专业资料或资料极少	优□ 良□ 差□	优□ 良□ 差□	优□ 良□ 差□
实际操作（70分）	着装和工器具选用（10分）	优：正确着装，正确选取安全工器具，正确布置工作现场 良：未正确着装，未正确选取安全工器具，正确布置工作现场 差：未正确着装，未正确选取安全工器具，未正确布置工作现场	优□ 良□ 差□	优□ 良□ 差□	优□ 良□ 差□
	现场勘察（10分）	优：能准确勘察，填写勘察记录表，精准绘图 良：能准确勘察，填写勘察记录表，未按照标准进行绘图 差：能进行现场勘察，但记录表安全措施不全，绘图不准确	优□ 良□ 差□	优□ 良□ 差□	优□ 良□ 差□
	填写工作票（20分）	优：能根据现场勘察结果准确填写工作票 良：能根据现场勘察结果填写工作票，但工作票填写不规范 差：不能根据现场勘察结果填写工作票，工作票填写多处错误	优□ 良□ 差□	优□ 良□ 差□	优□ 良□ 差□
	办理工作许可（15分）	优：召开班前会，进行三"交"、三"检查"，履行工作票手续，办理停电 良：召开班前会，任务、防范措施和危险点交代不清楚完整，履行工作票手续，办理停电 差：召开班前会，但未履行三"交"、三"检查"，履行工作票手续，未事先办理停电	优□ 良□ 差□	优□ 良□ 差□	优□ 良□ 差□
	办理工作终结（15分）	优：根据施工规范对施工工艺、质量自查，清理工作现场，办理工作终结手续并召开班后会，总结作业中存在和发现的问题 良：根据施工规范对施工工艺、质量自查，清理工作现场，办理工作终结手续，未召开班后会 差：清理工作现场，办理工作终结手续，但未对施工工艺、质量自查和召开班后会	优□ 良□ 差□	优□ 良□ 差□	优□ 良□ 差□

续表

评价项目	评价内容	评价标准	评价等级		
			自评	组评	师评
基本素质（20分）	严肃认真（10分）	优：能进行合理分工，相互协商，共同完成任务 良：能进行合理分工，相互协商不足，能共同完成任务 差：分工不合理，协作不充分，完成任务不及时	优□ 良□ 差□	优□ 良□ 差□	优□ 良□ 差□
	科学精神与方法（10分）	优：善于用科学的精神与方法解决实际问题 良：偶尔用科学的精神与方法解决实际问题 差：不用科学的精神与方法解决实际问题	优□ 良□ 差□	优□ 良□ 差□	优□ 良□ 差□
小组意见					
教师意见					
总成绩	优□　良□　差□	备注	总成绩 = 自评 ×0.2+ 组评 ×0.3+ 师评 ×0.5 各级权重：优 =1；良 =0.8；差 =0.5		

🔍 任务深化

💡 拓展阅读

三代供电人，50余年的风雨坚守

在祖国广袤的大地上，路网密布、高铁飞驰。穿山越岭的沿途风光、惊艳世界的中国速度背后，铁路供电人在默默奉献。在中国铁路太原局集团有限公司侯马北供电段有这样一个家庭，祖孙三代坚守了50多年，从更换电杆全靠肩扛手拉到大西高铁精细化检修，丁治邦、丁秋生、丁海峰三代人接力奋斗，见证了山西铁路发展的历程。

丁治邦：难忘置换电杆的日子

1961年，丁治邦参军入伍，1965年加入中国共产党。1967年退役后，丁治邦被分配到北京铁路局太原电力段电力大修队。那时，供电设备落后，供电线路都是用木杆架设，容易被腐蚀、老化。随着铁路发展，所有木杆都要换成水泥杆，以延长使用寿命，提升安全系数。丁治邦入职后，正赶上山西铁路沿线更换水泥电杆。

一年多的时间里，丁治邦和同事们辗转于南同蒲、北同蒲、石太线沿线各站点，风餐露宿，连续作战。"在永济站干了一个半月转到运城站，在运城站干了3个月之后又到太原北站、原平站，再到榆次站……"每个地方如何干、干了多久，丁老还记得清清楚楚。

"当时，工人们每天都固定口粮。晚上就睡在一张折叠帆布床上，没有褥子……尽管生活艰苦，但大家干劲十足，没有一个掉队的。"他回忆道。

1975年，孝西电力工区成立，丁治邦担任工区第一任工长。8年间，他带领班组职工精检细修，确保了供电设备安全运行。1983年，临汾水电段介休水电检修组成立，他又被委以工长重任。1986年，丁治邦调任车间安全员，直到1992年退休。如图3-1-3所示为丁治邦参加培训留念照。

问起工作感受，丁治邦

图 3-1-3　丁治邦（二排左三）1983年参加临汾水电段给水司机培训的结业留念照

说："忙忙碌碌干到退休，一路见证了山西铁路日新月异的变化，如今家门口有了高铁，让人打心里高兴……"

丁秋生：从扩能尖兵到第一代高铁人

1993 年，丁秋生接过父亲手中的接力棒，成为南同蒲线介休地区的一名电力工。

随着列车不断提速，供电设备负荷不断扩容，供电线路急需升级改造，要求介休第一、第二配电室把原来的电源线由 50 平方毫米更换为 120 平方毫米。丁秋生靠过硬的业务技术，主动担当。上高空、钻地沟……每天忙得不亦乐乎。他对每项工作都严谨细致、精益求精，安全圆满地完成了两个配电室的扩能改造。在此过程中，他掌握了更精湛的技艺，积累了丰富的现场经验。在后续的介休东西环线改造、南同蒲线电气化施工等重大项目中，他主动加班加点、保证进度，赢得了领导和同事的一致好评。

由于工作认真、技术过硬、乐于奉献，2010 年 7 月，丁秋生光荣入党。同时，他也完成了从初级工到高级工、从工人技师到高级技师的华丽转身。2014 年 7 月，大西高铁太原南至西安北段开通运营，他又主动请缨，成为侯马北供电段第一代高铁人，并担任临汾西高铁供电运行工区电力作业班长。"高铁高标准""毫米意识"等安全管理理念，使他干起活来更是标准高一格、严一扣、加一码，他总是按计划完成供电设备检修维护。图 3-1-4 所示为丁秋生安装电缆抱箍工作照。

20 多年来，他获得太原局集团公司先进工作者、优秀共产党员等多项荣誉。面对荣誉，他说："这既是鼓励也是鞭策，更是一份责任，踏踏实实干好工作、确保安全生产是我作为一名党员应尽的义务。"

图 3-1-4　丁秋生在大西高铁介休东定阳电源线 2 号电杆安装电缆抱箍

丁海峰：踏实肯干的青工楷模

2019 年 6 月，丁海峰从华北水利水电大学毕业后，毅然选择了铁路，干上了和爷爷、父亲一样的供电工作，成为一名网电工，检修维护电力线路和接触网。

作为一名年轻大学毕业生，丁海峰主动向书本学、向现场学、向周围的同事学。他经常带着一个袖珍笔记本，上面密密麻麻地记录了接触网各类参数和检修工艺以及他积累的各类知识。他常常利用大家休闲看手机的时间，不断温习笔记内容，以达到烂熟于心的程度。

2020 年，侯马北供电段管内专用线拉合式隔离开关因服役到期，需要进行大面积更换。作为一名新工，丁海峰虽然还不能担当主操作手，但他跑前忙后，把每一项辅助工作都干得井井有条。几个月下来，他的业务技术水平得到快速提升。看到他这样积极上进、爱学技术，工区的职工夸赞说："小丁这样踏实肯干的'90后'，真是年轻人的榜样。"在汛期雨夜出巡、加固滑坡、支柱加拉线等工作中，他总是冲在最前面，加班加点、尽职尽责。图 3-1-5 所示为丁海峰测量工作照。

丁海峰说："参加工作以来，我目睹了工区日新月异的变化，线路质量节节攀升。周围的师傅们随时随地传授技术经验，让我感受到了大家庭的温暖。我已经递交了入党申请书，争取早日入党。"

在中国共产党的领导下，山西铁路发生了翻天覆地的变化。南同蒲线、北同蒲线、石太线、大秦线、大西高铁、张大高铁……丁海峰一家三代见证了山西铁路的发展。镌刻在祖孙三代人心中的，是确保铁路大动脉畅通无阻的责任、是寒来暑往的不变坚守。

图 3-1-5 丁海峰在测量介休供电车间职工食堂负荷电流

自检自测

10kV 兖州路 1 号公变增容

1. 试题素材

（1）工作任务：10kV 兖州路 1 号公变增容，原 400kVA 箱变更换为 630kVA 箱变。

（2）工作单位：配电运检室。

（3）工作班组：配电检修二班（运检分离模式）。

（4）工作负责人：秦泗星。

（5）工作班成员：刘××、陈××、史××、孔××、李××。

（6）工作票签发人：徐××（配电运检室专工）。

（7）工作许可人：田××，当面许可。

（8）计划工作时间：2015 年 02 月 22 日 07 时 00 分～16 时 00 分。

（9）其他说明。

1）停电设备：110kV 滕家变电站 10kV 西二线 11 号杆开关后段线路。

2）作业现场条件：现场无交叉、邻近（同杆塔、并行）电力线路及设备；施工地点为兖州路东侧人行道旁，北侧靠近秦楼街道滕家村南道路，人群密集，过往行人及车辆多。

3）本工作票中安全措施的执行界面、执行主体不存在错误，"开关""刀闸""拉开""合上"等操作术语不作为考点，工作单位、工作票编号、线路名称、设备名称及编号不作为考点。工作票中的安全措施，只要工作票中某一处体现即可，不局限于具体的栏目。

4）接线图，如图 3-1-6 所示。

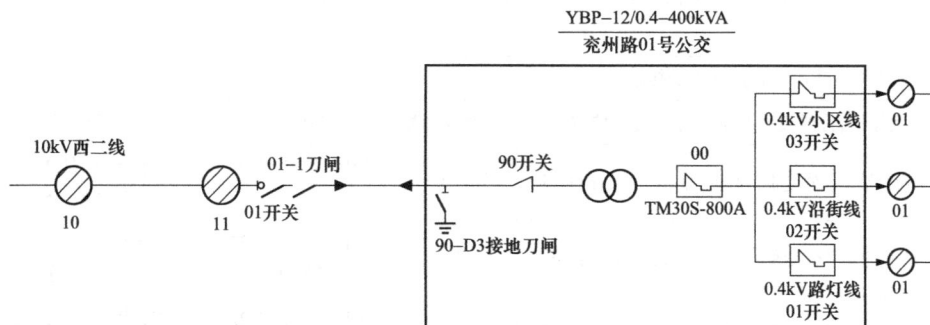

图 3-1-6　10kV 兖州路 1 号公变增容工作现场接线示意图

2. 答题要求

请根据所示配电第一种工作票，见表 3-1-6。找出票面上存在的错误并改正。

表 3-1-6   配电第一种工作票

单位　配电运检室　　　　　　　　　　　　　编号　03041502008
1. 工作负责人　秦××　　　　　　　　　　　班组　配电检修二班
2. 工作班成员（不包括工作负责人）刘××　陈××　等

共 6 人。

3. 工作任务

工作地点或设备［注明变（配）电站、线路名称、设备双重名称及起止杆号］	工作内容
10kV 西二线 11 号杆 01 开关后段线路	1 号公变检修

4. 计划工作时间：自 2015 年 02 月 22 日 07 时 00 分至 2015 年 02 月 22 日 16 时 00 分
5. 安全措施［应改为检修状态的线路、设备名称，应断开的断路器（开关）、隔离开关（刀闸）、熔断器，应上的接地刀闸，应装设的接地线、绝缘隔板、遮栏（围栏）和标示牌等，装设的接地线应明确具体位置，必要时可附页绘图说明］

5.1　调控或运维人员［变（配）电站、发电厂］应采取的安全措施	已执行
（1）拉开 110kV 滕家变电站 10kV 西二线 11 号杆 01 开关及 01-1 刀闸，在 10kV 西二线 11 号杆 01 开关引线上装设接地线一组	√
（2）在 110kV 滕家变电站 10kV 西二线 11 号杆 01-1 刀闸上悬挂"禁止合闸，有人工作"标示牌	√

5.2　工作班完成的安全措施	已执行
（1）拉开兖州路 1 号公变低压出线 01 开关，在 01 开关出线侧装设低压接地线一组	√
（2）拉开兖州路 1 号公变低压出线 02 开关，在 02 开关出线侧装设低压接地线一组	√
（3）拉开兖州路 1 号公变低压出线 03 开关，在 03 开关出线侧装设低压接地线一组	√
（4）拉开兖州路 1 号公变低压侧 00 开关、高压侧 90 开关，合上 90-D$_3$ 接地刀闸	√

5.3　工作班装设（或拆除）的接地线

线路名称或设备双重名称和装设位置	接地线编号	装设时间	拆除时间
兖州路 1 号公变低压配电盘 01 开关出线侧	01 号	2015 年 02 月 22 日 07 时 15 分	2015 年 02 月 22 日 15 时 05 分
兖州路 1 号公变低压配电盘 02 开关出线侧	02 号	2015 年 02 月 22 日 07 时 19 分	2015 年 02 月 22 日 15 时 11 分
兖州路 1 号公变低压配电盘 03 开关出线侧	03 号	2015 年 02 月 22 日 07 时 24 分	2015 年 02 月 22 日 15 时 16 分
10kV 兖州路 1 号公变高压侧 90 开关进线侧	90-D$_3$	2015 年 02 月 22 日 07 时 28 分	2015 年 02 月 22 日 15 时 26 分

续表

5.4　配合停电线路应采取的安全措施	已执行
无	

5.5　保留或邻近的带电线路、设备
110kV 滕家变电站 10kV 西二线 11 号杆 01 开关电源侧及以上线路带电

5.6　其他安全措施和注意事项
在人口密集区或交通道口和通行道路上施工时，工作地点周围应装设遮栏，并面向外悬挂"止步，高压危险！"标示牌；工作时防止车辆或行人在工作地点通行。
工作票签发人签名　徐××　,_____　2015 年 02 月 21 日 09 时 30 分
工作负责人签名　秦××　2015 年 02 月 21 日 09 时 41 分
5.7　其他安全措施和注意事项补充（由工作负责人或工作许可人填写）
无

6. 工作许可

许可的线路或设备	许可方式	工作许可人	工作负责人签名	许可工作的时间
10kV 西二线 11 号杆 01 开关后段线路	当面许可	田××	秦××	2015 年 02 月 22 日 07 时 09 分
				年　月　日 时　分

7. 工作任务单登记

工作任务单编号	工作任务	小组负责人	工作许可时间	工作结束报告时间

8. 现场交底，工作班成员确认工作负责人布置的工作任务、人员分工、安全措施和注意事项并签名：
刘×× 陈×× 史×× 孔×× 王×× 李××（吊车司机）

9. 人员变更
9.1　工作负责人变动情况：原工作负责人_____离去，变更_____为工作负责人。
工作票签发人_____　　　_____年___月___日___时___分
原工作负责人签名确认_____　　新工作负责人签名确认_____
年___月___日___时___分
9.2　工作人员变动情况

新增人员	姓名				
	变更时间				
离开人员	姓名				
	变更时间				

工作负责人签名_____
10. 工作票延期：有效期延长到____年___月___日___时____分
工作负责人签名_____　　____年___月___日___时___分
工作许可人签名_____　　____年___月___日___时___分

续表

11. 每日开工和收工记录（使用一天的工作票不必填写）

收工时间	工作负责人	工作许可人	开工时间	工作许可人	工作负责人

12. 工作终结

12.1　工作班现场所装设接地线共　5　组、个人保安线共　0　组已全部拆除，工作班人员已全部撤离现场，材料工具已清理完毕，杆塔、设备上已无遗留物。

12.2　工作终结报告

终结的线路或设备	报告方式	工作负责人	工作许可人	终结报告时间
10kV 西二线 11 号杆 01 开关后段线路	当面报告	秦××	田××	2015 年 02 月 22 日 15 时 55 分
				年　月　日 时　分

13. 备注

13.1　指定专责监护人　李××　负责监护　环网柜施工区域周围环境，指挥车辆及行人

　　　　　　　　　　　　　　　　　　　　　　　　　　　　　　　　　　　　（地点及具体工作）

13.2　其他事项　指定王××负责吊车指挥，禁止其他人参与指挥。

📱 **实践实拍**

实拍某线路或设备，记录其双重名称，讨论其含义。

任务 2　履行更换隔离开关安全作业的技术措施

任务启化

做一做 ⚡ 停电检修申请工作页见表 3-2-1。

表 3-2-1　　　　　　　　　　　停电检修申请工作页

工作内容	按小组模拟现场班组，通过角色扮演法，演示办理停电检修的标准化作业流程。			
工作目标	能够了解停电申请办理要求，正确填写计划停电检修申请书。			
工作准备	每个小组由 4~6 名学生组成，指定组长。工作时，由组长分配角色和任务，组织作业。			
工作思考	（1）阐述停电申请的办理要求。 （2）思考一下，"计划停电"是设备需要"定期体检"，那会不会对工商业、居民生活造成"限电"，影响大家的生活质量呢？ 			
工作过程	计划停电检修申请书			
		申请单位		申请提出日期	年 月 日	计配字第　号
	停电设备名称			
	检修内容			
	工作单位		工作范围内同杆多电源情况	
	停电（工作）范围附图：			
	检修时间	停电开始时间	工作开始时间	工作完毕时间	恢复送电时间
	申请时间	月 日 时 分	月 日 时 分	月 日 时 分	月 日 时 分
	批准时间	月 日 时 分	月 日 时 分	月 日 时 分	月 日 时 分
	执行时间	月 日 时 分	月 日 时 分	月 日 时 分	月 日 时 分
	执行人			
	停送电联系人（电话）		工作领导人（电话）	
	调度部门运行方式			
	调度部门继电保护			

续表

总结反思	（1）你学到的新知识点或技能点有哪些？ （2）你对自己在本次任务中表现是否满意？写出课后反思。 （3）低碳生活从"理性用电"开始，谈谈生活中如何节电。
工作组 成员	
工作点评	

说一说 ⚡ 线路停电工作操作票使用流程。

任务描述

本任务针对 10kV 配电线路最常用的一种开关装置—隔离开关的更换操作进行介绍，你会掌握更换隔离开关的标准化作业流程，并深入理解保障电气作业安全的技术措施。

任务目标

1. 素养目标

（1）正确认识和使用电能，培养节约用电意识，养成低碳生活习惯。

（2）具备工程职业道德。

2. 知识目标

（1）掌握停电作业制度和工作流程。

（2）能理解和掌握安全技术措施的内容及其发挥的作用。

3. 能力目标

（1）能安全规范地进行验电操作，并准确判断验电结果。

（2）能正确挂接地线、悬挂标示牌和装设围栏。

（3）能熟练进行隔离开关更换的标准化作业。

任务资料

电力安全技术措施是根据电力系统的安全防护特点，在电力防护技术方面所采取的安全措施，主要包括停电、验电、装设接地线、悬挂标示牌和装设遮栏等。其目的是在全部停电或部分停电设备上进行工作时，防止停电设备上突然来电，工作人员由于不注意而误碰到带电运行的设备上，以致造成触电事故。

一、停电

进行停电时应注意以下几个问题。

（1）将停电工作设备可靠地脱离电源，确保有可能给停电设备送电的各方面电源均须断开。与停电设备有关的变压器和电压互感器，必须从高、低压两侧断开，防止向停电检修设备反送电。在进行配电线路的停电工作时，积极采取技术改进措施，安装防倒送电装置，杜绝倒送电事故的发生。

> **安全小贴士** ⚡ 配电线路在拟定停电方案和检修措施时，一定要防止倒送电！

（2）断开电源，至少要有一个明显的断开点。禁止在只经开关断开电源的设备上工作，而必须使电源的各方至少有一个明显的断开点。

（3）邻近带电设备与工作人员在进行工作时，正常活动范围的距离必须大于表3-2-2的规定；当小于表3-2-2的规定而大于表3-2-3的距离时，该带电设备应同时停电或在工作人员和邻近带电设备之间加设安全遮栏；如果附近带电设备与工作人员在进行工作时，正常活动范围的距离小于表3-2-3的规定，该附近带电设备必须同时停电。

表3-2-2　　　　　工作人员工作中正常活动范围与带电设备的允许距离

电压等级（kV）	10及以下（13.8）	20~35	60~110	220	500	1000	±50及以下	±500	±800
允许距离（m）	0.70	1.00	1.50	3.00	5.00	9.50	1.50	6.80	10.10

表3-2-3　　　　　工作人员工作中正常活动范围与带电设备的最小安全距离

电压等级（kV）	10及以下（13.8）	20~35	60~110	220	330
允许距离（m）	0.35	0.60	1.0	1.8	2.6

对线路工作来说，还应将有可能危及该线路停电作业、且不能采取安全措施的交叉跨越、平行和同杆架设线路同时进行停电；对大接地电流系统的同杆架设线路和两线一地制同杆架设线路，当一回停电工作时，其他回路一般应同时停电。

（4）运行中的星型接线设备（检修设备除外）的中性点，必须视为带电设备。

> **说一说** ⚡ 为什么运行中的星型接线设备（检修设备除外）的中性点，必须视为带电设备？

（5）为了防止因误操作、低频动作或因校验引起的保护误动等造成断路器或远方控制的隔离开关突然合闸而发生意外，必须断开断路器的电、气、油等操作能源。对一经合闸就可能送电到停电设备的隔离开关操作把手必须锁住。

工作地点应停电的设备如下：

（1）检修的设备。

（2）与工作人员在进行工作中正常活动范围的距离小于表3-2-3规定的设备。

（3）在35kV及以下的设备处工作，安全距离大于表3-2-3的规定，但小于表3-2-2规定，同时又无绝缘挡板、安全遮栏措施的设备。

（4）带电部分在工作人员后面、两侧、上下，且无可靠安全措施的设备。

（5）其他需要停电的设备。

二、验电

验电可直接验证停电设备是否确无电压，也是检验停电措施的制定和执行是否正确、完善的重要手段。因为有很多因素可能导致认为已停电的设备，实际上却是带电的。如停电措施不完善或由于操作人员失误而未能将各方面的电源完全断开或实际停电范围与计划的停电范围不符；设备停电后又突然来电；与停电作业线路交叉、跨越线路带电且隔离措施不完备等许多意想不到的情况，都可能导致认为停电的设备实际有电，所以必须在装设三相短路接地线前验明设备或线路确无电压。

验电时应注意下列事项：

（1）验电时，应使用相应电压等级、合格的接触式验电器，在装设接地线或合接地刀闸（装置）处对各相分别验电。验电前，应先在有电设备上进行试验，确证验电器良好；无法在有电设备上进行试验时可用工频高压发生器等确证验电器良好。

（2）检修设备的验电应在进出线两侧各相分别进行。线路的验电应逐相进行。对同杆架设的多层电力线路进行验电时，先验低压、后验高压，先验下层、后验上层。线路检修联络用的断路器或隔离开关时，应在其两侧验电。

（3）对电容量较大的设备（如长架空线、电缆线路、移相电容器等）进行验电时，由于剩余电荷较多，一时不易将电荷泄放完，因此刚停电后即进行验电，验电器仍会发亮。出现这种情况时必须过几分钟再进行验电，直至验电器指示无电为止。

> **安全小贴士** ⚡ 切记不能凭经验办事，当验电器指示有电时，想当然认为这是剩余电荷作用所致，就盲目进行接地操作，是十分危险的。

（4）35kV 以上的电气设备，通常采用绝缘棒瓷绝缘子检测器进行验电。但使用瓷绝缘子检测器进行验电时，不能光凭一片或几片瓷绝缘子无放电声即认为无电，而必须对整串瓷绝缘子进行检验后才能确认无电，同时在验电前同样应在有电设备瓷绝缘子上进行测验，以证明瓷绝缘子检测器的间隙距离是合适的。

（5）信号和表计等通常可能因失灵而错误指示，因此不能光凭信号或表计的指示来判断设备是否带电；但如果信号和表计指示有电，在未明其原因，排除异常的情况下，即使验电器检测无电，也应禁止在该设备上工作。

（6）高压验电应戴绝缘手套。验电器的伸缩式绝缘棒长度应拉足，验电时手应握在手柄处不得超过护环，人体应与验电设备保持安全距离。雨雪天气时不得进行室外直接验电。

（7）对无法进行直接验电的设备、高压直流输电设备和雨雪天气时的户外设备，可以进行间接验电，即通过设备的机械指示位置、电气指示、带电显示装置、仪表及各种遥测、遥信等信号的变化来判断。判断时，应有两个及以上的指示，且所有指示均已同时发生对应变化，才能确认该设备无电；若进行遥控操作，则应同时检查隔离开关（刀闸）的状态指示、遥测、遥信信号及带电显示装置的指示进行间接验电。330V 及以上的电气设备，可采用间接验电方法进行验电。

三、装设接地线

虽然从组织措施和技术措施方面，采取了一系列保证工作人员安全的措施，但仍有很多原因使停电工作设备发生突然来电的现象。对突然来电的防护，采取的主要措施是装设接地线。装设接地线可以将工作地点的对地电位限制在"地电位"，也能使突然来电的持续时间尽可能地缩短。

> 说一说 ⚡ 装设接地线是如何缩短来电持续时间的？

装设接地线要求如下：

（1）当验明设备或线路确已无电压后，应立即将检修设备接地并三相短路或在线路工作地段两端装设接地线，这是保护工作人员在工作地点防止突然来电的常用安全措施，同时设备断开部分的剩余电荷，亦可因接地而放尽。

（2）对于可能送电至停电设备的各方面或停电线路的分支线都要装设接地线。若停电设备可能产生感应电压或有感应电压反映在停电线路上时，也应加挂接地线。

（3）检修部分若分为几个在电气上不相连接的部分，则各段应分别验电接地短路。接地线与检修部分之间不得连有断路器或熔断器。

（4）在室内配电装置上，接地线应装在该装置导电部分的规定地点，这些地点的油漆应刮去，并划下黑色记号。

（5）变配电站内装设接地线必须由两人进行。若为单人值班，只允许使用接地开关接地，或使用绝缘棒和接地开关。

四、悬挂标示牌和装设遮栏

悬挂标示牌可提醒有关人员及时纠正将要进行的错误操作和做法。

（1）在一经合闸即可送电到工作地点的断路器和隔离开关的操作把手上，均应悬挂"禁止合闸，有人工作！"的标示牌。如果线路上有人工作，应在线路断路器和隔离开关操作把手上悬挂"禁止合闸，线路有人工作！"的标示牌，标示牌的悬挂和拆除，应按调度员的命令执行。

（2）部分停电的工作，安全距离小于 0.7m 的未停电设备，应装设临时遮栏。临时遮栏与带电部分的距离，不得小于 0.35m，并悬挂"止步，高压危险！"的标示牌。

（3）在室内高压设备上工作，应在工作地点两旁间隔和对面间隔的遮栏上和禁止通行的过道上悬挂"止步，高压危险！"的标示牌。

（4）在室外地面高压设备上工作，应在工作地点四周用绳子做好围栏，围栏上悬挂适当数量的"止步，高压危险！"标示牌，标示牌必须朝向围栏里面。

（5）在工作地点悬挂"在此工作！"的标示牌。

（6）在室外架构上工作，则应在工作地点邻近带电部分的横梁上，悬挂"止步，高压危险"的标示牌。此项标示牌在值班人员的监护下，由工作人员悬挂。在工作人员上下铁架和梯子上应悬挂"从此上下！"的标示牌。在邻近其他可能误登的带电架构上，应悬挂"禁止攀登，高压危险！"的标示牌。

安全小贴士 ⚡ 严禁工作人员在工作中移动或拆除遮栏、接地线和标示牌。

⚙ 任务实施

一、明确任务

更换某 10kV 线路某隔离开关，履行安全的技术措施。

二、作业前准备

1. 根据现场勘察结果，制定施工方案。

2. 选择工器具及准备材料

（1）需要的工器具：验电器、接地线、个人保安线、绝缘手套、传递绳、安全带、脚扣、绝缘电阻表、个人工具、警告牌、安全围栏、机械压钳及压模、钢卷尺、手锤、挂钩滑轮、钢丝绳扣、断线钳、钢锯弓子等。

（2）需要的设备材料：隔离开关、松动剂、钢锯条、棉纱、铜铝接线端子、绝缘自黏带、绝缘导线、设备线夹、隔离开关保护罩、导电膏等。

3. 申请停电

根据现场勘察结果，办理配电线路第一种工作票许可手续。

4. 危险点分析及控制措施

危险点分析及控制措施见表 3-2-4。

表 3-2-4 危险点分析及控制措施

序号	危险点内容	危险点控制措施
1	误登、误碰	（1）作业前明确停电线路名称和范围，以及相邻有电线路名称 （2）停电线路与带电线路邻近、平行等应设专职监护人 （3）登杆塔前核对停电线路双重名称、杆号、色标等 （4）监护人的视线不得离开作业人员
2	高处落物	（1）现场人员必须佩戴好安全帽 （2）杆塔上作业人员要防止掉东西，使用的工器具、材料等应装在工具袋里，工器具要用绳索传递，杆塔下方禁止行人逗留 （3）确认施工地点装设围栏，并挂"止步，高压危险"标示牌 （4）上下传递物件应用绳索拴牢传递，严禁上下抛掷 （5）高处作业人员应正确使用安全带，挂在结实牢固的构件上，并采用高挂低用的方式，在转移作业位置时不得失去安全保护
3	高处坠落	（1）登杆塔前要对杆塔进行检查，内容包括杆塔是否有裂纹，杆塔埋设深度是否达到要求；同时要对登高工具检查，看其是否在试验期限内；登杆前要对脚扣和安全带做冲击试验 （2）为防止高处坠落物体打击，作业现场人员必须戴好安全帽，严禁在作业点正下方逗留 （3）为防止作业人员高处坠落，杆塔上工作的作业人员必须正确使用安全带、保险绳两道保护。在杆塔上作业时，安全带应系在牢固的构件上，高处作业工作中不得失去双重保护，上下杆过程及转向移位时不得失去一重保护 （4）高处作业时不得失去监护

5. 召开班前会

（1）检查作业人员精神状态是否良好，检查着装正确。

（2）交代危险点、控制措施。

（3）明确工作任务、责任分工（工作负责人，验电挂接地人员，杆上操作人员和监护人）。

6. 履行工作票手续

工作负责人向工作班成员宣读工作票，交代工作内容、停电范围、保留带电部位及危险点控制措施，工作班成员在工作票上履行签名确认手续。

三、完成保障安全的技术措施

在专人监护下完成停电、验电、装设接地线、悬挂标示牌和装设遮栏（围栏）等工作任务。

1. 装设遮栏（围栏）

根据工作票所列安全措施检查应拉开的断路器（开关）、隔离开关（刀闸）是否在开位，应装设的接地线是否装设。在工作地点装设围栏。

2. 停电

按照操作票对检修线路及临近带电线路规范地完成停电操作。

3. 验电

戴绝缘手套，人体与被验设备保持安全距离，规范地完成验电操作。

4. 装设接地线

按照装设接地线要求完成操作。

5. 悬挂标示牌

高低压刀闸上装设"禁止合闸，有人工作"标示牌，在围栏上悬挂"在此工作""由此进出"和适当数量的"止步，高压危险！"标示牌。

二维码 3-2-2
更换柱上隔离
开关作业过程
（动画）

四、作业终结

1. 拆除安全措施

根据工作票所列安全措施检查拉开的接地刀闸是否在分位，接地线、个人保安线、围栏等是否全部拆除。

2. 清理现场、办理终结

作业结束后，工作负责人依据施工验收规范对施工工艺、质量进行自查验收。合格后，清理工作现场，将工器具全部回收并清点，废弃物按相关规定处理，材料及备品备件回收清点。现场确保无遗留物品，办理工作终结手续。

3. 班后会

工作负责人召开班后会，总结本次工作中作业人员是否存在违章现象，隔离开关更换中发现的问题、存在的问题。

🏅 **任务评价**

更换 10kV 线路隔离开关安全作业的技术措施成果评价表见表 3-2-5。

表 3-2-5　　　　更换 10kV 线路隔离开关安全作业的技术措施成果评价表

评价项目	评价内容	评价标准	评价等级		
			自评	组评	师评
资料准备（10分）	专业资料准备（10分）	优：能根据任务，熟练查找专业网站和专业书籍，咨询资深专业人士，获取需要的较全面的专业资料 良：能根据任务，查找专业网站或专业书籍，或通过资深专业人士，获取需要的部分专业资料 差：没有查找专业资料或资料极少	优□ 良□ 差□	优□ 良□ 差□	优□ 良□ 差□
实际操作（70分）	着装和工器具选用（20分）	优：正确着装，正确选取安全工器具，正确布置工作现场 良：未正确着装，未正确选取安全工器具，正确布置工作现场 差：未正确着装，未正确选取安全工器具，未正确布置工作现场	优□ 良□ 差□	优□ 良□ 差□	优□ 良□ 差□
	召开班前会（10分）	优：交代本次作业的工作任务清楚完整，危险点及防范措施交代清楚 良：交代本次作业的工作任务不够清楚完整，危险点及防范措施交代不够清楚 差：未交代本次作业的工作任务，未交代危险点及防范措施	优□ 良□ 差□	优□ 良□ 差□	优□ 良□ 差□
	工作前检查（20分）	优：组织措施完备，应采取的安全措施正确完备。包括应拉开的断路器（开关）、隔离开关（刀闸）是否在开位，应装设的接地线是否装设，在工作地点是否装设围栏，应停电的分支线用户线路是停电等 良：组织措施不完备，缺乏部分安全措施 差：组织措施错误，无应采取的安全措施	优□ 良□ 差□	优□ 良□ 差□	优□ 良□ 差□
	完成保证安全的技术措施（20分）	优：召开班前会，进行三"交"、三"检查"，履行工作票手续，办理停电 良：召开班前会，任务、防范措施和危险点交代不清楚完整，履行工作票手续，办理停电 差：召开班前会，但未履行三"交"、三"检查"，履行工作票手续，未事先办理停电	优□ 良□ 差□	优□ 良□ 差□	优□ 良□ 差□

续表

评价项目	评价内容	评价标准	评价等级		
			自评	组评	师评
基本素质（20分）	工程诚信（10分）	优：恪守诚信，保质保量完成任务 良：具备诚信精神，基本完成任务 差：缺乏诚信，粗枝大叶完成任务	优□ 良□ 差□	优□ 良□ 差□	优□ 良□ 差□
	节约用电（10分）	优：能及时断开电源，低碳出行 良：有时能断开电源，低碳出行 差：不能合理使用电能	优□ 良□ 差□	优□ 良□ 差□	优□ 良□ 差□
小组意见					
教师意见					
总成绩	优□ 良□ 差□	备注	总成绩 = 自评 ×0.2+ 组评 ×0.3+ 师评 ×0.5 各级权重：优 =1；良 =0.8；差 =0.5		

🔍 任务深化

💡 拓展阅读

节约用电　低碳生活

低碳，英文为 low carbon，意指较低（更低）的温室气体（二氧化碳为主）的排放。低碳生活（low carbon living），就是指减少二氧化碳的排放，低能量、低消耗、低开支的生活方式。低碳生活主要是从节电、节气和回收三个环节改变生活细节来减缓生态恶化。

为贯彻落实《中华人民共和国节约能源法》等法律法规，进一步提高全社会节能意识，应做到：

1. 办公场所提倡绿色低碳，节约用电

（1）白天办公、会议场所光线充足时，建议不开照明灯；办公走廊、通道、卫生间等公共区域建议采用自然光，确需照明时减少开灯次数和时间。关闭日常不必要的照明，杜绝"白昼灯""长明灯"。

（2）电脑、打印机、复印机、碎纸机等办公电器设备不使用时，建议及时关机；因工作需要不能关闭的，设置为不使用时自动进入休眠状态，减少待机能耗。下班前切断办公电器设备电源开关，关掉插座开关或拔下电源插头，培养良好的节电习惯。

（3）尽量减少空调使用时间，坚决杜绝无人时开空调、开窗户开空调，配合使用窗帘遮阳，建议下班前 30min 关空调，夏季室内空调温度设置不得低于 26℃。

（4）建议减少乘坐电梯次数，提倡 4 层以下楼层上下步行。

（5）建议合理错峰使用新能源汽车充电桩，鼓励夜间时段为新能源汽车充电。

2. 工业企业提倡科学安排生产，错峰用电

（1）合理调整生产安排，主动错峰避峰用电，充分利用周末、夜间安排生产，争取做到错峰不减产。

（2）建议采用高效电动机、风机、水泵等符合国家能耗标准的节能型产品，及时淘汰高耗电落后工艺、技术和设备，不断提高节能技术创新水平。

3. 商业场所提倡避免浪费，合理用电

（1）建议营业时间内空调减量使用，上午晚开 30min 和晚上早关 30min；空调温度设置在 26℃以上，做到舒适不浪费。

（2）建议非营业时间关闭全部空调，关闭除消防电梯外等设施用电。

（3）建议实现错峰用电，在用电高峰期尽量不使用或减少使用各类耗能较大的用电设备。

4. 家庭用电提倡提高节约意识，珍惜每一度电

（1）尽量使用节能灯具、节能电器，随手关灯。

（2）建议减少使用空调、电热水器等大功率用电设备，尽量使用风扇降温。使用空调时尽量设置在 26℃以上，珍惜和用好每一度电，自觉养成低碳节能的良好生活习惯。

5. 景观和楼宇亮化提倡减少开启时间，适度用电

（1）除交通设施场站、医疗防疫场所以及关系群众人身财产安全的其他场所外，建议减少景观照明、楼宇亮化工程、商业广告大屏等开启时间，必要时进行适当或全部关停。

（2）在保证基本照明的情况下，建议市区道路路灯间隔式开启。

勤俭节约是中华民族的传统美德，"节约用电 低碳生活"是每一位公民的社会责任，诚挚希望每一个人安全、合理、节约用电。

自检自测

某电工在 10kV 电杆上进行验电和装设接地线工作，如图 3-2-1 所示。请指出其中错误的地方，并说明其危害。

图 3-2-1　电工在 10kV 电杆上工作
（a）验电工作；（b）装设接地线工作

实践实拍

实拍现场作业人员，讨论其操作内容，判断是否满足安全技术措施。

模块 4　履行电气运行安全措施

事故案例：

某公司变电站运行人员陈××（操作人）、王××（监护人）开始执行××线13113断路器由冷备转检修操作任务。10:35，运行人员对13113-1隔离开关断路器侧逐相验电完毕后，在13113-1隔离开关处做安全措施悬挂接地线，监护人低头拿接地线去协助操作人，操作人误将接地线挂向13113-1隔离开关母线侧B相引流，引起110kVⅠ母对地放电，造成110kV母差保护动作，110kVⅠ母失压。10:52，110kVⅠ段母线恢复正常运行方式。

事故原因分析：操作人员对本次操作过程中的危险点认识、分析不到位，操作前不认真履行"三核对"（设备名称、编号和位置）、唱票、复诵等要求。工作监护人操作时中断监护，低头拿接地线去协助操作人，没有履行操作监护人应尽的职责。

事故暴露问题：安全意识淡薄。操作人员未认真核对设备带电部位，未按倒闸操作程序操作，在失去监护的情况下盲目操作，监护人员未认真履行监护职责，失去对操作人的监护。操作现场未能有效控制，没能做到责任到位、执行到位。

规程提示：

《电力安全工作规程　发电厂和变电站电气部分》（GB 26860—2011）中规定，现场开始操作前，应先在模拟图（或微机防误装置、微机监控装置）上进行核对性模拟预演，无误后，再进行操作。操作前应先核对系统方式、设备名称、编号和位置，操作中应认真执行监护复诵制度（单人操作时也应高声唱票），宜全过程录音。操作过程中应按操作票填写的顺序逐项操作。每操作完一步，应检查无误后作一个"√"记号，全部操作完毕后进行复查。监护操作时，操作人在操作过程中不准有任何未经监护人同意的操作行为。

编者有话：

安全生产是民生大事，事关人民福祉，事关经济社会发展大局，一丝一毫不能放松。习近平总书记高度重视安全生产工作，作出一系列关于安全生产的重要论述。一再强调要统筹发展和安全。正确、规范执行倒闸操作、电气设备巡视是保证电力安全生产、保障生命安全的一项重要工作。在电气伤害事故案例中，有相当一部分是监护人、操作人安全意识淡薄，没有按照《电力安全工作规程　发电厂和变电站电气部分》（GB 26860—2011）规定进行操作，也有一部分是没有认真执行倒闸操作和电气设备巡视检查标准化作业流程造成的。只有增强安全意识、责任意识，正确掌握倒闸操作、电气设备巡视检查的标准化作业流程及安全注意事项，严格按照《电力安全工作规程　发电厂和变电站电气部分》（GB 26860—2011）标准、规范地进行倒闸操作、电气设备巡视，才能有效避免电力安全事故的发生。

本项目从电气值班员岗位出发，对接《全国职业院校技能大赛"新型电力系统技术与应用"》《一带一路暨金砖国家技能发展与技术创新大赛智能供配电技术赛项》标准及值班员证书标准，依照《电力安全工作规程　发电厂和变电站电气部分》（GB 26860—2011）要求，介绍了倒闸操作的标准化操作流程及电气设备巡视标准化作业流程，供大家借鉴与学习。

学习目标：

（1）通过任务实施，树立电力安全意识、增强责任意识和团队合作意识，遵守《电力安全工作规程》、杜绝习惯性违章。

（2）熟练掌握倒闸操作的标准化作业流程、安全注意事项。

（3）熟练掌握电气设备巡视的标准化作业流程、安全注意事项。

（4）能够按照《电力安全工作规程　发电厂和变电站电气部分》（GB 26860—2011）规定规范、标准地进行倒闸操作。

（5）能够按照《电力安全工作规程　发电厂和变电站电气部分》（GB 26860—2011）规定规范化、标准化进行电气设备巡视。

二维码 4-0-1
倒闸操作案例
（企业案例）

任务 1　履行 220kV 出线开关
由检修转运行倒闸操作安全措施

💡 **任务启化**

> **做一做** ⚡ 熟悉倒闸操作调度术语，倒闸操作术语工作页见表 4-1-1。

表 4-1-1　　　　　　　　　　倒闸操作调度术语工作页

工作内容	小组为单位，模拟现场班组进行人员分工，熟悉倒闸操作专用术语。
工作目标	能够按照《电力安全工作规程　发电厂和变电站电气部分》（GB 26860—2011）中"倒闸操作"要求，做好人员分工，掌握调度专用术语。树立遵守规程意识，增强团队合作意识，杜绝习惯性违章。
工作准备	每个小组由 4~6 名学生组成，指定组长。工作时，由组长分配操作人、监护人、值班长，并且熟悉调度专用术语。
工作思考	（1）操作人、监护人、值班长的职责分别是什么？ （2）常用的运行调度术语有哪些？
工作过程	（1）人员分工。 （2）明确操作任务。

续表

总结反思	（1）学到的新知识点有哪些？ （2）学会的新技能点有哪些？ （3）你在本次任务中担任的角色是什么？你的履职情况怎么样？有没有违反《电力安全工作规程　发电厂和变电站电气部分》（GB 26860—2011）的情况？有没有习惯性违章的苗头？如何避免类似问题发生？
工作组成员	
工作点评	

说一说 ⚡ 倒闸操作必须由有调度证的人员进行发、受调度指令，你知道常见的操作调度指令吗？这些指令的含义分别是什么呢？

二维码 4-1-1
知识锦囊

💬 **任务描述**

倒闸操作是变电运行的一项复杂而重要的工作，操作的正确与否直接关系到操作人员的安全和设备的正常运行。本任务以《电力安全工作规程　发电厂和变电站电气部分》（GB 26860—2011）为依据，对接《全国职业院校技能大赛"新型电力系统技术与应用"》《一带一路暨金砖国家技能发展与技术创新大赛智能供配电技术赛项》标准，以"220kV×× 变电站 ×× 线 282 开关由检修转运行"的倒闸操作为例，重点讲述倒闸操作过程中的安全技术。

◎ **任务目标**

1. 素养目标

（1）树立遵守规程意识。

（2）增强团队合作意识，杜绝习惯性违章。

2. 知识目标

（1）熟知《电力安全工作规程　发电厂和变电站电气部分》（GB 26860—2011）中倒闸操作的安全要求。

（2）熟练掌握倒闸操作标准化作业流程。

（3）掌握倒闸操作票的填写方法。

（4）熟悉倒闸操作记录整理方法。

3. 能力目标

（1）能严格遵守《电力安全工作规程　发电厂和变电站电气部分》（GB 26860—2011）中倒闸操作的安全要求，标准、规范地进行倒闸操作。

（2）能正确、规范地接受调度令。

（3）能准确填写倒闸操作票，按《电力安全工作规程　发电厂和变电站电气部分》（GB 26860—2011）规定进行三级审票。

（4）能正确进行倒闸操作模拟预演、现场操作。

（5）学会倒闸操作记录整理。

📋 **任务资料**

一、倒闸操作的定义

倒闸操作是电气设备状态的转换、变更一次系统运行接线方式、继电保护定值调整、装置的起停用二次回路切换、自动装置投切、切换试验等所进行的操作执行过程的总称。

电气设备的状态有运行、热备用、冷备用、检修四个状态。电气一次设备的状态如图 4-1-1 所示。一次设备运行状态是指设备的开关及两侧的刀闸均在合闸位置（所连接的避雷器、电压互感器无特殊情况均应投入）；热备用状态是指设备的开关在分闸位置、两侧的刀闸均在合闸位置；冷备用指设备的开关、刀闸均在分闸位置。检修状态指设备的开关、两侧的刀闸均在分闸位置，并已装设接地线（或合上接地刀闸），开关和刀闸的操作电源已断开，必要时解除相关继电保护的压板。

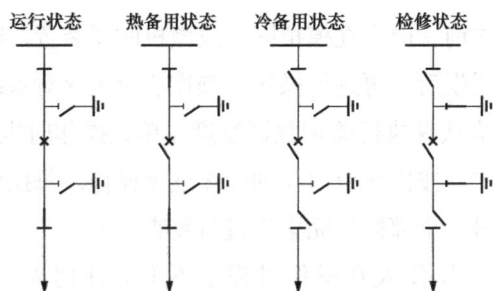

图 4-1-1　电气一次设备状态

二次设备的运行状态是指其工作电源投入，出口连接片连接到指令回路的状态；热备用状态：是指其工作电源投入，出口连接片断开时的状态。冷备用状态：是指其工作电源退出，出口连接片断开时的状态。检修状态：是指该设备与系统彻底隔离，与运行设备没有物理连接时的状态。

二、倒闸操作的分类

> 说一说 ⚡ 倒闸操作需要几个人呢？

倒闸操作分为监护操作、单人操作和检修操作。

监护操作：是有人监护的操作。监护操作时，其中一人对设备较为熟悉者作监护。特别重要和复杂的倒闸操作，由熟悉的运行人员操作，运维负责人监护。

单人操作：由一人完成的操作。单人值班的变电站操作时，运行人员根据发令人用电话传达的操作指令填用操作票，复诵无误。若有可靠的确认和自动记录手段，调控人员可实行单人操作。实行单人操作的设备、项目及运行人员须经设备运行管理单位批准，人员应通过专项考核。

检修操作：由检修人员完成的操作经设备运行管理单位考试合格、批准的本企业的检修人员，可进行 220kV 及以下的电气设备由热备用至检修或由检修至热备用的监护操作，监护人应是同一单位的检修人员或设备运行人员。检修人员进行操作的接、发令程序及安全要求应由设备运行管理单位总工程师（技术负责人）审定，并报相关部门和调度机构备案。

三、倒闸操作的基本要求

（1）停电拉闸操作应按照断路器（开关）—负荷侧隔离开关（刀闸）—电源侧隔离开关（刀闸）的顺序依次进行，送电合闸操作应按与上述相反的顺序进行。禁止带负荷拉合隔离开关（刀闸）。

（2）现场开始操作前，应先在模拟图（或微机防误装置、微机监控装置）上进行核对性模拟预演，无误后，再进行操作。操作前应先核对系统方式、设备名称、编号和位置，操作中应认真执行监护复诵制度（单人操作时也应高声唱票），且全过程录音。操作过程中应按操作票填写的顺序逐项操作。每操作完一步，应检查无误后作一个"√"记号，全部操作完毕后进行复查。

（3）监护操作时，操作人在操作过程中不准有任何未经监护人同意的操作行为。

（4）远方操作一次设备前，应对现场发出提示信号，提醒现场人员远离操作设备。

（5）操作中产生疑问时，应立即停止操作并向发令人报告。待发令人再行许可后，方可进行操作。不准擅自更改操作票，不准随意解除闭锁装置。解锁工具（钥匙）应封存保管，所有操作人员和检修人员禁止擅自使用解锁工具（钥匙）。若遇特殊情况需解锁操作，应经运维管理部门防误操作装置专责人或运维管理部门指定并经书面公布的人员到现场核实无误并签字后，由运维人员告知当值调控人员，方能使用解锁工具（钥匙）。单人操作、检修人员在倒闸操作过程中禁止解锁。如需解锁，应待增派运维人员到现场，履行上述手续后处理。解锁工具（钥匙）使用后应及时封存并做好记录。

（6）电气设备操作后的位置检查应以设备各相实际位置为准，无法看到实际位置时，应通过间接方法，如设备机械位置指示、电气指示、带电显示装置、仪表及各种遥测、遥信等信号的变化来判断。判断时，至少应有两个非同样原理或非同源的指示发生对应变化，且所有这些确定的指示均已同时发生对应变化，方可确认该设备已操作到位。以上检查项目应填写在操作票中作为检查项。检查中若发现其他任何信号有异常，均应停止操作，查明原因。若进行遥控操作，可采用上述的间接方法或其他可靠的方法判断设备位置。

（7）继电保护远方操作时，至少应有两个指示发生对应变化，且所有这些确定的指示均已同时发生对应变化，才能确认设备也操作到位。

（8）换流站直流系统应采用程序操作，程序操作不成功，在查明原因并经值班调控人员许可后可进行遥控步进操作。

（9）用绝缘棒拉合隔离开关（刀闸）、高压熔断器或经传动机构拉合断路器（开关）和隔离开关（刀闸），均应戴绝缘手套。雨天操作室外高压设备时，绝缘棒应有防雨罩，还应穿绝缘靴。接地网电阻不符合要求的，晴天也应穿绝缘靴。雷电时，禁止就地倒闸操作。

（10）装卸高压熔断器，应戴护目眼镜和绝缘手套，必要时使用绝缘夹钳，并站在绝缘垫或绝缘台上。

（11）断路器（开关）遮断容量应满足电网要求。如遮断容量不够，应用墙或金属板将操动机构（操作机构）与该断路器（开关）隔开，应进行远方操作，重合闸装置应停用。

（12）电气设备停电后（包括事故停电），在未拉开有关隔离开关（刀闸）和做好安全措施前，不得触及设备或进入遮栏，以防突然来电。

（13）单人操作时不得进行登高或登杆操作。

（14）在发生人身触电事故时，可以不经许可，即行断开有关设备的电源，但事后应立即报告调度控制中心（或设备运维管理单位）和上级部门。

（15）同一直流系统两端换流站间发生系统通信故障时，两换流站间的操作应根据值班调控人员的指令配合执行。

（16）双极直流输电系统单极停运检修时，禁止操作双极公共区域设备，禁止合上停运极中性线大地 / 金属回线隔离开关（刀闸）。

（17）直流系统升降功率前应确认功率设定值不小于当前系统允许的最小功率，且不能超过当前系统允许的最大功率限制。

（18）手动切除交流滤波器（并联电容器）前，应检查系统有足够的备用数量，保证满足当前输送功率无功需求。

（19）交流滤波器（并联电容器）退出运行后再次投入运行前，应满足电容器放电时间要求。

四、倒闸操作票五制

（1）核对命令制：值班负责人或监护人，接调度操作命令时，向发令人逐项复诵核对，双方确认无误后，将发令时间、发令人、操作命令等内容记入值班日志。

（2）操作票制：操作人根据调令命令填写操作票，填写后监护人审查签字后方可操作。现场操作票的填写按有关规定执行。

（3）图板演习制：操作前必须按操作票所列顺序，在图板上进行操作演习，确认无误后方可进行操作。

（4）监护、唱票复诵制：监护人拿设备钥匙，操作人拿操作工具，操作人在前，监护人在后，到达操作地点共同核对设备名称、编号正确后，监护人员根据操作票所列顺序，逐项唱读，操作人手指设备编号复诵命令，监护人核对无误后，发令："执行"！操作人方可操作，唱票和复诵都必须态度严肃，口齿清楚、声音洪亮。

（5）检查汇报制。

每操作一项，必须检查操作质量和设备位置，确认无误后，立即在该项上画上已执行号"√"，对规定的有关项目记上操作时间。

全部操作完毕，应全面检查操作执行情况，无误后立即向发令人汇报，并在操作票最后一项加盖"已执行"章。

操作过程中如发现异常情况（如保护掉牌等）应停止操作，待情况弄清后再继续操作。

操作完毕后应更改模拟盘，使其符合实际，并将操作后的运行方式通知有关单位。

五、倒闸操作的三对照、三禁止、五不干

操作前三对照，操作中坚持三禁止，操作后坚持复查，整个操作过程要贯彻五不干。

三对照：对照操作任务，运行方式，由操作人填写操作票；对照模拟图审核操作票并预演；对照设备编号无误后操作。

三禁止：禁止操作人，监护人一齐动手，失去监护；禁止有疑问盲目操作；禁止边操作边聊天或做其他无关的工作等。

五不干：操作任务不清不干；应有操作票而无操作票不干；操作票不合格不干；应有监护人在场而无监护人不干；设备的名称编号不清不干。

六、倒闸操作标准化作业流程

倒闸操作的流程可分为准备和执行两个阶段，流程图如图 4-1-2 所示。

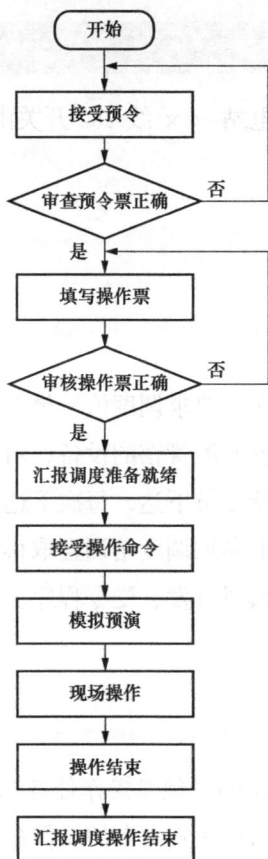

图 4-1-2　倒闸操作流程图

1. 准备阶段

接受命令票→审核命令票→填写操作票→审核操作票→向上级或调度汇报准备就绪。

2. 执行阶段

二维码 4-1-3
接受操作命令
（动画）

二维码 4-1-4
模拟预演
（动画）

二维码 4-1-5
现场操作
（动画）

二维码 4-1-6
操作终结
（动画）

3. 向上级或调度汇报操作完毕

二维码 4-1-2
填写操作票
（动画）

⚙ 任务实施

操作任务：220kV×× 变电站 ×× 线 282 开关由检修转运行。

一、接受预令

> 说一说 ⚡ 谁可以发、受预令？

对于有计划安排的倒闸操作，要求调度值班员下达操作预令，给现场值班人员充分的操作准备时间。属于系统调度管辖的设备，由系统值班调度员发令操作，且一个操作指令只能由一个值班调度员下达，每次下达操作指令，只能给一个操作任务，只有变电所的副值班员以上参加调度培训且取得调度资格证的当值人员，才能接受调度操作指令，同时，必须履行发、受令程序。

> 说一说 ⚡ 怎么发、受预令？

调度员在预发操作令时应说明"预发操作任务"，讲明操作的目的和意图，操作内容及预定的操作时间，以示与正式发布的操作命令相区别。现场值班员在接受调度发布的操作任务和程序，向调度复诵，经双方核对无误后填写操作票。接受命令启用电话录音功能，指定专人监听或接受命令过程扩音，使在场的值班人员都听到命令的内容，不清楚时重播录音。值班调控人员或运维负责人通过座机电话对值班长（或允许接受调度指令的人员）下发调度预令，发布指令应准确和设备双重名称，清晰、使用规范的调度术语复诵无误。

> 说一说 ⚡ 220kV×× 变电站 ×× 线 282 开关由检修转运行接受预令。

（1）发令人和受令人互报单位和姓名，受令人指定专人（一般是当值值班的监护人员）兼听。

调度振铃。

值班长：启动录音，×× 请监听。您好，我是 ×× 变电站当值值班长 ××。

调度：您好，我是省调 ××，现在向您下达操作预令，请做好记录准备。

（2）接受预令并记录：发令人发布调度预令，受令人、兼听人共同用录音电话听取调度预令。

在调度指令记录本上进行记录，调度指令记录如表 4-1-2 所示。

值班长：已做好记录准备，请讲。

调度：现在时间是 ×× 时 ×× 分，省调字 12 ~ 13 号调票，操作任务是："220kV×× 变电站 ×× 线 282 开关由检修转运行"。

值班长记录：操作任务，220kV×× 变电站 ×× 线 282 开关由检修转运行，发出日期：×× 年 ×× 月 ×× 日 ×× 时 ×× 分；调度编号：省调字 12 ~ 13 号调票，发出命令票调度员 ××：接受命令票负责人 ××。

表 4-1-2　　　　　　　　　　　　　　调度指令记录

年份：2023 年

发令时间（ 月日时 分）	调度单位	发令人	接令人	指令内容（ 一条指令字数多时可延续到下栏）	指令终了时间（ 月日时分）	回令人	调度接令人	调度编号
×× 月×× 日×× 时×× 分	省调	××	××	220kV×× 变电站×× 线 282 开关由检修转运行	×× 月×× 日×× 时×× 分	××	××	省调字12 ~ 13 号

备注：本记录为流水记录，每年为一个记录周期，年底归档一次。

（3）复诵。

值班长：现在向您复诵，受令单位：220kV×× 变电站，发出日期：×× 年 ×× 月 ×× 日 ×× 时 ×× 分，省调字 12 ~ 13 号调票，发出命令票调度员 ××：接受命令票负责人 ××，操作任务 220kV×× 变电站 ×× 线 282 开关由检修转运行，复诵完毕。

调度：正确，请您拟订好操作票后向我汇报。

值班长：好的，再见。

二、通告全职

受令人（值班长）通告全职，指定操作人、监护人，交代本次倒闸操作任务、危险点及防范措施，核对系统运行方式，值班长检查操作人、监护人的精神状态、着装。

当值班长、值班员一起核对实际运行方式、一次系统模拟接线图（220kV×× 变电站电气主接线图如图 4-1-3 所示），明确操作任务和操作目的，核对操作任务的安全性、必要性、可行性及正确性。

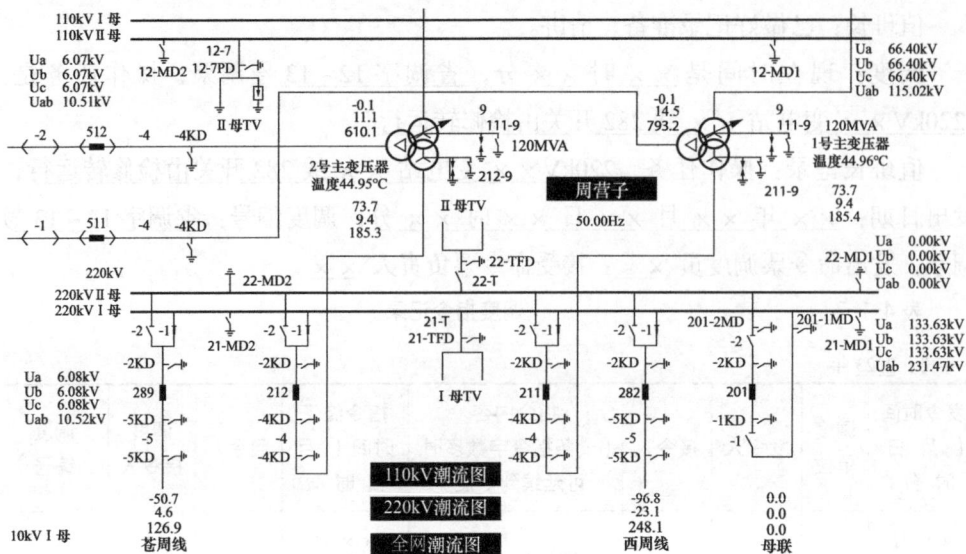

图 4-1-3 220kV×× 变电站电气主接线图

值班长通告全职：现在下达操作任务（值班长会同监护人、操作人走至模拟图板），××年××月××日××时××分，<u>省调××发来省调字12~13号调票</u>，操作任务：<u>220kV××变电站××线282开关由检修转运行</u>，操作任务是否明确？下面进行运行方式核对，当前，<u>××线282开关在分闸位置，282-2刀闸、282-1刀闸，282-5刀闸在分闸位置</u>，282-2KD接地刀闸，282-5KD接地刀闸在合闸位置，运行方式与调度命令票一致。下面进行人员分工，本次操作由<u>××</u>担任操作人，<u>××</u>担任监护人。下面进行危险点分析，本次操作间隔为<u>××线282开关间隔</u>，相邻间隔为<u>211开关间隔</u>和<u>母联201开关间隔</u>，操作前请认真核对设备名称与编号，不能走错间隔。操作刀闸之前，请认真核对接地刀闸确在分闸位置、开关确在分闸位置，危险点是否明确？下面请填写操作票。

三、填写、审核倒闸操作票

说一说 ⚡ 操作票填写有什么要求？

（1）倒闸操作由操作人员填用操作票。

（2）"操作任务"应根据调度指令内容填写。

（3）倒闸操作票应对照操作任务、实际设备的运行方式和运行状态、五防工作站设备运行状态、相应变电站典型操作票进行填写。

（4）操作票应用黑色或蓝色的钢（水）笔或圆珠笔逐项填写，用计算机开出的操作票应与手写票面统一，操作票票面应清楚整洁，不得任意涂改。操作票应填写设备的双重名称。操作人和监护人应根据模拟图或接线图核对所填写的操作项目，并分别手工或电子签名，签名栏必须本人亲自签名，不得代签或漏签。填票人应根据操作任务对照一次系统模拟图及二次保护及设备等方面的资料，认真细心、全面周到、逐项填写操作步骤，填写完毕应自行对照审核，在填票人栏内亲笔签名后上交值班长审核。

（5）每张操作票只能填写一个操作任务。根据同一个操作命令，且为了相同的操作目的而进行的一系列相互关联且依次进行的操作过程称为一个操作任务。

说一说 ⚡ 哪些项目应填入操作票内？

（1）应拉合的设备［断路器（开关）、隔离开关（刀闸）、接地刀闸（装置）等］，验电，装拆接地线，合上（安装）或断开（拆除）控制回路或电压互感器回路的空气开关、熔断器，切换保护回路和自动化装置及检验是否确无电压等。

（2）拉合设备［断路器（开关）、隔离开关（刀闸）、接地刀向（装置）等］后检查设备的位置。

（3）进行停、送电操作时，在拉合隔离开关（刀闸）或拉出、推入手车式开关前，检查断路器（开关）确在分闸位置。

（4）在进行倒负荷或解、并列操作前后，检查相关电源运行及负荷分配情况。

（5）设备检修后合闸送电前，检查送电范围内接地刀闸（装置）已拉开，接地线已拆除。

（6）高压直流输电系统启停、功率变化及状态转换、控制方式改变、主控站转换，控制、保护系统投退，换流变压器冷却器切换及分接头手动调节。

（7）阀冷却、阀厅消防和空调系统的投退、方式变化等操作。

（8）直流输电控制系统对断路器（开关）进行的锁定操作。

做一做 ⚡ 220kV××线282开关由检修转运行倒闸操作票。

操作人根据操作任务的要求及当时的运行方式，设备运行状态，核对一次系统模拟图板，填写操作票，倒闸操作票见表4-1-3。并考虑系统操作变动后的继电保护调整和定值配合。

监护人：请进行录音回放。

操作人：是（录音回放，核对倒闸操作命令本）。录音核对完毕，已明确操作任务，请指示。

监护人：请填写操作票。

> **安全小贴士** ⚡ 操作票填写字迹工整，不得使用铅笔，填写应逐项填写，避免并项、漏项。严格执行三级审票制度。

表 4-1-3　　　　　　　　　　　　　倒闸操作票

单位：220kV×× 变电站　　　　　　　　　　　　　　　　编号：

发令时间		调度指令省调字 12～13 号		发令人		受令人	
操作时间		年　月　日　时　分		终了时间		日　时　分	
（√）监护下操作　　（　）单人操作　　（　）检修人员操作							
操作任务		220kV×× 线 282 开关由检修转运行					
模拟√	操作√	顺序	操作项目			时	分
		1	合上 220kV×× 线 282 开关操作直流开关Ⅰ				
		2	合上 220kV×× 线 282 开关操作直流开关Ⅱ				
		3	拉开 220kV×× 线 282-2KD 接地刀闸				
		4	检查 282-2KD 接地刀闸在开位				
		5	拉开 220kV×× 线 282-5KD 接地刀闸				
		6	检查 282-5KD 接地刀闸在开位				
		7	检查开关送电范围内接地刀闸在开位				
		8	投入 ×× 线 282 线路保护辅助屏失灵总启动 8LP3 压板				
		9	投入 220kV RCS-915 母差保护屏Ⅰ 282 跳闸出口Ⅰ TLP4 压板				
		10	投入 220kV RCS-915 母差保护屏Ⅰ 282 跳闸出口Ⅱ BLP4 压板				
		11	投入 220kV CSC-150 母差保护屏Ⅱ 282 跳闸出口Ⅰ 1LP13 压板				
		12	投入 220kV CSC-150 母差保护屏Ⅱ 282 跳闸出口Ⅱ 1LP14 压板				
		13	检查 282 开关在开位				
		14	合上 220kV×× 线 282-2 刀闸动力开关				
		15	合上 220kV×× 线 282-2 刀闸				
		16	检查 282-2 刀闸在合位				
		17	拉开 220kV×× 线 282-2 刀闸动力开关				
		18	合上 220kV×× 线 282-5 刀闸动力开关				
		19	合上 220kV×× 线 282-5 刀闸				
		20	检查 282-5 刀闸在合位				
		21	拉开 220kV×× 线 282-5 刀闸动力开关				
		22	检查 220kV 母线保护屏刀闸位置切换正常				
		23	合上 220kV×× 线 282 开关				

续表

模拟√	操作√	顺序	操作项目	时	分
		24	检查 282 开关在合位		
		25	检查 282 开关表计指示正确		
		26	以下空白		
备注：					

操作人：　　　　　　　　监护人：　　　　　　　　运行负责人（值长）：

说一说 ⚡ 操作票如何审核？

　　操作票填写完毕，应实行三级审核：操作人、监护人、值班负责人。检查操作任务是否与操作预令任务一致，操作票操作项目是否正确，是否与实际运行方式和现场设备状态相符。审核人发现有错误时应由操作人重新填写并再次经三级审核无误后，等待调度正式下令进行操作。操作人填写好的操作票，先由自己核对后签名，然后交监护人审核后签名，最后交值班负责人审核签名，三者分别审核，不得会审。特别重要和复杂的操作还应由班长或技术员审核。不在本班执行的预令票，由预拟票人签名，当班值班负责人签名，然后将预令内容列入交接班日志，交代预计操作时间，依值移交。对上一班填写的操作票，即使不在本班执行，各个轮班也要根据上述的规定，对操作票进行审核，审票人发现有错误，应由操作人重新填写，并在有误的操作票上盖上"作废"印章，以防止发生差错。

做一做 ⚡ 审核 220kV ×× 线 282 开关由检修转运行倒闸操作票

　　（1）操作人填写或机打操作票，核对无误在最后一项操作内容下一行盖"以下空白章"，在操作人处签名，递交监护人审查。

　　操作人：操作票拟定完毕，请审查。

　　（2）监护人审查无误后在监护人位置签名，递交值班长审查。

　　监护人：操作票已拟定完毕，请审查。

　　（3）值班长审查无误并进行三查后在值班长位置签字。

（1）查安全思想。

主要内容：是否存在影响安全的侥幸心理，是否有习惯性违章的苗头，是否有严重影响精力集中的思想因素，身体健康状况是否良好，是否有疲劳、饥饿、饮酒、家庭不和等有关情况。

主要做法：自查：在接受作业任务后，由作业人员在班会上（个别特殊情况也可单独向班组长、小组长汇报）汇报自查的主要情况。互查：在汇报自查情况以后，由参加班会的职工特别是在同一作业任务中工作的职工或监护人通过简明扼要的询问、讲评等对自查情况补充完善；再由作业负责人对自查情况进行核对；最后，由班组长、工会小组长确认并决定是否同意其参加作业。使参加作业的职工在作业前就具有安全意识强、精力充沛的良好状况。如遇特殊情况，也可由班组长、工会小组长与个别作业人员进行单独的互查活动。

（2）查安全措施。

主要内容：清楚明白自己担负的作业任务以及和自己作业任务有关的其他作业内容。完成该项作业应该采取的安全措施，事故预想，反事故措施等有关内容。

主要做法：自查：由作业人员检查自己担负的工作以及与自己作业有关的其他人员的作业内容；是否按规定认真周密办理了工作票、操作票；在作业前应该采取的安全措施。是否考虑周全、已经落实；重大作业项目，是否做了事故预想并制定了反事故措施。互查：在自查的基础上由班长或班长指定人员，如安全员、监护人或作业组长组织参加作业的人员互查互帮；按照工作票、操作票所列安全措施逐一核对，包括在作业现场一一落实，经确认无误后方可作业。

（3）查安全工器具。

主要内容：按作业内容应该配备的安全工器具是否一一准备妥当，有无遗漏；安全工器具是否经过预试、检验合格；是否良好、规格型号是否符合作业要求；作业人员是否能够正确使用安全工器具。

主要做法：自查：由作业人员或按作业组分别对所需的安全工器具进行清点、核对、检查和确认。互查：由班长或班长指定人员，如班组技术员、安全员、作业组长再次检查确认，以确保作业中正确使用安全工器具。

填写记录应根据实际情况和行业内容编制表格并如实填写。

值班长：下面进行三查。工作任务：220kV×× 变电站 ×× 线 282 开关由检修转运行。一查安全四项，作业前是否有影响安全的侥幸心理，是否有习惯性违章的苗头，是否有严重影响精力集中的思想因素，身体健康状况是否良好，是否有疲劳、饥饿、饮酒、家庭不和等有关情况。二查安全措施，作业前是否明确自己作业的任务和相应的职责？作业前是否明确应该采取的安全措施和操作的注意事项？三查安全工器具。

监护人：现在进行绝缘手套检查。检查绝缘手套外观无毛刺、无破损现象。

操作人：绝缘手套外观无毛刺、无破损现象。

监护人：检查绝缘手套标签合格证齐全完好。

操作人：绝缘手套标签合格证齐全完好，上次试验日期为 ×× 年 ×× 月 ×× 日，下次试验日期为 ×× 年 ×× 月 ×× 日，在有效试验范围之内。

监护人：检查绝缘手套内部无受潮现象。

操作人：绝缘手套内部无受潮现象。

监护人：进行充气试验。

操作人：绝缘手套无漏气现象，绝缘手套检查完毕，可以使用。

监护人：以下绝缘手套按如下方法检查。

操作人：是。

监护人：检查绝缘靴外观无毛刺、无破损现象。

操作人：绝缘靴外观无毛刺、无破损现象。

监护人：检查绝缘靴标签合格证齐全完好。

操作人：绝缘靴标签合格证齐全完好，上次试验日期为 ×× 年 ×× 月 ×× 日，下次试验日期为 ×× 年 ×× 月 ×× 日，在有效试验范围之内。

监护人：检查绝缘靴内部无受潮现象。

操作人：绝缘靴内部无受潮现象。

监护人：检查绝缘靴底部无黄色橡胶外露。

操作人：绝缘靴底部无黄色橡胶外露，绝缘靴检查完毕，可以使用。

监护人：以下绝缘靴按如下方法检查。

操作人：是。

监护人：现在进行安全帽检查。

操作人：是。

监护人：检查安全帽外观无破损现象。

操作人：安全帽外观无破损现象。

监护人：检查安全帽标签合格证齐全完好。

操作人：安全帽标签合格证齐全完好。

监护人：检查安全帽下颌带、帽衬完好。

操作人：安全帽下颌带、帽衬齐全完好，安全帽检查完毕，可以使用。

监护人：以下安全帽按如下方法检查。

操作人：是。

监护人：报告值班长，安全工器具已检查完毕，请指示。

值班长：请做好操作前准备。

监护人、操作人：是。

四、接受正式令

当值调度发令操作，接受调度指令应有值班长（值班长不在时由其他允许接受调度指令的人员）进行，下达操作命令和接受操作命令的双方应互报姓名，并记录在操作票发令人与接令人栏内，经双方录音，扩音，复诵，核对核对已正式下达的操作指令。双方按如下方式接发操作令：

A）值班调度员发出：发布操作命令，操作任务1……；2……；

B）现场值班员正式复诵：接受操作命令，操作任务1……；2……；

C）值班调度员核对无误后发出："对，执行，命令时间 ×× 时 ×× 分。"

D）双方记录命令时间后立即执行。

"发令时间"是值班调度员正式发出操作命令的依据，现场值班员没有接到"发令时间"不得操作。

做一做 ⚡ 220kV×× 变电站 ×× 线 282 开关由检修转运行正式令。

值班长：×× （监护人）请监听。

监护人：是。

值班长：您好，我是 <u>220kV×× 变电站</u>当值值班长 <u>××</u>，现在时间 <u>××</u> 年 <u>××</u> 月 <u>××</u> 日 <u>××</u> 分，我们已按省调字 <u>12～13</u> 号调票命令内容拟定好操作票，请指示。好的，请讲。时间 <u>16 点 10 分</u>，操作命令调度员 <u>××</u>，执行命令负责人 <u>××</u>，<u>将 220kV×× 变电站 ×× 线 282 开关由检修转运行</u>。好的，现在向您复诵：发出命令时间 <u>××</u> 年 <u>××</u> 月 <u>××</u> 日 <u>××</u> 时 <u>××</u> 分，发布命令调度员 <u>××</u>，执行命令负责人 <u>××</u>，<u>将 220kV×× 变电站 ×× 线 282 开关由检修转运行</u>，立即执行。

调度员：对，执行，命令时间 ×× 时 ×× 分。

值班长：现在下达操作任务，×× 年 ×× 月 ×× 日 ×× 时 ×× 分，省调 ×× 令：将 220kV×× 变电站 ×× 线 282 开关由检修转运行立即执行。

监护人、操作人：是。

五、模拟预演

说一说 ⚡ 怎么模拟预演？

　　准备工作就绪后，监护人手持操作票与操作人一起在一次系统模拟图板上进行模拟预演，再次对操作票的正确性进行核对预演，经操作预演，操作票正确无误后，进行倒闸操作。

　　监护人按照操作票所列的顺序，手指模拟图板上设备具体位置，发令模拟操作，操作人则根据监护人指令核对无误后，复诵一遍。当监护人再次确认无误后即发出"对，执行"的指令，操作人即对模拟图板上的设备进行变位操作。模拟操作必须根据操作票的步骤逐项进行到结束，严禁不模拟预演就进行现场操作。模拟操作步骤结束后，监护人、操作人应共同核对模拟操作后系统的运行方式、系统接线是否符合调度操作任务。

> **安全小贴士** ⚡ 严格按照倒闸操作票内容逐项进行操作是保证电气倒闸操作安全、顺利进行的先决条件。在模拟预演和现场实操过程中，必须逐项严格执行操作票，杜绝漏项、并项、不按操作票凭经验等习惯性违章。

　　监护人：现在进行模拟预演。

　　操作人：是。

　　监护人：启动录音笔，今天的操作任务是 220kV×× 变电站 ×× 线 282 开关由检修转运行，操作票第一项内容合上 220kV×× 线 282 开关操作直流开关Ⅰ。

　　操作人：操作票第一项内容合上 220kV×× 线 282 开关操作直流开关Ⅰ。

　　监护人：对，执行。

　　操作人：已执行。

　　监护人：下一项内容：（操作票的内容逐项进行）严格执行复诵制度。

　　监护人：模拟预演结束，现在进行五防传票。

二维码 4-1-7
282 开关检修转运行演示（动画）

六、现场操作

说一说 ⚡ 现场操作怎么做？

　　（1）防止操作时走错间隔，站错位置，或拉错断路器或刀闸等，监护人和操作人要正确走位，操作人在前，监护人紧跟其后，根据操作顺序，核对待要操作设备的名称、编号和位置。

　　（2）操作中认真执行监护、复诵制，唱票和复诵操作指令的声音应洪亮清晰。

操作中要求操作过程集中精力，严肃认真，不谈与工作内容无关的话。监护人站在操作人的左后侧或右后侧，其位置应能看清被操作的设备及操作人的动作为宜。这样便于纠正操作人的错误动作，并有助于防范各种意外。每进行一项操作，监护人就要按照操作票内容先唱票（监护人根据操作票的顺序，手指向所要操作设备的操作位置，逐项发出操作指令），操作人按照唱票内容核对设备名称、编号及自己所处的位置，手指所要操作设备的操作位置，复诵操作命令。监护人听到操作人复诵操作命令、看到正确操作手势后，再次核对设备编号、名称无误后，最后下令"正确，执行"的命令，操作人听到"正确，执行"的命令后方可操作，并密切观察所操作的设备，同时在操作票上记录开始操作的时间。

（3）为确保按操作票顺序进行，在每操作完一项后，监护人应在该项目栏做一个记号"√"。监护人、操作人一起检查确认被操作设备的状态，应达到操作项目的要求，如设备的机械指示，信号灯，电流，电压表计指示等情况，以确定实际位置确已到位。全部操作结束后，在最末项备注栏内记录结束时间，并对操作票上的所有操作项目作全面检查，以防漏项，并翻正模拟图板，使图板上运行状态与实际相符合，处于检修状态的设备在挂接地线的位置，标上相应编号的接地线符号，使之一目了然。

说一说 ⚡ 现场操作有哪些注意事项？

（1）操作过程监护人应对操作人连续不断的监护，及时纠正操作人不正确的动作。操作过程中严禁做与操作无关的工作，严禁失去监护，单人操作。做到监护人不开口，操作人不动手。

（2）操作过程中，必须按操作顺序逐项操作、逐项打"√"，不得漏项操作，严禁跳项操作。

（3）操作一项后，"复查"该项，检查正常后，监护人在操作票的本步骤前的执行栏处打"√"，并填写操作时间，再进行下步操作内容。

（4）监护人和操作人共同检查操作质量（如设备的机械指示、信号指示、表计变化等是否正确），以确定设备的实际状况。

（5）操作过程中，监护人员必须密切监视综合自动化后台是否出现异常信号、负荷变化情况及设备状态是否相应变化。

> **安全小贴士** ⚡ 倒闸操作发布指令和复诵指令都应严肃认真，使用规范操作术语，准确清晰，按操作票顺序逐项操作，每操作完一项，即做一个"√"记号。操作完毕，受令人应立即汇报发令人。

> **做一做** ⚡ 220kV ×× 变电站 ×× 线 282 开关由检修转运行。

监护人：时间 ×× 年 ×× 月 ×× 日，操作任务，220kV ×× 变电站 ×× 线 282 开关由检修转运行，请核对操作间隔。

操作人：此间隔确为 220kV ×× 线 282 开关操作直流控制柜间隔。

监护人：合上 220kV ×× 线 282 开关操作直流开关Ⅰ。

操作人：合上 220kV ×× 线 282 开关操作直流开关Ⅰ。

监护人：对，执行。

操作人：执行完毕汇报"已执行"。

监护人在操作票操作内容已执行位置打"√"。

监护人、操作人按操作票内容逐项唱票、复诵、操作。

七、操作结束

> **做一做** ⚡ 五防系统、模拟图板核对。

监护人：现在进行五防系统核对。

操作人：是，当前 220kV ×× 线 282 开关确在合闸位置。

监护人：正确。

监护人：现在进行模拟图板核对。

操作人：是。

操作员：当前，220kV ×× 线 282 开关确在合闸位置，核对完毕。

值班长：请完善操作票。

监护人、操作人：是。

监护人在操作票填写操作结束时间。

> **做一做** ⚡ 汇报操作结束。

（1）操作完毕，监护人应及时向值班负责人汇报操作完毕，汇报时要求具体说明操作任务及设备目前的状态。

（2）值班负责人（受令人）应亲自向发布命令的调度员汇报操作完成，汇报时主动报出变电站站名和姓名，问清对方姓名，操作任务向对方复诵一遍，并得到对方认可，然后询问对方汇报时间。操作汇报须经录音，复诵，其汇报方式如下：

A）现场值班员先报告："汇报操作任务：1……；2……；操作完毕时间 ××

时××分"。

B）值班调度员复诵："操作任务：1……；2……；操作完毕时间××时××分"。

C）现场值班员回答："对"！

监护人向值班负责人汇报。

监护人：报告值班长，××年××月××日××时××分，我们已将220kV××线282开关由检修转运行，操作人：××，监护人：××，值班负责人××（自己说自己），关闭录音笔。

值班长：请做好相关记录。

值班长向调度汇报。

值班长：××，请监听，您好，我是220kV××变电站当值值班长××，现在时间××年××月××日××时××分，我们已将220kV××线282开关由检修转运行，全部执行完毕，请指示。

做一做 ⚡ 做好记录填写。

（1）操作完毕全面检查操作质量，应在操作票上填入操作终了时间。"操作完毕时间"是现场执行命令完毕的依据，调度值班员只有得到接受命令的值班员亲自汇报"操作完毕时间"后，才算操作完毕，值现场值班员和调度值班员分别做好操作记录，签销操作票，监护人检查无问题后，应在操作票备注栏上填写"复查正确无误"，并签名，最后在操作票紧挨末项下栏盖上"已执行"印章。

（2）清理操作现场，收拾操作工器具和钥匙。

（3）操作票操作结束，由操作人负责做好运行日志、接地线记录、操作任务等相关的运行记录，并按规定保存。

（4）操作人将微机防误系统的钥匙归位，系统确认后，检查所操作设备状态正确。

做一做 ⚡ 复查评价，总结经验。

操作工作全部结束后，监护人，操作人应对操作的全过程进行审核评价，总结操作中的经验和不足，不断提高操作水平。

监护人：现在进行本次操作小结，本次操作无违规现象，操作质量良好，希望今后继续保持。

请将安全工器具擦拭干净，并进行摆放。

操作汇报，做好记录。

任务评价

220kV×× 变电站 ×× 线 282 开关由检修转运行操作评价表见表 4-1-4。

表 4-1-4　　220kV×× 变电站 ×× 线 282 开关由检修转运行操作评价表

班级		组别		姓名	
评价项目	评价内容		评价标准		评价等级
资料准备（10分）	专业资料准备（10分）		优：能根据任务，熟练查找专业网站和专业书籍，咨询资深专业人士，获取需要的较全面的专业资料 良：能根据任务，查找专业网站或专业书籍，或通过资深专业人士，获取需要的部分专业资料 差：没有查找专业资料或资料极少		优□ 良□ 差□
倒闸操作（70分）	接受预令		优：能根据操作任务，遵守《电力安全工作规程　发电厂和变电站电气部分》（GB 26860—2011），熟练准确接受预令 良：能根据操作任务，遵守《电力安全工作规程　发电厂和变电站电气部分》（GB 26860—2011），准确接受预令 差：接受预令不够准确		优□ 良□ 差□
	通告全职		优：能根据操作任务，遵守《电力安全工作规程　发电厂和变电站电气部分》（GB 26860—2011），熟练准确通告全职 良：能根据操作任务，遵守《电力安全工作规程　发电厂和变电站电气部分》（GB 26860—2011），准确通告全职 差：通告全职不够准确		优□ 良□ 差□
	填写、审核倒闸操作票		优：能根据操作任务，遵守《电力安全工作规程　发电厂和变电站电气部分》（GB 26860—2011），熟练、准确、规范填写、审核倒闸操作票 良：能根据操作任务，遵守《电力安全工作规程　发电厂和变电站电气部分》（GB 26860—2011），准确、规范填写、审核倒闸操作票 差：填写、审核倒闸操作票不够规范		优□ 良□ 差□
	接受正式令		优：能根据操作任务，遵守《电力安全工作规程　发电厂和变电站电气部分》（GB 26860—2011），熟练准确接受正式令 良：能根据操作任务，遵守《电力安全工作规程　发电厂和变电站电气部分》（GB 26860—2011），准确接受正式令 差：接受正式令不够准确		优□ 良□ 差□
	模拟预演		优：能根据操作任务，遵守《电力安全工作规程　发电厂和变电站电气部分》（GB 26860—2011），熟练准确模拟预演 良：能根据操作任务，遵守《电力安全工作规程　发电厂和变电站电气部分》（GB 26860—2011），准确接受正式令 差：模拟预演不够准确		优□ 良□ 差□

班级		组别		姓名	
评价项目	评价内容	评价标准		评价等级	
倒闸操作（70分）	现场操作	优：能根据操作任务，遵守《电力安全工作规程　发电厂和变电站电气部分》（GB 26860—2011），熟练、准确、规范进行现场操作 良：能根据操作任务，遵守《电力安全工作规程　发电厂和变电站电气部分》（GB 26860—2011），准确、规范进行现场操作 差：现场操作不够规范		优□ 良□ 差□	
	操作结束	优：能根据操作任务，遵守《电力安全工作规程　发电厂和变电站电气部分》（GB 26860—2011），熟练准确做好操作结束工作 良：能根据操作任务，遵守《电力安全工作规程　发电厂和变电站电气部分》（GB 26860—2011），准确做好操作结束工作 差：做好操作结束工作不够准确		优□ 良□ 差□	
基本素质（20分）	团队合作（10分）	优：能熟练承担好监护人、操作人、值班长等职责，并相互配合 良：能完成监护人、操作人、值班长的工作 差：监护人、操作人、值班长的工作失职		优□ 良□ 差□	
	遵守规程（10分）	优：能完全遵守《电力安全工作规程　发电厂和变电站电气部分》（GB 26860—2011） 良：能遵守《电力安全工作规程　发电厂和变电站电气部分》（GB 26860—2011） 差：违反《电力安全工作规程　发电厂和变电站电气部分》（GB 26860—2011）		优□ 良□ 差□	
小组意见					
教师意见					
总成绩	优□ 良□ 差□	备注		总成绩 = 自评 ×0.2+ 组评 ×0.3+ 师评 ×0.5 各级权重：优 =1；良 =0.8；差 =0.5	

📖 **拓展阅读**

变电站智能机器人

变电站智能机器人可实现"巡检＋操作"双替代，运维人员可在班组驻地远程指挥智能机器人完成相关指令，实现"足不出户"巡视、操作双替代。智能机器人的应用不仅能帮助运维人员快速准确掌握变电站设备动态，降低因人员水平差异带来的巡视质量欠缺，并且与常规人工巡视操作相比，解放了大量的人力与时间成本，能较大程度地缓解日益凸显的"人站比"不足矛盾。

应用在 110kV 清和变电站智能操作机器人主要由立体视觉传感器、三驱动轮底盘、高精度六轴机械臂和多功能机械手等四大模块组成，可远程执行操作指令，代替人工完成"自主巡检＋智能操作"等一体化作业。只需要远程下发操作指令即可开展远程倒闸操作、保护装置操作、红外测温、局放检测等应用，相较以往的人工操作，效率提升 70% 以上，缓解"人站比"低的矛盾，也解决了部分偏远变电站的路程耗时较长的问题。辅助变电站深度挖掘各类机器人应用效能，进一步探索变电运维专业数字化与智能化，切实减轻一线班组工作压力。

📋 **自检自测**

按照《一带一路金砖国家技能发展与技术创新大赛智能供配电技术赛项》要求，完成高压断路器停电操作，拍摄操作视频。

1. 系统介绍

（1）系统主接线，系统一次接线图如图 4-1-4 所示。

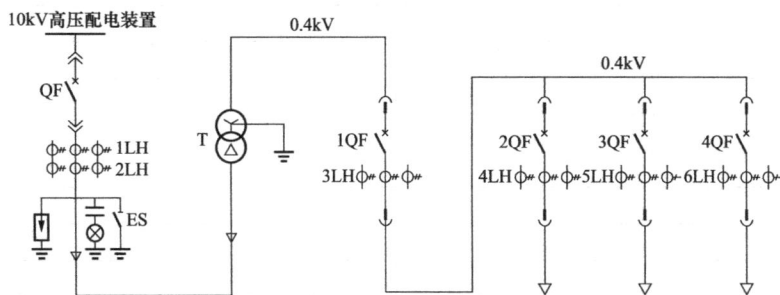

图 4-1-4　一次接线图

（2）运行方式。

10kV 采用单母线接线，0.4kV 采用单母线接线。

2.倒闸操作流程

（1）接受调度预令。

调度操作指令记录表见表4-1-5。注意：学生自行分配角色，值班负责人（值长）：王五；监护人：李四；操作人：张三。

参赛选手不能填写自己的真实姓名。

表4-1-5　　　　　　　　　　　　调度操作指令记录表

受令时间	发令人	操作任务	操作目的	受令人	监护人	操作人	票号	终了时间
	AA	将10kV高压配电装置运行转检修	断路器检修					

（2）填写倒闸操作票。

变电站倒闸操作票见表4-1-6。

1）操作票上的编号填写自己的工位号。

2）按照系统的运行方式及调令操作任务正确填写操作票。

注：操作票及工作票严禁出现涂改痕迹及错别字现象，如有此情况，按无票处理，对应项不得分，重新领票每次扣25分。

表4-1-6　　　　　　　　　　　　变电站倒闸操作票

单位：		编号：		
发令人：	受令人：		发令时间：	
操作开始时间：		操作结束时间：		
（√）监护下操作	（　）单人操作		（　）检修人员操作	
操作任务：110kV电培Ⅰ线开关及线路运行转检修				
顺序	操作项目		√	备注
备注：				

操作人：　　　　　　　　　监护人：　　　　　　　　　值班负责人（值长）：

3. 审查操作票并进行模拟预演

（1）模拟预演在监控计算机"倒闸操作模拟软件"上完成。五防模拟图如图4-1-5 所示。

（2）模拟预演完成后报告裁判，裁判同意后才可以领取五防钥匙。

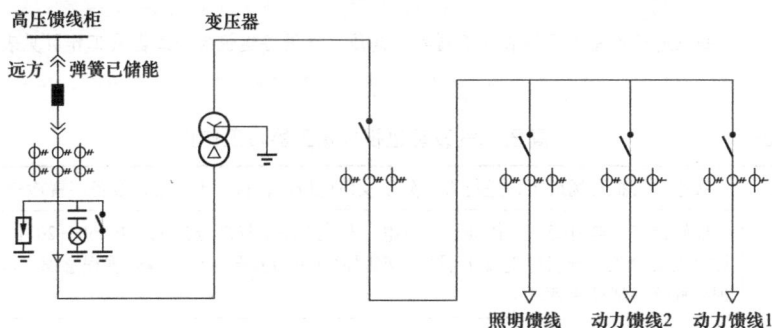

图 4-1-5　五防模拟图

4. 准备工器具

（1）领取工器具（检查工器具是否完好）；

（2）携带工器具进入工作现场（工作现场默认已经装设围栏，参赛选手无须自行架设）。

5. 接受正式调度令

完成审查操作票并进行模拟预演和准备工器具后，向裁判请示，由裁判下达正式调度令（无须复诵）。

6. 操作人在监护下逐项操作

要求监护人填写开始时间，操作前核对设备名称编号、唱票复诵等。

7. 操作完毕，汇报及记录

操作人在监护下逐项操作后，向值班负责人汇报操作完成，加盖"已执行"印章，汇报裁判操作完成并做好相关记录。

实践实拍

在虚拟仿真软件中练习 220kV××变电站 ××线282 开关由运行转检修的操作，将操作过程拍视频上传平台。

任务2 履行高压电气设备巡视检查安全措施

🔅 任务启化

> **做一做** ⚡ 准备高压电气设备巡视检查的工器具，高压电气设备巡视检查工器具工作页见表 4-2-1。

表 4-2-1　　　　高压电气设备巡视检查工器具工作页

工作内容	按小组模拟现场班组，进行人员分工及角色扮演，召开班前会，准备巡视检查工器具。
工作目标	能够遵守《电力安全工作规程　发电厂和变电站电气部分》（GB 26860—2011）的要求，做好人员分工，准备好巡视工器具。牢固树立电力安全意识、遵守规程意识。增强责任意识、杜绝习惯性违章。
工作准备	每个小组由 4~6 名学生组成，指定组长。由组长分配，分别指定学生负责安全监督、工作实施、数据记录等，组织学生轮换操作。
工作思考	（1）电气设备巡视检查的方法有哪些？ （2）电气设备巡视检查的安全工器具有哪些？
工作过程	（1）人员分工。 值班长： 巡视人： 监护人： 安全员： （2）巡视工器具。
总结反思	巡视过程中你是否严格遵守了《电力安全工作规程　发电厂和变电站电气部分》（GB 26860—2011）？是否有习惯性违章的苗头？如何杜绝电气设备巡视过程中的习惯性违章？
工作组成员	
工作点评	

二维码 4-2-1
知识锦囊

> **说一说** ⚡ 在高压电气设备巡视检查前，首先需要进行人员分工，准备好巡视工器具。如果你接到巡视检查任务，需要准备哪些工器具呢？你会使用巡视工器具吗？

任务描述

电气设备的巡视检查，可在事故发生前及时发现设备缺陷，清除事故隐患，预防各类电气安全事故的发生，是确保电气设备安全稳定运行的有效手段。运行人员严格遵守《电力安全工作规程　发电厂和变电站电气部分》（GB 26860—2011），用高度的责任感规范进行电气设备的巡视是电气运行人员必须具备的重要技能之一。本任务以电气值班员典型工作任务　电气设备巡视检查为载体，对标值班员证书要求介绍电气设备巡视检查的标准化作业流程。

任务目标

1. 素质目标

（1）牢固树立电力安全意识、遵守规程意识。

（2）增强责任意识、杜绝习惯性违章。

2. 知识目标

（1）熟练掌握电气设备巡视检查的方法。

（2）掌握电气设备巡视的安全要求、作业范围。

（3）熟悉缺陷上报流程。

3. 能力目标

（1）能准确做好巡视前准备。

（2）能严格按巡视路线、设备巡视卡认真、仔细地完成变电站电气设备巡视。

（3）会填写巡视记录、设备缺陷记录。

（4）能正确及时的进行缺陷上报。

任务资料

一、高压设备巡视的安全要求

（1）经本单位批准允许单独巡视高压设备的人员巡视高压设备时，不准进行其他工作，不准移开或越过遮栏。

（2）雷雨天气，需要巡视室外高压设备时，应穿绝缘靴，并不准靠近避雷器和避雷针。

（3）地震、台风、洪水、泥石流等灾害发生时，禁止巡视灾害现场。灾害发生后，如需要对设备进行巡视时，应制定必要的安全措施，得到设备运维管理单位批准，并至少两人一组，巡视人员应与派出部门之间保持通信联络。

（4）高压设备发生接地时，室内人员应距离故障点 4m 以外，室外人员应距离故障 8m 以外。进入上述范围人员应穿绝缘靴，接触设备的外壳和构架时，应戴绝缘手套。

（5）巡视室内设备，应随手关门。

（6）高压室的钥匙至少应有 3 把，由运维人员负责保管，按值移交。1 把专供紧急时使用，1 把专供运维人员使用，其他可以借给经批准的巡视高压设备人员和经批准的检修、施工队伍的工作负责人使用，但应登记签名，巡视或当日工作结束后交还。

二、巡视类型

电气设备的巡视分为正常巡视、夜间巡视、设备特巡、会诊性巡视和监督性巡视。

（1）正常巡视：值班运行人员的正常巡视是指按设备巡视周期对所辖值班变电站设备进行全面巡视。500kV 有人值班变电站，每天交接班时巡视变电站设备；220kV 无人值班变电站，每两天巡视一次变电站设备；110kV 无人值班变电站，每四天巡视一次变电站设备；35kV 无人值班变电站，每六天巡视一次电站设备。

（2）夜间巡视：巡视的内容是检查设备有无电晕、放电现象，有无异常声响，接头有无过热。500kV 有人值班变电站和 220kV 无人值班变电站，每周夜间巡视一次，110、35kV 无人值班变电站，每半月夜间巡视一次。

（3）设备特巡：遇有以下情况，必须对有人值班变电站和无人值班变电站设备进行特巡，并制定出跟踪措施，再根据现场发展情况缩短巡视周期。

1）大风前后的巡视：

大风前巡视：重点查各端子箱、机构箱门及建筑物门窗是否关好、工程物资材料是否摆放至安全位置、包装物及其他易飞物是否清理、施工人员是否撤离现场、安全围网及其他的临时安全措施是否已全部拆除或加固、变电站周边及建筑物上是否有漂浮物。尤其是正在施工的变电站与地处沿海及风口的变电站应加强对建筑物上的遮阳、挡雨物的检查和加固工作。

大风后巡视：检查安装在构架上的照明灯具及电缆是否有脱落造成事故的隐患；查构架式避雷针、独立避雷针是否有倾斜倒塌的危险；查水泥构支架是否出现纵向裂纹及水泥脱落的现象；查户外设备上有无飞扬物、易挂物等杂物，导线风偏、晃动情况，接头有无异常，标示牌及消防沙池有无松动等。

2）雷雨后的巡视：雷（暴）雨前后应巡视检查绝缘子、套管有无闪络痕迹；查避雷器泄漏电流及动作次数并做好记录；查各设备端子箱、机构箱的密封情况及建筑物的渗水情况；查地下室、电缆沟、电缆隧道等是否有积水或排水情况。地处山坡地的变电站，还应对山坡地的护坡、排水沟渠等防洪设施进行检查，防止山体滑坡。

3）冰雪、冰雹、雾天的巡视：冰雪、冰雹、雾天巡视重点检查设备瓷质绝缘部分的污秽程度，有无放电、电晕等现象。

4）新设备投入运行后的巡视：新设备投运后的巡视，主要检查投运设备有无异常声音，变压器冷却系统运转是否正常，接点有无发热，压力有无泄漏或渗漏油等。

5）设备经过检修、改造或长期停运后重新投入运行后的巡视；设备经过检修、改造或长期停运后重新投运后的巡视，主要检查投运设备有无异常声音，变压器冷却系统运转是否正常，接点有无发热，压力有无泄漏或渗漏油等。

6）异常情况下的巡视主要是指设备缺陷近期有发展的、过负荷或负荷剧增超过规定温度、设备发热或设备存有紧急缺陷、断路器跳闸、电力系统有接地故障等情况，应加强巡视，必要时，应派专人监视。

7）法定节假日期间、或有重要保电任务时，应加强巡视次数。

8）防鸟害巡视：鸟害高峰季节重点巡视检查刀闸倒挂瓷瓶构架、有引线跨条构架、母线构架以及已拆除鸟巢所在位置等部位有无鸟巢、杂物等，防鸟害设施（如封堵、驱鸟器等）是否完好。

（4）会诊性巡视：会诊性巡视是指对无人值班变电站存在的设备缺陷进行核对性检查，掌握设备缺陷的变化情况，并根据现场运行情况和设备缺陷发展情况及时变更缺陷性质。会诊性巡视应由操作队队长或副队长组织，技术专责、两名及以上运行正值班人员参加，每月一次对无人值班变电站的设备缺陷进行核对性检查。

（5）监督性巡视：变电运行管理人员要定期对变电站的设备进行监督性巡视。巡视周期为：500kV 有人值班变电站和 220kV 无人值班变电站每月巡视一次，110kV 无人值班变电站每两个月巡视一次，35kV 无人值班变电站每季巡视一次。如果在一个无人值班变电站内的同一天遇有正常巡视、夜间巡视、设备特巡或会诊性巡视时，可合成一次进行巡视，不必重复巡视。

三、变电站设备巡视工作流程

各变电站遵循《电气设备巡视检查制度》，结合本站情况制定巡视计划。电气设备巡视前，工作负责人分配巡视任务，巡视人员做好巡视准备。巡视时巡视人员按照巡视路线进行巡视，巡视过程中如果发现缺陷，应按缺陷处理流程进行处理。巡视结束后，巡视人员填写，做好巡视后的记录整理。将资料归档后巡视结束。巡视流程图如图 4-2-1 所示。

```
        ┌─────────┐
        │  开始   │
        └────┬────┘
             │
        ┌────┴─────┐
        │制定巡视计划│
        └────┬─────┘
             │
        ┌────┴─────┐
        │分配巡视任务│
        └────┬─────┘
             │
        ┌────┴─────┐
        │ 按巡视路线 │
        │  进行巡视 │
        └────┬─────┘
             │
          ╱──┴──╲        是    ┌──────────┐
         ╱设备缺陷 ╲──────────→│ 进入设备缺陷│
         ╲       ╱            │  上报流程 │
          ╲──┬──╱             └────┬─────┘
             │否                    │
        ┌────┴─────┐               │
        │填写巡视记录│←──────────────┘
        └────┬─────┘
             │
        ┌────┴─────┐
        │ 资料归档 │
        └────┬─────┘
             │
        ┌────┴────┐
        │  结束   │
        └─────────┘
```

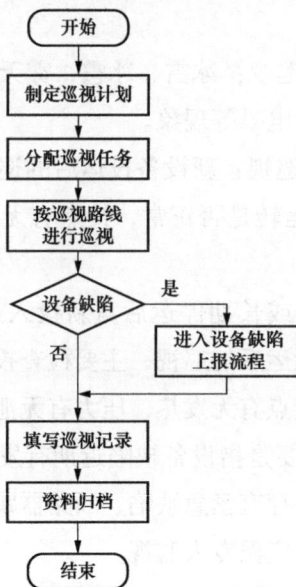

图 4-2-1 变电站电气设备巡视工作流程图

⚙ **任务实施**

操作任务：对 110kV×× 变电站进行电气设备巡视。110kV×× 变电站电气主接线如图 4-2-2 所示，巡视路线如图 4-2-3 所示。

一、巡视前的准备

1. 人员要求

作业人员具备必要的电气知识，熟悉电气设备，持有专业资格证书（值班员证）；经年度《电力安全工作规程　发电厂和变电站电气部分》（GB 26860—2011）考试合格；人员精神状态正常，无妨碍工作的病症，着装符合要求，巡视人员必须穿好运行工作服，穿好绝缘靴，戴好安全帽，女同志应把头发盘在安全帽内。

2. 危险点分析及安全防范措施

危险点及防范措施见表 4-2-2。

表 4-2-2　　　　　　　　　　　　危险点及防范措施

序号	危险点	防范措施
1	误碰、误动、误登运行设备	巡视检查时应与带电设备保持足够的安全距离，10kV，0.7m；35kV，1m；110kV，1.5m；220kV，3m
2	擅自打开设备网门，擅自移动临时安全围栏。擅自跨越设备固定围栏	巡视检查时，不得进行其他工作（严禁进行电气工作），不得移开或越过遮栏
3	发现缺陷及异常单人处理	严禁单人巡视时进行其他工作，发现异常或缺陷立即汇报，按照处理流程进行处理，不得擅自处理
4	发现缺陷及异常时，未及时汇报	随时带好照相机、通信设备（一般是对讲机），第一时间保留缺陷及异常图片，并及时电话汇报当值值班负责人采取相应措施
5	擅自改变检修设备状态，变更工作地点安全措施	严禁擅自变更工作票所列的安全措施，进行与巡视无关的工作
6	登高检查设备，如登上开关机构平台检查设备时，感应电造成人员失去平衡，或护栏腐蚀承载力不够，造成人员碰伤、摔伤	保持足够的安全距离，严禁倚靠护栏、跑动及挥手
7	检查设备气泵，油泵等部件时，电机突然启动，转动装置伤人	不得触及设备油泵电动机等部件
8	高压设备发生接地时，保持距离不够，造成人员伤害	高压设备发生接地时，室内不得接近故障点 4m 以内，室外不得靠近故障点 8m 以内，进入上述范围人员必须穿绝缘鞋。接触设备的外壳和构架时，必须戴绝缘手套
9	夜间巡视，造成人员碰伤、摔伤，踩空	夜间巡视，尽量保证两人进行，及时开启设备区照明，带好照明工具（应急灯），标识牌采用反光镀膜，有条件者还可在巡视路线上采用反光镀膜

序号	危险点	防范措施
10	开、关设备门，振动过大，造成设备误动作	开、关设备门应小心谨慎，防止过大振动，开、关异常时严禁强行操作
11	随意动用设备闭锁万能钥匙	解锁钥匙的使用应严格按照五防锁匙使用管理有关规定执行
12	在继电室使用移动通信工具，造成保护误动	进入保护室严禁携带未关闭的无线电通信工具
13	特殊天气未按规定戴安全防护用具	变电站配备合格、齐备的安全防护用具，进行特殊巡视前由值班负责人做好危险点分析及预控措施
14	雷雨天气，靠近避雷器和避雷针，造成人员伤亡	雷电天气严禁户外使用无线电通信，严禁靠近避雷针和避雷线等防雷设备，穿好绝缘靴
15	进出高压室，未随手关门，造成小动物进入	巡视高压室，进、出随手将门锁好
16	不戴安全帽，不按规定着装。在突发事件时失去保护	严禁着装不规范上岗作业，进入设备区必须戴好安全帽
17	未按照巡视线路巡视，造成巡视不到位，漏巡视	根据现场实际制定巡视指导书，严格按照巡视线路、巡视卡巡视
18	使用不合格的安全工器具	安全工器具应定期送检、每月检查一次。使用前对安全工器具逐项逐条检查确认
19	生产现场安全措施不规范，如警告标示不齐全，孔洞封锁不良，带电设备隔离不符合要求，易造成人员伤害	严格执行"安全文明监督岗"职责，审查及督促现场安全交底措施与工作票所列要求时刻相符合，做好现场安全交底
20	人员身体状况不适，思想波动，造成巡视质量不高或发生人身伤害	值班负责人在布置巡视前，应对巡视人员的精神面貌、身体状态负直接责任

3. 巡视工器具

巡视工器具表见表 4-2-3。

表 4-2-3　　　　　　　　　　　巡视工器具

序号	工器具名称	使用数量	试用前检查内容
1	安全帽	1 个 /1 人	齐全、完好、无过期
2	绝缘靴	1 双 /1 人	外观无毛刺、无破损现象，标签合格证齐全完好，在有效试验范围之内，绝缘靴底部无黄色橡胶外露，靴内部无受潮现象
3	望远镜	1 副	完好无破损
4	测温仪或红外成像仪	1 台	电池充满电，开机测试正常
5	应急灯	1 个	电池充满电，开机测试正常
6	钥匙	1 套	齐全，无遗漏
7	护目镜	1 副	完好，镜片无破裂
8	数码相机	1 个	电池充满电，开机测试正常

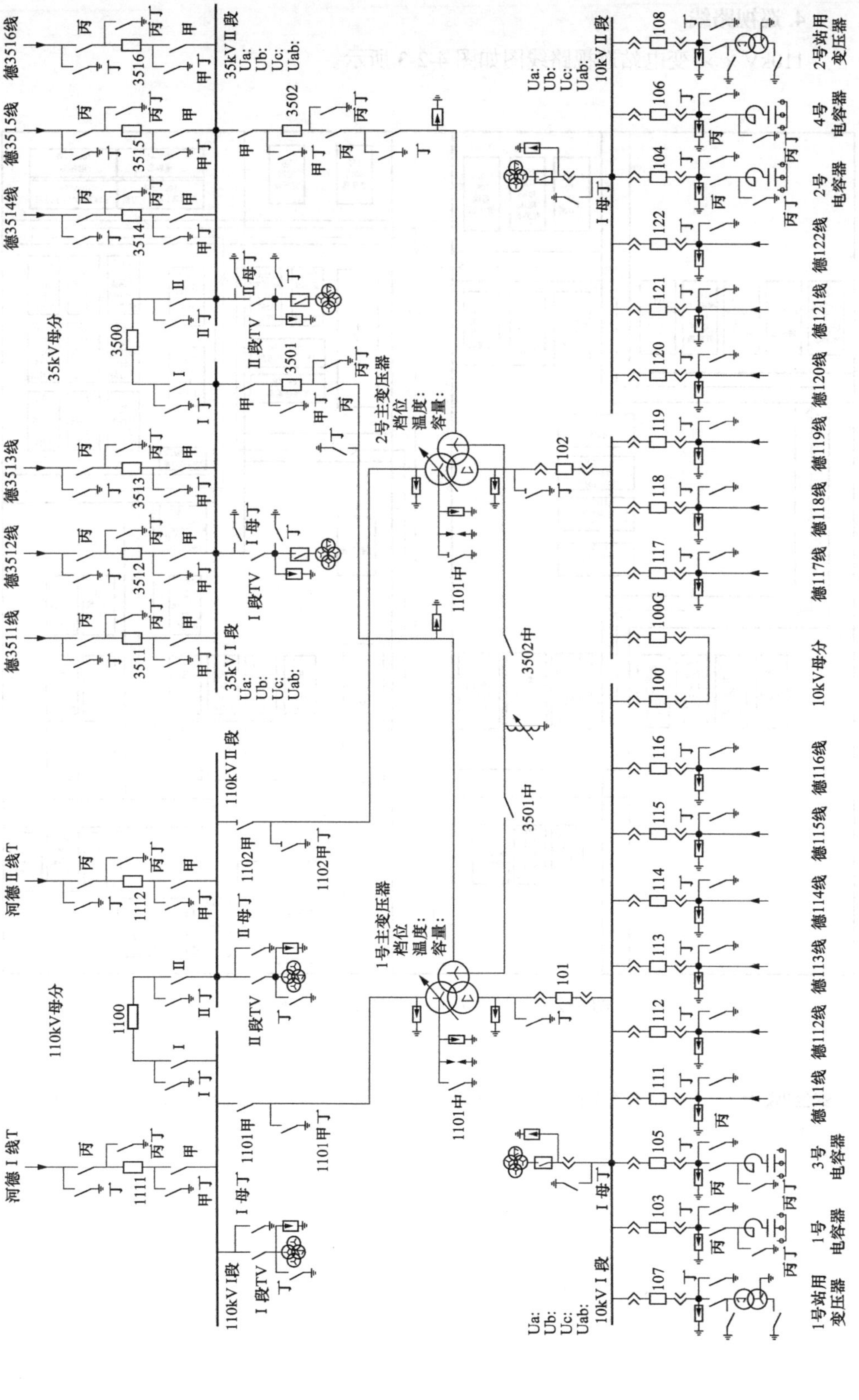

图 4-2-2 110kV×× 变电站电气主接线图

4. 巡视路线

110kV××变电站巡视路线图如图 4-2-3 所示。

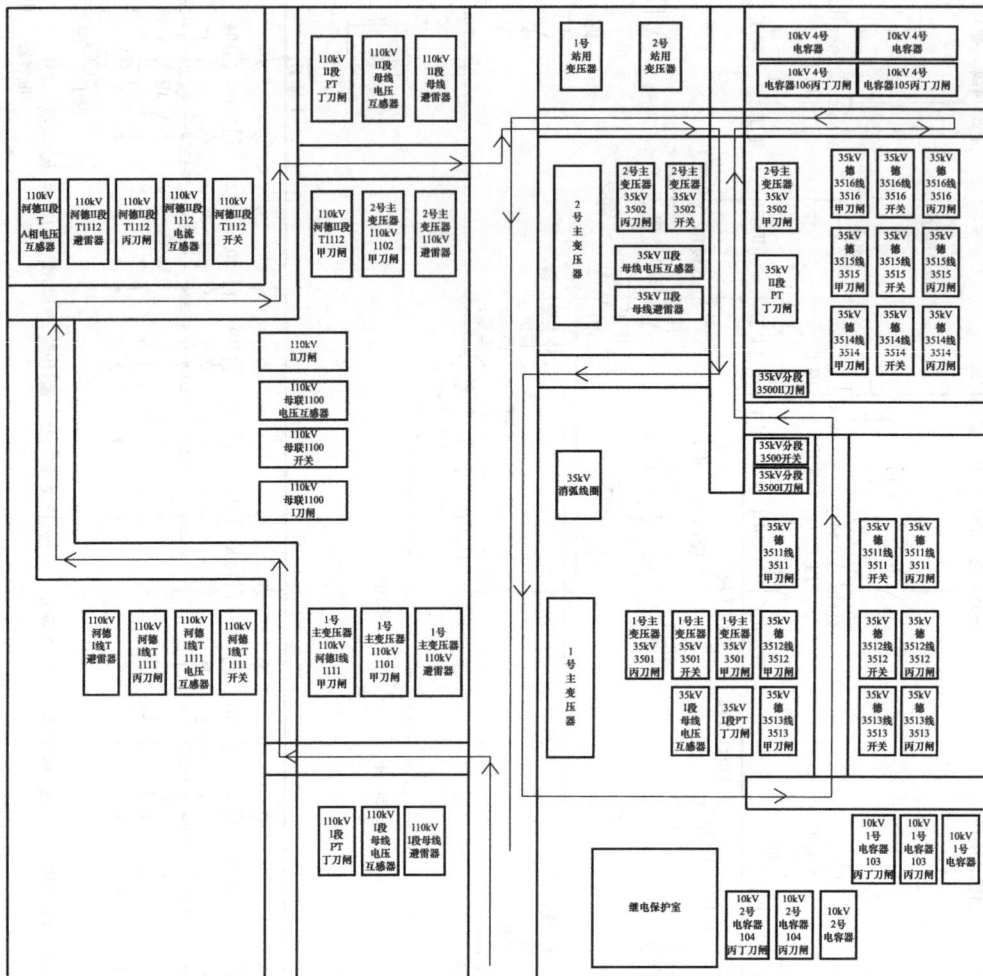

图 4-2-3 110kV××变电站巡视路线图

> **安全小贴士** ⚡ 变电站电气设备巡视必须按照该变电站的巡视路线进行巡视，以免发生漏巡或触电事故。

5. 巡视前准备情况检查（见表 4-2-4）

表 4-2-4　　　　　　　　　　巡视前准备情况检查记录表

1. 出发前准备	人员	人员资质、职业禁忌、身体状况、精神状况满足工作要求	确认（　）
	仪器工具	巡视用钥匙、对讲机	确认（　）
	技术资料	无	确认（　）
	防护用品	棉质工作服、安全帽	确认（　）
2. 进场前准备	个人防护用品	检查个人防护用品正确佩戴	确认（　）
	工器具	检查所带工器具齐全、完好、功能正常	确认（　）
3. 工作、安全技术交底		（1）负责人向工作班成员交代工作任务、分工安排、工作范围、安全措施 （2）雷雨天气禁止靠近避雷针、避雷器	确认（　）
	应急事项	（1）发生人员坠落、人员触电、中暑等严重威胁生命的情况时，立即向当值调度和本部门领导、安全监督人员报告并将人员转移到安全地点，并进行急救，同时打 120 电话联系医院派救护车前来救援 （2）发生碰伤、扭伤等较轻微且不危及生命的伤病时，先暂停工作进行紧急处理，再视伤病严重程度考虑是否送院治疗 （3）发生误碰设备跳闸事故时，应立即停止工作，保障人员安全，同时向相关部门如实报告情况，保持现场接受调查	确认（　）
4. 风险评估	风险	控制措施	交底确认
	无	无	确认（　）
	注：可接受风险和部分通过审查的低风险通过培训等形式落实措施，不再列入作业指导书		
	序号	现场评估后补充风险 　　　临时应对措施	交底确认
	1		确认（　）
	2		确认（　）

二、巡视记录

做一做 ⚡ 常见电气设备巡视标准及巡视记录填写。

安全小贴士 ⚡ 电气设备巡视时，巡视人员必须保持高度的责任心及敏锐的观察力，才能确保电气设备安全、稳定运行，从而保证电网的安全稳定。

1. 常见设备巡视检查内容及标准

常见电气设备巡视内容及标准见表 4-2-5。

表 4-2-5　　　　　　　　　常见电气设备巡视内容及巡视标准

设备名称	序号	巡视内容	巡视标准
主变压器	1	变压器本体	变压器本体无鼓胀变形现象，外表整洁，无油漆脱落现象。油色、油位正常，油位与油温对应关系正常。运行温度未越限。无异常声音及震动，正常运行时为均匀的"嗡嗡"声。每个阀门、表计、法兰连接处以及焊缝等无渗漏油现象。呼吸器硅胶颜色，油封内的油位、油色正常。各温度计指示温度应正常一致。压力释放器完好，变压器全部电气试验合格
	2	三侧套管	（1）检查充油套管内油色、油位正常，无渗漏 （2）套管清洁，无损坏裂纹和放电声音及痕迹 （3）套管上灰尘污染无明显变化 （4）引线接头无异常和明显发热现象，连接金具无变形 （5）螺丝无松脱和连接无断股损伤
	3	冷却装置	（1）冷却器阀门和、散热器和油漆等处无渗漏，油表指示正常 （2）变压器冷却箱信号指示灯、控制断路器位置运行正常，冷却装置电源完好 （3）变压器冷却器（包括油泵和风扇）运行正常，工作、辅助、备用、停止各组冷却器均按控制方式运行 （4）变压器油流指示正常，油泵和阀门运行正常 （5）冷却器全停跳闸按时间传动正常
	4	压力释放装置	无损坏、渗漏现象，信号指示器无动作，无喷油痕迹
	5	瓦斯继电器	（1）无渗漏、内部应充满油，集气盒无气体 （2）瓦斯继电器防雨措施完好，防雨罩牢固 （3）瓦斯继电器的引出二次电缆应无油迹和腐蚀现象，无松脱
	6	有载调压装置	（1）油枕油位正常，油温与油位对应关系正常 （2）调压装置机构箱的调压装置指示与主控室指示相同，三相位置指示一致 （3）操作员站上变压器调压位置指示器，指示位置正常
	7	呼吸器	（1）硅胶颜色无受潮变色，如硅胶变为红色，且变色部分超过2/3，应更换硅胶 （2）呼吸器外部无油迹。油杯完好，油位正常
	8	变压器四周	无易被风刮起的异物，周围无异常，标示齐全，箱门关好
	9	法兰	应无裂缝和严重腐蚀
	10	带电滤油装置	（1）管路阀门开、闭位置正确 （2）自动滤油装置按规定投入运行，正常应投"自动定时"滤油位置 （3）运行状态指示电源指示正常，压力表指示正常 （4）工作状态监测，若正在滤油工作，检查油中气泡
	11	主变端子箱、风冷控制箱	（1）箱体内清洁，箱门关闭严密 （2）检查电压指示灯亮，各运行冷却器指示灯亮 （3）空气开关投入正确，无发热现象和异常响声 （4）电源开关投入运行位置 （5）箱内各继电器运行正常 （6）箱内继电器，照明均正常 （7）箱内接线无松动、无脱落、无发热痕迹 （8）孔洞封堵严密

续表

设备名称	序号	巡视内容	巡视标准
主变压器	12	中性点隔离开关	（1）触头：应接触良好，不偏斜、不振动、不打火、触头不污脏、不发热、弹簧和软线不疲劳、不锈蚀、不断裂 （2）瓷套：应清洁，无放电现象，无裂纹、不破损 （3）拉开断口：拉开断口的空间距离应符合规定 （4）闭锁装置：机构连锁、闭锁装置良好，连动切换辅助触点位置应正确，接触良好 （5）隔离开关：转轴、齿轮、框架、连杆、拐臂、十字头、销子等零部件应无开焊、变形 （6）操作箱：密封应良好，不漏油，不进潮。加热器正常；基础应良好，无损伤、下沉和倾斜 （7）接地刀闸操作灵性，远方、就地操作正常
隔离开关	1	隔离开关标识牌	名称标注齐全，完好，符合国标
	2	触头	应接触良好，不偏斜、不振动、不打火、触头不污脏、不发热、弹簧和软线不疲劳、不锈蚀、不断裂
	3	瓷套	应清洁，无放电现象，无裂纹，不破损
	4	导线、线夹	导线无断股，雨雪天气导线、线夹主导流接触部位无积雪融水蒸气现象
	5	拉开断口	拉开断口的空间距离应符合规定
	6	机构连锁、闭锁装置	机构连锁、闭锁装置应良好，连动切换辅助触点位置应正确，接触良好
	7	转动机构	转轴、齿轮、框架、连杆、拐臂、十字头、销子等零部件应无开焊、变形
	8	接地刀闸	正常情况下在"分"的位置，闭锁良好，有助力弹簧者无断股现象
	9	操作机构	（1）查摇把插孔无异物，转动机构正常 （2）防误闭锁装置锁好，闭锁可靠 （3）机械联锁装置应完整可靠 （4）机构箱门关闭严密
	10	基础	应良好，无损伤，下沉和倾斜
SF₆断路器（液压操作机构）	1	断路器的提示牌	A、B、C 三相名称标注齐全，完好，符合国标
	2	断路器的位置	分合闸位置与实际运行方式相符，巡视时记录实际位置
	3	SF₆气体密度表	额定值 $<P<$ 报警值，巡视时记录实际位置
	4	瓷套、瓷柱	无损伤、无裂纹，无放电闪络和严重污染
	5	金具连接点和接头	无过热及变色发红现象，金具无异常

设备名称	序号	巡视内容	巡视标准
SF₆断路器（液压操作机构）	6	断路器引线	无断股、烧伤痕迹
	7	液压机构压力表	检查液压机构压力表指示与行程杆微动开关相对应，压力表指示应在额定工作范围内
	8	操作机构油箱位、油色	开关操作机构油箱油位不超过油位线正常范围，油色正常
	9	机构箱机构管路及连接处	管路及连接处无渗、漏油
	10	机构油泵、油泵电源、电机	油泵电源、电机工作正常，油泵无渗、漏油
	11	机构箱	箱门关闭良好，箱内无积水，干燥清洁无杂物，箱内无异味
	12	端子箱	箱内端子连接良好，无锈蚀和严重受潮现象，小空开无自动跳闸，箱内无异味
	13	机构箱内加热器	按季节和要求正确投退
	14	基础	应良好，无损伤、下沉和倾斜
	15	接地	完好
电流互感器系列	1	油位、油色、压力值	（1）油位油色应正常，无异常气味，外表应清洁，无渗漏现象 （2）气体压力值正常
	2	瓷套	瓷质部分应清洁完整，无放电现象，无裂纹，无破损
	3	声音	内部无放电声音和其他异声，异味
	4	本体、二次接线盒、放油阀	（1）放油阀关闭严密，无漏油 （2）二次接线盒无油渣 （3）无异常声响 （4）外壳及二次回路接地应良好
	5	接地	接地应良好，各部件应牢固无松动，过热现象
电压互感器系列	1	瓷套	瓷质部分应清洁、完整、无放电现象，无裂纹，不破损
	2	导线、接头	检查导线无断股，接头是否发热，螺丝是否松动
	3	器身	安装应牢固，不准摇摆，器身上不应有异物，构架应牢固
	4	声音	内部应无放电声和其他异声、异味
	5	接地	接地应良好，各部件连接应牢固，无松动、过热现象
	6	基础	应良好，无损伤、下沉和倾斜

续表

设备名称	序号	巡视内容	巡视标准
电压互感器系列	7	表计	表计指示应正常，无异常信号
	8	二次空开	接触良好，无断路、短路及异声
	9	油位、压力值	（1）油位正常 （2）气体压力值正常
电容器	1	声音	无异音
	2	瓷瓶	检查瓷绝缘有无破损、裂纹、放电痕迹，表面是否清洁
	3	引线	母线及引线是否过紧或过松，设备连接处有无松动、过热
	4	外形	设备外表涂漆是否变色，变形，外壳无鼓肚、膨胀变形，接缝无开裂、渗漏油现象，内部无异声。外壳温度不超过 50℃，基础安装牢固，外壳接地良好
	5	接头	电容器编号正确，各接头无发热现象
	6	辅助设施	熔断器、放电回路完好，接地装置、放电回路是否完好，接地引线有无严重锈蚀、断股。熔断器、放电回路及指示灯是否完好，放电线圈正常无破损，漏油，放电痕迹
	7	电抗器	电抗器附近磁性杂物存在；油漆无脱落、线圈无变形；无放电及焦味；油电抗器应无渗漏油
	8	本体	油色油位正常，硅胶无受潮变色，本体无渗漏
	9	允许工作环境	电容器在允许的电压下运行，三相电流及无功平衡
避雷器	1	动作计数器	动作指数正常每月 15 日抄记一次，雷雨后及时记录
	2	传导电流表	显示传导电流值正常，每月抄记一次，雷雨后及时记录
	3	瓷套	瓷质部分应清洁、完整，无放电现象，无裂纹，不破损
	4	导线、接头	检查导线有无断股，接头是否发热，螺丝是否松动
	5	器身	安装应牢固，不准摇摆，器身上不应有异物，构架应牢固
	6	声音	内部应无放电声和其他异声、异味
	7	接地	接地应良好，各部件连接应牢固，无松动、过热现象
	8	基础	应良好，无损伤、下沉和倾斜
阻波器	1	导线、接头	检查导线有无断股，接头是否发热，螺丝是否松动
	2	器身	安装应牢固，不准摇摆，器身上不应有异物，构架应牢固
	3	绝缘子	上部与导线间的绝缘子应清洁，销子、螺丝应紧固
	4	支持绝缘子	应牢固，清洁，无裂纹，无闪络痕迹及破损，底架接地应良好

二维码 4-2-2
垂直断口隔离开关巡视与检查（动画）

二维码 4-2-3
SF₆ 断路器巡视检查（动画）

二维码 4-2-4
变压器巡视检查（动画）

2. 巡视检查记录填写说明

（1）值班运行人员每次巡视变电站设备时应对照巡视检查记录逐项填写，认真签名，不得代签名。

（2）"巡视类别"栏应填写正常巡视、特殊性巡视、夜间巡视、会诊性巡视检查、监督性巡视检查等。

（3）值班运行人员每次巡视变电站设备时应在巡视检查记录"开始时间"栏填写巡视变电站设备的开始时间，开始时间填写年、月、日、时、分，"结束时间"栏填写巡视变电站设备的结束时间，结束时间填写年、月、日、时、分。"巡视人员"栏填写变电站实际巡视设备的值班运行人员，"变电站名称"栏填写巡视变电站名称。

（4）巡视检查情况正常时在相应"巡视项目"栏内打"√"，异常时在相应"巡视项目"栏内打"×"。在备注栏内填写异常情况。

（5）"备注"栏内可填写：巡视发现的异常、缺陷等情况，未按正常巡视时间巡视的原因及提醒下次巡视时应特别注意的情况等。

（6）巡视检查记录为选项填写，未填项为空白或未发生。

（7）巡视检查记录要用钢笔或签字笔填写，字迹工整，清楚正确。不准在记录上乱涂、乱画。

（8）巡视作业卡填写完毕后，应整理存档，并至少保存1年。

做一做 ⚡ 将巡视结果记入《变电站设备巡视检查记录表》。

严格按照巡视路线，认真仔细地逐个对电气设备进行巡视，认真填写变电设备全面巡视作业卡（见表4-2-6）。

表4-2-6　　　　　　　　　220kV××变电站巡视作业卡

巡视开始时间：2023-06-30 08:30				巡视结束时间：2023-06-30 08:30		
序号	巡视类别	巡视项目	当时天气	巡视情况	异常问题现象描述及处理记录	巡视人（签字）
1	正常巡视	1号主变压器	晴	√		李××
2	正常巡视	100kV设备	晴	×	220kV××线282开关操动机构箱关闭不严，已做记录并汇报	李××
3	正常巡视	35kV设备	晴	√		李××
4	正常巡视	10kV设备	晴	√		李××

值长审核签字：　　　　　　　　　　　　　　日期：

第　页　共　页

注：巡视检查项目要求符合运行规程标准。

三、缺陷上报

说一说 ✦ 设备缺陷记录填写及缺陷处理要求。

1. 设备缺陷记录填写

（1）运行值班人员发现变电设备缺陷后应立即汇报，由当值值班负责人、现场运行值班人员或检修人员定性后，汇报人将缺陷情况填入设备缺陷记录中。发现人栏填写发现变电设备缺陷的运行值班人员。

（2）检修人员发现变电设备缺陷后应立即汇报，由检修班班长定性后告知当值变电运行值班人员，运行值班人员将缺陷情况填入设备缺陷记录中，"发现人"栏域写发现变电设备缺陷的检修人员。

（3）运行监控人员发现变电设备缺陷后应立即汇报，由监控班班长定性后告知当值变电运行值班人员，运行值班人员将缺陷情况填入设备缺陷记录中，"发现人"栏填写发现变电设备缺陷的监控人员。

（4）变电设备缺陷内容填写应准确，应写明缺陷的部位、缺陷的程度及有关数据，并写明发现人、汇报人、接收人和发现缺陷的日期。

（5）变电设备缺陷类别分为一般缺陷、严重缺陷、危急缺陷三类。

（6）变电设备缺陷发生变化应及时在记录中进行更正。

（7）变电设备缺陷消除后应及时在设备缺陷记录中注销。由变电运行人员在设备缺陷记录中填写消除人、验收人姓名，并填写消除日期（年、月、日）。

（8）设备缺陷记录以变电站为单位分页填写。

（9）变电设备缺陷定义。

危急缺陷：设备或建筑物发生了直接威胁安全运行并需立即处理的缺陷，否则，随时可能造成设备损坏、人身伤亡、大面积停电、火灾等事故。

严重缺陷：对人身或设备有严重威胁，暂时尚能坚持运行但需尽快处理的缺陷。

一般缺陷：除了危急、严重缺陷以外的设备缺陷，性质一般，情况较轻，对安全运行影响不大的缺陷。

（10）变电设备缺陷的范围有变电站一次设备、变电站二次设备、变电站防雷设施、过电压保护装置及接地装置、导线、母线及绝缘子、变电设备架构及其附件，架构基础、电缆及电缆沟、变电站房屋建筑及室内外照明、取暖装置，给水、排水系统，通风设备、综合自动化监控系统、调度自动化主站及分站设备、通信设备、远动及其辅助设备、计量装置及其辅助设备、防止电气误操作闭锁装置等。

（11）变电设备缺陷消除周期：危急缺陷消除时间，从发现缺陷至消除缺陷不超过 24 h。严重缺陷消除时间，从发现缺陷至消除缺陷不超过 7 天。对于不需停电处理的一般缺陷，从发现缺陷至消除缺陷不超过 3 个月。对于需要停电消除的一般缺陷，从发现缺陷至消除缺陷不超过 6 个月。

2. 设备缺陷的处理要求

（1）危急缺陷的消除时限依据变电设备缺陷情况而定，但不应超过 24 h。

（2）严重缺陷的消除时限不超过一个周。

（3）一般缺陷的消除时限不超过半年。

（4）值班运行人员应督促检修人员及时进行设备缺陷的消缺。

（5）设备缺陷未消除前，运行人员应加强设备缺陷的跟踪巡视检查，掌握设备缺陷的发展状况，保证设备的安全运行发展，及时更改设备缺陷的等级，并及时汇报调度值班员及工区有关人员。

做一做 ⚡ 设备缺陷记录。

220kV×× 变电站设备缺陷记录见表 4-2-7。

表 4-2-7 设备缺陷记录

变电站名称：220kV×× 变电站

发现时间	发现人	设备缺陷内容	缺陷类型	汇报人	接收人	消除日期	消除人	验收人
2023.03.12	××	2 号主变油枕看不到变压器油	危急	××	××	2023.03.12	××	××
2023.05.15	××	1 号主变本体呼吸器硅胶罐破裂	重大	××	××	2023.05.15	××	××
2023.06.02	××	1 号主变本体端子箱锈蚀严重	一般	××	××	2023.06.02	××	××

说一说 ⚡ 设备缺陷报送处理。

运行人员发现设备缺陷后，应根据设备缺陷的象征和参数变化进行综合判断来确定设备缺陷的等级，并在当值时间内将系统将设备缺陷上报、流转。并记入"设备缺陷记录簿"中。对危急、严重缺陷应及时汇报调度值班员及工区有关人员缺陷内容，现场状况。对一般缺陷可在次日向工区汇报工作情况时一并汇报。

任务评价

高压电气设备巡视检查成果评价表见表 4-2-8。

表 4-2-8　　　　　　　　　　高压电气设备巡视检查成果评价表

评价项目	评价内容	评价标准	评价等级		
			自评	组评	师评
资料准备（10分）	资料准备（10分）	优：能根据任务，熟练查找专业网站和专业书籍，咨询资深专业人士，获取需要的较全面的专业资料 良：能根据任务，查找专业网站或专业书籍，或通过资深专业人士，获取需要的部分专业资料 差：没有查找专业资料或资料极少	优□ 良□ 差□	优□ 良□ 差□	优□ 良□ 差□
实际操作（70分）	巡视前准备（20分）	优：能根据操作任务，遵守《电力安全工作规程》《电气设备标准化巡视流程》，熟练准确做好巡视前准备 良：能根据操作任务，遵守《电力安全工作规程》《电气设备标准化巡视流程》，准确做好巡视前准备 差：巡视前准备不够充分	优□ 良□ 差□	优□ 良□ 差□	优□ 良□ 差□
	巡视记录（20分）	优：能根据操作任务，遵守《电力安全工作规程》《电气设备标准化巡视流程》，熟练准确进行巡视记录 良：能根据操作任务，遵守《电力安全工作规程》《电气设备标准化巡视流程》，准确进行巡视记录 差：巡视记录不够准确	优□ 良□ 差□	优□ 良□ 差□	优□ 良□ 差□
	缺陷上报（30分）	优：能根据操作任务，遵守《电力安全工作规程》《电气设备标准化巡视流程》，熟练、准确、规范进行缺陷上报 良：能根据操作任务，遵守《电力安全工作规程》《电气设备标准化巡视流程》，准确、规范进行缺陷上报 差：进行缺陷上报不够规范	优□ 良□ 差□	优□ 良□ 差□	优□ 良□ 差□
基本素质（20分）	责任担当（10分）	优：能熟练承担好监护人、巡视人、值班长等职责 良：能完成监护人、巡视人、值班长的工作 差：监护人、巡视人、值班长的工作失职	优□ 良□ 差□	优□ 良□ 差□	优□ 良□ 差□
	遵守规程（10分）	优：能完全遵守《电力安全工作规程》《电气设备标准化巡视流程》。无习惯性违章苗头 良：能遵守《电力安全工作规程》《电气设备标准化巡视流程》。有习惯性违章苗头，但能及时发现并改正 差：违反《电力安全工作规程》《电气设备标准化巡视流程》。有习惯性违章	优□ 良□ 差□	优□ 良□ 差□	优□ 良□ 差□
小组意见					
教师意见					
总成绩	优□ 良□ 差□	备注	总成绩 = 自评 ×0.2+ 组评 ×0.3+ 师评 ×0.5 各级权重：优 =1；良 =0.8；差 =0.5		

💡 **拓展阅读**

电网"医生"——冯新岩

"实际上这里边正常的是第Ⅲ段。第Ⅲ段这个声音比较复杂，它里边有一个'嗡嗡'的声音，那是变压器正常运行的时候振动发出来的一个声音，同时还有一个'嘶嘶'的声音，那是变压器的引线在外表空气中的一个电域放电。这在我们变电站当中都是很平常的声音。"2023年2月28日，由中华全国总工会、中央广播电视总台联合录制的2022年"大国工匠年度人物"发布活动在央视综合频道播出，"大国工匠年度人物"、国网山东省电力公司超高压公司变电检修中心电气试验班副班长冯新岩向主持人和现场观众展示了如何从5种不同的变压器运行声音中辨别异常。这是冯新岩扎根一线23年练就的绝活。

冯新岩1980年2月出生于山东省济南市，自2000年7月参加工作以来，一直和500千伏及以上变电设备打交道，工作的任务就是及时发现并消除设备隐患，被称为"电网医生"。

在人才密集的国网山东省电力公司超高压公司，中专毕业的冯新岩虽然学历不高，却有股不服输的劲头，入职后像海绵吸水一样不停地学习，向身边的老师傅请教，查阅相关资料，反复思考、不断练习，逐步从一名新手成长为经验丰富的高手。

为了弥补学历上的短板，冯新岩一门心思扑在了学习上。他从一本本专业书下手，边读边做笔记，一摞厚厚的笔记本成为他成长的铺路石。学中干、干中学，冯新岩的专业技术能力不断提升。2007年，他获得山东大学电气工程学院电力系统及其自动化专业的大专学历，3年后获得学士学位，2018年获得工程硕士学位。

2003年，在专业上崭露头角的冯新岩得到了一个技术比武的机会——参加国网山东电力绝缘油分析技术比武。平时准备充足的他信心满满，但到了参赛那一天却蒙了：比赛现场的仪器、设施布置与平时训练的区别很大。对成绩不满意的他开始思考，如何才能不依靠检测仪器在复杂的环境下快速发现故障位置？从那以后，他就注意先用眼睛看、用耳朵听，初步判断电力设备运行状态，然后再用仪器检测验证，久而久之积累了大量的经验，练就了"听声定位"绝活。这项技能提升了设备缺陷查找的效率和准确率，让工作事半功倍。

自检自测

1.进行变电站巡视检查是按照（　　）路线。

A. 自己规划的 　　　　　　　　　　B. 变电站规定的

C. 值班人员临时确定的 　　　　　　D. 无固定路线

2.哪些人员可对变电站进行巡视（　　）。

A. 实习人员 　　　　　　　　　　　B. 检修人员

C. 变电站值班人员 　　　　　　　　D. 外委人员

3.巡视的安全工器具有（　　）。

A. 安全帽 　　　　　B.绝缘手套 　　　　C.绝缘靴 　　　　D. 以上都是

4.变压器正常运行的声音是＿＿＿＿＿＿？

5.高压设备发生接地时，室内人员应距离故障点＿＿＿m以外，室外人员应距离故障＿＿＿m以外。

6.判断：巡视时不得对设备进行任何操作和工作，且禁止接触高压电气设备的绝缘部分。（　　）

7.判断：看不清被巡视的电气设备的具体位置时，可用望远镜观看或用红外成像仪成像。（　　）

8.判断：雷雨天气需要巡视室外高压设备时，应穿绝缘靴并不得靠近避雷针及避雷器。（　　）

9.判断：电气值班人员可以独自进行变电站巡视。（　　）

10.归纳总结电气设备巡视检查标准化作业流程。

实践实拍

两人一组，在仿真软件中进行变电站的巡视检查，拍摄巡视检查视频。

模块 5   10kV 线路带电作业

事故案例：

某电力公司工作人员在未按要求办理相关工作票的情况下，对某 10kV 线路进行带电搭接引流线，并临时安排了一名未经带电作业培训的作业人员进入绝缘斗臂车工作斗作业。作业前未正确设置绝缘遮蔽，作业中操作工作斗失误，导致触电事故发生。

规程提示：

《配电线路带电作业技术导则》（GB/T 18857—2019）要求带电作业人员应掌握配电带电作业的基本原理和操作方法，熟悉作业工器具的适用范围和使用方法，应按《电力安全工作规程　电力线路部分》（GB 26859—2011）中的规定办理带电作业工作票。

编者有话：

在线路带电作业中，常见风险点有触电、高空坠落、高处坠物伤人等。因此在作业前必须对现场风险点进行分析，并认真做好安全防范准备工作，办理带电作业工作票。作业中必须正确穿戴和使用安全工器具，保持足够安全距离。

本项目依据《配电线路带电作业技术导则》（GB/T 18857—2019）、《电力安全工作规程　电力线路部分》（GB 26859—2011）等标准，介绍了 10kV 线路带电作业所使用的工器具、工作流程、安全要求和工作制度等内容，供大家参考学习。

学习目标：

（1）培养吃苦耐劳、勇于探索、不畏艰险的精神，树立科技报国的决心。

（2）强化尽职尽责、规范操作的法律法规意识，增强电力强国的责任感和使命感。

（3）熟悉 10kV 带电作业的工作流程及对作业环境、人员资质、安全距离的具体要求。

（4）掌握 10kV 带电作业危险点分析与预防控制。

（5）掌握绝缘斗臂车、绝缘平台、绝缘遮蔽罩、绝缘毯、绝缘绳等 10kV 带电作业所需工器具的使用要求与保管方法。

（6）能够熟练填写现场勘察记录、班前班后记录、作业工作记录，掌握工作票的填写。

二维码 5-0-1
认识带电作业
（动画）

二维码 5-0-2
带电作业工器
具（动画）

206

任务 1　10kV 线路带电搭接引流线

任务启化

做一做 ⚡ 10kV 线路带电作业技术资料准备工作页，见表 5-1-1。

表 5-1-1　　　　　　　　10kV 线路带电作业技术资料准备工作页

工作内容	查询我国带电作业发展历史背景资料，查找 10kV 线路带电作业依据的相关规程、作业指导书等资料，并对相关规程中的内容做好整理工作。
工作目标	深刻认知我国电力高质量发展对建设美丽中国、推进高质量发展、维护国家安全的重要作用；熟悉 10kV 线路带电作业的工作流程，掌握带电作业常用安全工器具的使用方法和注意事项，能够准确分析作业危险点并做好安全措施。
工作准备	由 4～6 名学生组成学习小组，以工作目标为依据，由组长组织小组成员完成工作内容，并进行讨论。
工作思考	（1）分别从建设美丽中国、推进高质量发展、维护国家安全等多个方面阐述提升带电作业质量、提高我国电力发展水平的重要意义。 （2）开展 10kV 线路带电作业时，依据哪些规程？这些规程的不断更新完善，体现了电力人的哪些精神？

续表

工作过程	（1）自学我国带电作业发展历程，按照"工作思考"栏中的提示，做好学习笔记。
	（2）对技术资料中的要求进行梳理。
	（3）列出常见危险点，并列出预防控制措施。
总结反思	（1）通过完成上述工作页，你学到哪些知识或技能？遇到哪些难题？
	（2）通过完成本工作页，你对10kV线路带电作业了解了多少？认真思考推动我国电力快速发展的内在精神动力是什么？
工作组成员	
工作点评	

二维码 5-1-1
知识锦囊

说一说 ⚡ 你觉得危险点分析和预防性措施对于不停电作业的重要作用是什么？

任务描述

以 10kV 线路带电搭接引流线作业为例，介绍了 10kV 带电作业的基本工作流程，包括准备工作安排、劳动组织及人员要求、技术资料准备、作业工器具及材料准备、危险点分析及预防控制措施和带电搭接引流线作业流程等内容。通过学习本节内容，熟悉 10kV 带电作业对人员、工器具及材料、危险点预防控制的基本要求，同时掌握绝缘斗臂车、绝缘平台、绝缘遮蔽罩、绝缘毯、绝缘绳等工器具的使用、保管注意事项。

任务目标

1. 素养目标

（1）培养依规操作的规范意识和精益求精的工匠精神。

（2）培养敢于担当和勇于拼搏的探索精神。

（3）激发内在的家国情怀，树立科技报国的决心。

2. 知识目标

（1）熟悉 10kV 带电作业的工作流程。

（2）掌握带电作业环境、人员资质、安全距离等方面的具体要求。

（3）掌握绝缘斗臂车、绝缘平台、绝缘遮蔽罩、绝缘毯、绝缘绳等 10kV 带电作业所需工器具的使用要求与保管方法。

3. 能力目标

（1）具备熟练填写现场勘察记录、班前班后记录、作业工作记录的能力。

（2）具备快速分析危险点并熟练填写危险点预控措施票的能力。

（3）具备正确、规范使用安全工器具的能力。

任务资料

一、绝缘斗臂车

> **说一说** ⚡ 你认为绝缘斗臂车和普通汽车的区别是什么？绝缘斗臂车哪些部位具有较高的电气绝缘性？

绝缘斗臂车是由绝缘高架装置、定型道路车辆和有关设备组成，是作为移动式升降绝缘工作平台开展带电作业的高空作业车。其绝缘高架装置由绝缘工作斗和绝缘臂组成，用于提升工作人员和器材至作业位置进行带电作业。利用绝缘斗臂车进行带电作业，具有机动性较强、升空便利、作业半径大、机械强度高、绝缘性能好等优点，在配电线路带电作业中得到广泛应用。本节介绍的绝缘斗臂车专指用于10kV 线路带电作业的绝缘斗臂车。

1. 绝缘斗臂车的分类

根据功能配置不同，绝缘斗臂车可分为基本型和扩展型两种。依据国家标准《10kV 带电作业用绝缘斗臂车》（GB/T 37556—2019），基本型绝缘斗臂车应具有支腿着地检测装置、车体接地装置、发动机油门自动调节、工作斗调平和水平摆动、防倾翻控制、伸展机构超限自锁等 13 项应具备的基本功能。扩展型绝缘斗臂车是指在具备斗臂车基本功能的基础上，为提高整车性能，增加了其他功能配置的绝缘斗臂车。

根据绝缘高架装置的伸展结构不同，绝缘斗臂车可分为伸缩臂式、折叠臂式和混合臂式三种，其结构如图 5-1-1 所示。

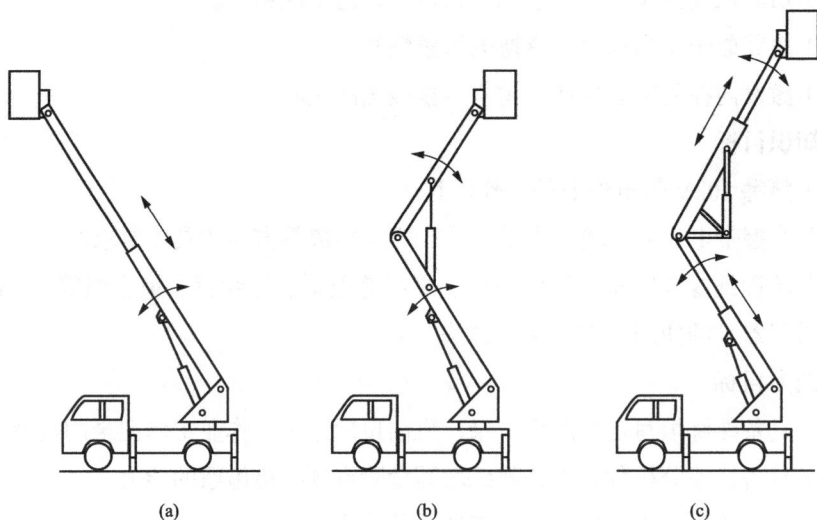

图 5-1-1　不同伸展结构的绝缘斗臂车
（a）伸缩臂式；（b）折叠臂式；（c）混合臂式

2. 绝缘斗臂车的组成

绝缘斗臂车由车辆平台、绝缘臂、绝缘工作斗、斗臂结合部等部件组成。其中绝缘臂、绝缘工作斗和斗臂结合部都具有一定的绝缘性能。车辆平台包括车辆底盘及其附属装置机构等，一般采用已定型汽车二类底盘或整车进行改装而成，且改装时不得更改汽车底盘的发动机、传动系、制动系、行驶系和转向系等关键总成。绝缘臂采用玻璃纤维增强型环氧树脂材料制成，绕制成截面为圆柱形或矩形的结构，具有自重轻、机械强度高、电气绝缘性能好等优点。绝缘工作斗由外工作斗和工作斗内衬构成，外工作斗一般采用环氧玻璃钢制成，工作斗内衬一般采用聚四氟乙烯制成。绝缘工作斗具有较高的电气绝缘强度，与绝缘臂一起组成相对地的绝缘防

护，保证整车的泄漏电流小于 500μA。

绝缘斗臂车的操控系统由液压系统、电气系统和操作系统三大部分组成，三大系统相互协调工作，共同完成绝缘斗臂车整车的作业。

二维码 5-1-3
新设备—带电
作业机器人

3. 绝缘斗臂车的工作条件

绝缘斗臂车在正常工作时对环境条件有一定的要求。其中，环境温度为 −25 ~ 40℃，风速不超过 10m/s，相对湿度不超过 80%。除此之外，对海拔高度有特殊的要求。使用时海拔高度一般不超过 1000m，但是对于海拔 1000m 及以上地区，则要求斗臂车所选用的底盘动力应适应高原行驶和作业要求，绝缘体的绝缘水平应进行相应海拔修正及试验验证。

4. 绝缘斗臂车的工作性能要求

（1）绝缘斗臂车各机构应保证工作斗起升、下降时动作平稳、准确，起升、下降速度应不大于 0.4m/s，应无爬行、振颤、冲击及驱动功率异常增大等现象。

（2）绝缘高架装置应具有 360° 连续回转作业能力，回转时工作斗外缘的线速度应不大于 0.5m/s，启动、回转、制动应平稳、准确，无抖动、晃动现象；在行驶状态时，回转部分不应产生相对运动。

（3）斗臂车处于最大平台高度时作业半径应不小于 2.4m。

（4）斗臂车在行驶状态下，支腿收放机构应确保各支腿可靠地固定在斗臂车上，支腿最大位移量应不大于 5mm。斗臂车爬坡能力应不低于 20%。

（5）斗臂车的调平机构应保证工作斗在任一工作位置均处于水平状态，工作斗底面与水平面的夹角应不大于 3°，调平过程应平稳、可靠，不得出现振颤、冲击、打滑等现象。

（6）具有吊臂的斗臂车其最大起吊质量应不小于 450kg。

5. 绝缘斗臂车作业前的检查

（1）作业人员应对绝缘斗臂车进行外观检查和功能检查，并确认绝缘斗臂车是否具备合格的电气试验报告。外观检查是指检查绝缘部件表面是否存在裂缝、绝缘剥落、深度划痕等损伤情况。功能检查是指绝缘斗臂车启动后，在作业斗无人的情况下工作，检查液压缸有无渗漏、异常噪声、工作失灵、漏油、不稳定运动或其他故障。

（2）作业人员应检查备用电源、紧急制动系统以及报警装置是否正常。

（3）作业人员应检查作业斗，清除可能损坏作业斗或妨碍等电位作业时良好电位连接的物品。

6. 使用绝缘斗臂车时的注意事项

使用绝缘斗臂车时除应满足其工作性能的要求外，还应注意以下几个方面：

（1）绝缘斗臂车的操作员必须经过专业的技术培训，并且由接受作业任务的操

作员来进行操作。

（2）在现场环境不满足绝缘斗臂车工作条件时，应立即停止使用绝缘斗臂车。

（3）夜间作业时，应确保作业现场的照明满足工作需要。

（4）进行作业时，必须伸出水平支腿，检查可靠支撑车体后，再进行作业。

（5）绝缘斗内工作人员要佩戴安全带，并应将安全带的钩子挂在安全绳索的挂钩上。

（6）绝缘斗臂车的工作位置应选择适当，支撑应稳固可靠，并有防倾覆措施。使用前应在预定位置空斗试操作一次，确认液压传动、回转、升降、伸缩系统工作正常、操作灵活，制动装置可靠。

（7）绝缘斗臂车操作人员应服从工作负责人的指挥，作业时应注意周围环境及操作速度。在工作过程中，绝缘斗臂车的发动机不得熄火（电动驱动型除外）。接近或离开带电部位时，应由工作斗中人员操作，但下部操作人员不得离开操作台。

（8）在使用绝缘斗臂车进行带电作业时，作业人员应小心平稳地操作作业斗和工作臂，避免冲击性移动。作业人员不得将身体超出工作斗之外，不得站在栏杆或踏板上作业。

（9）绝缘臂下节的金属部分，在仰起回转过程中与带电体的距离应在带电作业最小安全距离的基础上增加 0.5m。凡具有上、下绝缘段而中间用金属连接的绝缘臂，在作业过程中，作业人员不得接触上、下绝缘段间的金属体。工作中车体应良好接地。

（10）当作业工具、设备等需要临时存放在作业斗内时，这些物品不宜超出作业斗的边沿，并在作业结束后从作业斗中取出。

（11）绝缘斗臂车不得用于推进及挖掘等作业，导线或其他设备也不应搁置在作业斗的边沿。

（12）绝缘斗臂车作业时的承载荷重不得超出额定载荷，车辆承受的力矩不得超出抗倾覆力矩。

7. 绝缘斗臂车的维护保养

（1）日常检查，主要包括绝缘斗臂车的外观检查和功能检查。外观检查时，应仔细检查绝缘斗臂车绝缘部件的表面损伤情况，如有无裂纹、绝缘剥落、深度划痕等。功能检查需启动斗臂车，应在工作斗无人的情况下操控系统工作一个循环，应注意是否有液体渗出、液压缸有无泄漏、有无异常噪声及不稳定运动等故障。

（2）定期检查，必须由专业人员进行，且每 12 个月至少应检查一次。检查项目可参照电力行业标准《带电作业用绝缘斗臂车使用导则》（DL/T 854—2017）中的要求，具体包括：

1）结构件的变形、裂缝或腐蚀。

2）轴销、轴承、转轴、齿轮、滚轮、锁紧装置、链条、链轮、钢缆、皮带轮等零件的磨损或变形。

3）气动、液压保险阀装置。

4）气动、液压装置中软管和管路的泄漏痕迹、非正常变形或过量磨损。

5）压缩机、油泵、电动机、发动机的松动、泄漏、非正常噪声或振动、运转速度变缓或过热现象。

6）气动、液压阀的错误动作、阀体外部的裂缝、漏洞以及渗出物附在线圈上。

7）气动、液压、闭锁阀的错误动作和可见损伤。

8）气动、液压装置的洁净程度。

9）泄漏监视系统的状况。

10）真空保护系统的状况。

11）上下两臂的运行测试。

12）螺栓和其他紧固件的松紧状况。

13）生产厂商特别指出的焊缝。

（3）绝缘部件的清洁保养。绝缘部件表面的轻微污垢可用不起毛的布擦拭干净，不应使用带有毛刺或具有研磨功能的擦拭物清洗绝缘部件。严重污渍可采用喷涂合适的溶剂（如异丙醇）进行擦拭，也可采用水温不超过 50℃、压力不超过 690kPa 的高压热水冲洗。

8. 绝缘斗臂车的运输和停放

绝缘斗臂车在进行运输或自驶时，应将所有门锁关好，关闭高架装置的液压操作系统，所有设备处于牢固的固定或绑扎状态，作业斗应回复到行驶位置。带吊臂的绝缘斗臂车，吊臂应卸掉或缩回。上臂应折起，下臂应降下，上、下臂均应回复到各自独立的支撑架上，伸缩臂应完全收回，固定牢靠，以防止在运输过程中由于晃动并受到撞击而损坏。

绝缘斗臂车应停放在专用车库中，车库宜修建在周边环境清洁、干燥、通风良好、工具运输方便的地方。车库的要求具体参照电力行业标准《带电作业用工具库房》（DL/T 974—2018）。

9. 绝缘斗臂车的预防性测试

预防性试验应每年一次，对于 10kV 带电作业用绝缘斗臂车，其预防性试验必做项目包括空载试验、额定载荷试验、动载试验、静载试验、工作斗试验、绝缘臂试验和整车绝缘试验共七大项。

（1）空载试验。斗臂车置于工作状态，工作斗空载，进行起升、下降、伸缩、变幅、回转、支腿收放，分别以低速和高速在最大允许工作范围内进行，观察有无异常现象。

（2）额定载荷试验。斗臂车置于工作状态，工作斗承载额定载荷，提升至最大平台高度，停置 15min，测量平台下沉量。再以稳定的标称速度起升到最大作业半径，左右各回转 360°；然后起升到最大平台高度，左右各回转 360°；再下降到初始位置，并在升降、回转过程中，各进行 1~2 次停止、启动，观察有无异常现象。

（3）动载试验。斗臂车置于工作状态，工作斗承载 1.25 倍额定载荷，以稳定的标称速度起升到最大作业半径，左右各回转 360°；然后起升到最大平台高度，左右各回转 360°；再下降到初始位置，并在升降、回转过程中，各进行 1~2 次停止、启动，此作为一个循环，进行 3 次循环后，观察有无异常现象。

（4）静载试验。斗臂车置于工作状态，工作斗承载 1.5 倍的额定载荷，操作整车处于最大作业半径状态下，停置 15min，测量平台下沉量，观察有无异常现象。试验时允许调整液压系统安全溢流阀的开启压力，但在试验后应重新调到规定数值。

（5）工作斗试验，包括绝缘内斗层向耐压试验、绝缘外斗工频耐压试验和绝缘外斗泄漏电流试验三种。层向耐压、工频耐压试验过程中应无击穿、无闪络、无严重发热；绝缘外斗泄漏电流试验时，泄漏电流应小于等于 200μA。

三种试验布置如图 5-1-2 所示。绝缘内斗层向耐压试验可采用斗内注水的方法，斗内电极应设置在中间位置，施加工频电压，斗外电极接地。绝缘外斗工频耐压试验采用 12.7mm 锡箔纸为两试验电极，上方为高压电极，施加工频电压，下方为接地电极，极间距离 0.4m。绝缘外斗泄漏电流试验的试验电极同工作斗工频耐压试验，下方接地电极通过电流表接地。

（6）绝缘臂试验，包括工频耐压试验和泄漏电流试验。工频耐压试验过程中应无击穿、无闪络、无严重发热；泄漏电流试验时，泄漏电流应小于等于 200μA。

以伸缩臂式绝缘斗臂车为例，试验布置如图 5-1-3 所示。绝缘臂工频耐压试验的试验电极同工作斗工频耐压试验，靠近工作斗侧为高压电极，另一端为接地电极；绝缘臂泄漏电流试验的试验电极同工频耐压试验，接地电极与地之间接入电流表，极间长度 1.0m，施加工频电压 20kV，持续 1min。

（7）整车绝缘试验，包括工频耐压试验和泄漏电流试验。工频耐压试验过程中应无击穿、无闪络、无严重发热；泄漏电流试验时，泄漏电流应小于等于 500μA。

试验布置如图 5-1-3 所示。整车工频耐压试验的试验电极同绝缘臂工频试验，靠近工作斗侧为高压电极，另一端为接地电极；整车泄漏电流试验的试验电极同工频耐压试验，接地电极与地之间接入电流表，极间长度 1m，施加工频电压 20kV，持续 1min。

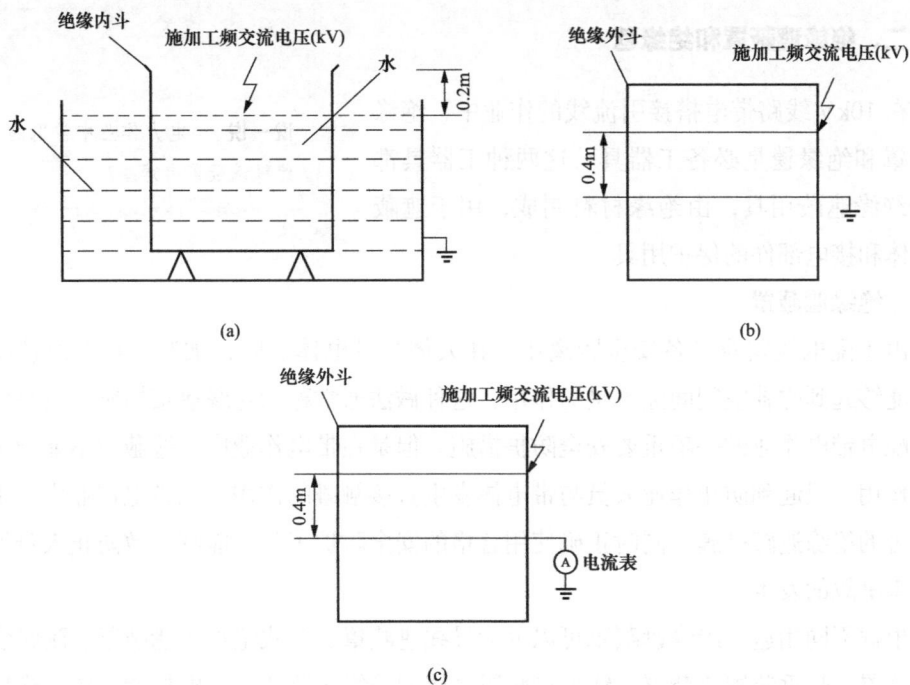

图 5-1-2　工作斗试验

（a）绝缘内斗层向耐压试验；（b）绝缘外斗工频耐压试验；（c）绝缘外斗泄漏电流试验

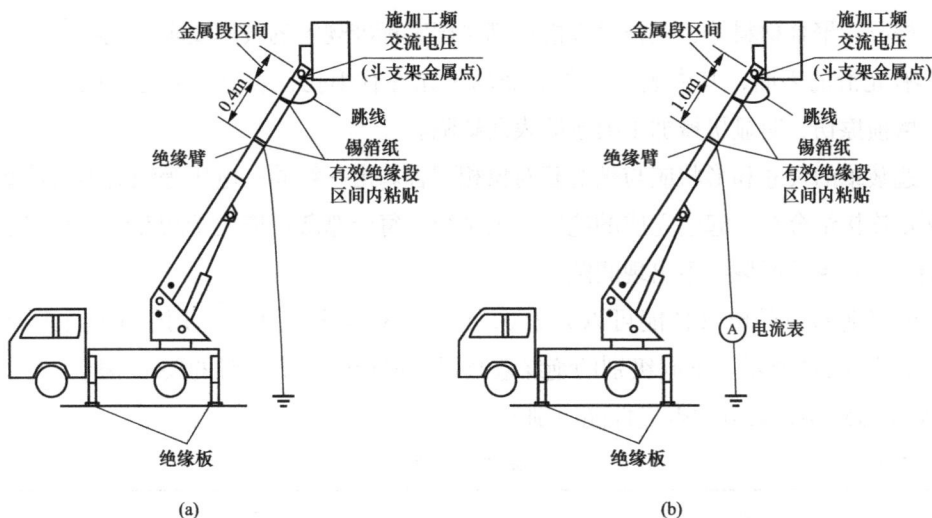

图 5-1-3　伸缩臂式绝缘斗臂车绝缘臂试验

（a）工频耐压试验；（b）泄漏电流试验；

做一做 ⚡ 根据以下问题，查询相关资料完成学习笔记，要求内容完整准确。

1. 斗臂车的车身文字、图形标志、外观标识颜色、外部照明、信号装置数量、位置与光色等有何规定？

2. 冬季降雪后使用绝缘斗臂车时，应注意哪些事项？

二、绝缘遮蔽罩和绝缘毯

在 10kV 线路带电搭接引流线的作业中，绝缘遮蔽罩和绝缘毯是必备工器具。这两种工器具都属于绝缘遮蔽用具，由绝缘材料制成，用于遮蔽带电体和接电部件的保护用具。

> **说一说** ⚡ 电力作业中常用的绝缘遮蔽罩有哪些？

1. 绝缘遮蔽罩

由于配电线路及设备安全距离小，在人体与带电体之间，加装一层绝缘遮蔽罩，能够起到弥补空间间隙不足的作用，这种做法通常称为绝缘遮蔽措施，它是中低压配电带电作业的一项重要安全防护措施。但是在带电作业中，遮蔽罩不能起主绝缘作用，只起到防止作业人员与带电体发生直接触碰的作用。在带电作业中，采用完善的绝缘遮蔽措施，同时正确使用合格的安全防护工具，能够有效防止人身触电伤害事故的发生。

根据不同用途，绝缘遮蔽罩可以分为导线遮蔽罩、针式绝缘子遮蔽罩、耐张装置遮蔽罩、悬垂装置遮蔽罩、线夹遮蔽罩、棒型绝缘子遮蔽罩、电杆遮蔽罩、横担遮蔽罩、套管遮蔽罩、跌落式开关遮蔽罩和特殊遮蔽罩等。

绝缘遮蔽罩应由吸湿性小、密度小的人工合成绝缘材料制成，如环氧树脂、塑料、橡胶、聚合材料等，其技术性能应满足国家标准规定的技术要求。绝缘遮蔽罩应具有光滑的表面，其内表面与外表面均不允许有小孔、裂纹、浮泡、破口、杂物、磨损擦伤、明显机械加工痕迹等表面缺陷。

遮蔽罩的尺寸和形状应与被遮蔽对象相配合。由一组同一电压等级的不同类型遮蔽罩连接组合在一起建立成的绝缘遮蔽系统，每个遮蔽罩应便于相互组装和相互连接，在其保护区域内不出现间隙。

绝缘遮蔽罩的电气性能可以分为 0、1、2、3、4 共五级，适用于不同电压等级，如表 5-1-2 所示。不同级别的绝缘遮蔽罩，进行电气试验时的要求不同。对于 10kV 交流线路，对应的电气性能级别为 2 级。

表 5-1-2　　　　　　　　　　最大使用电压

级别	交流电压（V）
0	380
1	3000
2	10000（6000）
3	20000
4	35000

具有特殊性能的遮蔽罩可以分为五类，分别是 A、H、C、W、P 型，不同型号代表的意义见表 5-1-3。

表 5-1-3   特殊遮蔽罩类型

型号	特殊性能
A	耐酸
H	耐油
C	耐低温
W	耐高温
P	耐潮

使用绝缘遮蔽罩前，应检查其有效期是否合格。每 6 个月要对遮蔽罩进行一次预防性试验，超过有效试验期时不允许使用。

使用绝缘遮蔽罩前，应对每个遮蔽罩内外表面进行外观检查和清洁，应对定位装置和闭锁装置进行检测。如发现遮蔽罩存在可能影响安全性能的缺陷，应禁止使用，并对该遮蔽罩进行试验。

作业环境温度在 -25 ~ +55℃时，建议使用普通遮蔽罩；作业环境温度在 -40 ~ +55℃时，建议使用 P 类遮蔽罩；作业环境温度在 -10 ~ +70℃时，建议使用 W 类遮蔽罩。

使用绝缘遮蔽罩时，应遵循"由下到上、从近到远""从大空间到小空间""先简单后复杂"的原则。其中，"由下到上、从近到远"原则可以在穿越导线或者装置构件时起到有效防护作用；"从大空间到小空间"原则易于保证作业的安全距离。绝缘遮蔽罩拆除的顺序与安装的顺序相反，应遵循"由上到下、从远到近"的原则。

储藏绝缘遮蔽罩时要防止挤压，禁止储藏在蒸汽管、散热管或其他人造热源及臭氧源附近，应避免阳光、灯光或其他光源直接照射。运输过程中应防止受潮、淋雨和暴晒，内包装运输袋可采用塑料袋，外包装运输袋可采用帆布袋或专用箱。

安全小贴士 ⚡ 规范化、标准化作业是预防事故发生、保障人员和设备安全的一道安全墙。使用安全工器具前，务必认真学习其使用方法和注意事项，做到规范使用、合理存放，提高风险意识和安全意识，有效预防安全事故的发生。

---

2. 绝缘毯

绝缘毯是由橡胶类、塑胶类或其他绝缘材料采用无缝工艺制成，用来遮蔽带电或不带电导体部件的软型绝缘遮蔽用具。常见的绝缘毯形状有平展式和开槽式两种，除此之外，还有专为满足特殊用途需要设计的其他形式的绝缘毯。平展式和开槽式绝缘毯形状如图 5-1-4 所示，其尺寸如表 5-1-4 所示。

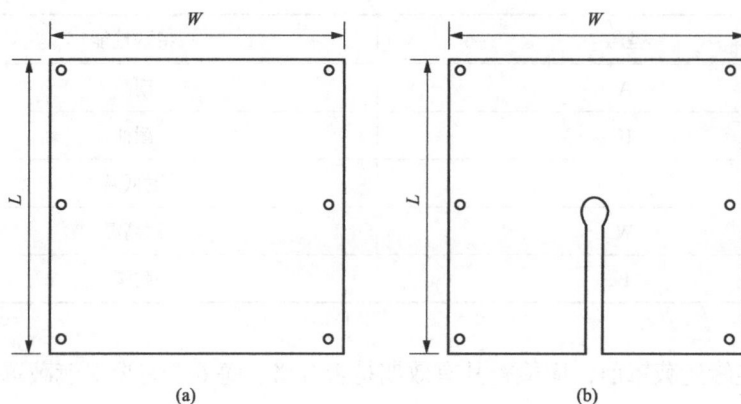

图 5-1-4 平展式和开槽式绝缘毯形状
（a）平展式绝缘毯；（b）开槽式绝缘毯

表 5-1-4   绝缘毯尺寸   单位：mm

尺寸			
平展式		开槽式	
长度 L	宽度 W	长度 L	宽度 W
910	305	—	—
560	560	560	560
910	690	910	910
910	910	—	—
2280	910	1160	1160

绝缘毯按电气性能可分为 0、1、2、3、4 五级，适用于不同电压等级。对于 10kV 交流线路，其电气性能级别为 2 级。具有特殊性能和多重特殊性能的绝缘毯分为 6 种类型，分别为 A、H、Z、M、S 和 C 型，不同型号代表的意义见表 5-1-5。为保证绝缘毯有合适的柔软度，电气性能级别为 2 级的橡胶类绝缘毯最大厚度为 3.8mm，塑胶类绝缘毯最大厚度为 2.0mm，A、H、M、S 和 Z 型所需增加的额外厚度不应超过 0.6mm。

表 5-1-5   特殊绝缘毯类型

型号	特殊性能
A	耐酸
H	耐油
Z	耐臭氧

续表

型号	特殊性能
M	耐机械穿刺
S	耐油和臭氧
C	耐低温

使用绝缘毯前，应对每张毯的上下表面进行外观检查，如其表面存在小孔、裂纹、局部隆起、切口、夹杂异物、折缝、空隙以及明显磨损痕迹等缺陷时，应禁止使用，并对该绝缘毯进行试验。

使用绝缘毯时，应尽量避免暴露在高温下，避免与油、工业乙醇、酸碱等接触。当绝缘毯脏污时，可在不超过制造厂家推荐的水温下用肥皂对其进行清洗干净后保持干燥。如绝缘毯粘上了焦油、油漆等物质时，应尽快用汽油、纯酒精等适当的溶剂对污染处进行擦拭，但要避免溶剂使用过量，以免对绝缘毯造成伤害。对潮湿的绝缘毯进行干燥处理时，处理温度不能超过 65℃。

使用后应对绝缘毯合理储存。绝缘毯应逐一放有足够强度的包装袋内，储存在专用箱内，避免阳光直射、雨雪浸淋，防止挤压和尖锐物体碰撞。禁止与油、酸、碱或其他有害物质接触。禁止储藏在蒸汽管、散热管或其他人造热源附近，最佳储存环境温度为 10~21℃。

绝缘毯每 6 个月应进行一次预防性试验，不允许使用超过试验有效期的绝缘毯。

做一做 ⚡ 以"由下到上、从近到远""从大空间到小空间""先简单后复杂"的原则，模拟作业现场安装绝缘遮蔽罩。

三、绝缘平台

随着电网可靠性要求的不断提高，中压架空线路带电作业越来越得到普及。但是在一些农村和偏远地区，由于道路不畅、地势不平等条件的限制，绝缘斗臂车无法到达现场开展作业，故通常采用绝缘杆操作杆作业法实施作业。与绝缘手套作业法相比，绝缘操作杆作业法劳动强度大，施工工艺质量相对较差。因此采用绝缘手套作业法作业时，利用绝缘平台代替绝缘斗臂车，可以弥补使用脚扣或升降板登高作业的不足，还可以避免斗臂车对场地的要求。

说一说 ⚡ 你见过绝缘平台吗？它是如何固定在电杆上面的？

1. 绝缘平台的结构组成及分类

绝缘平台是由绝缘材料加工制作而成，使用时安装在电杆上，起到承载带电作业人员并提供人与电杆等接地体的绝缘保护作用。

绝缘平台一般适用于绝缘斗臂车无法开展的单回路水泥杆型带电作业，主要用于修补导线、断接引流线、更换避雷器、更换隔离刀闸等作业项目。目前，结构最简单的绝缘平台自重约 10kg，具有旋转升降功能的绝缘平台自重可达 30~50kg。

根据安装形式不同，绝缘平台可以分为落地式绝缘平台和抱杆式绝缘平台，如图 5-1-5 所示。

（1）落地式绝缘平台。

落地式绝缘平台包括底座、连接支架、作业平台、升降装置以及升降传动系统。升降装置由不少于两节的套接式矩形绝缘框架构成，各节绝缘框架之间设置有提升连接带。安装在底座内的升降传动系统的丝杠与蜗轮、蜗杆减速器和电动机依次连接。安装在丝杠上的可滑动卷筒与底座两侧的滑轮组上绕接有钢丝绳，钢丝绳从底座四角向上作为最外节绝缘框架的提升连接带，其余的提升连接带均为绝缘带。绝缘平台的四个角分别固定连接立柱，立柱之间横向固定且设置有导向条。外套框架内安装有升降标准节，通过导向条与外套框架上下滑动连接。落地式绝缘平台结构简单、体积小、制造成本低，将平台的升降装置整体做成绝缘，实现了平台在升降过程中的绝对安全性。

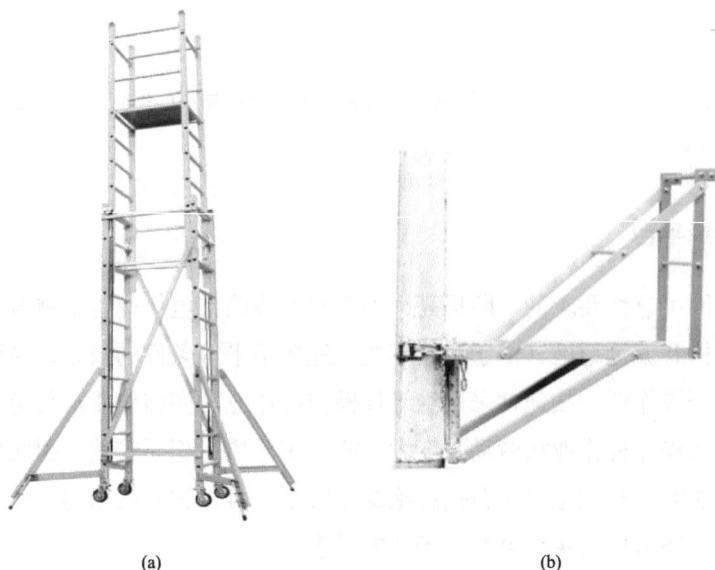

(a)   (b)

图 5-1-5 落地式和抱杆式绝缘平台
（a）落地式绝缘平台；（b）抱杆式绝缘平台

（2）抱杆式绝缘平台。

抱杆式绝缘平台由绝缘材料加工制作而成，通过安装固定在电杆上。其结构主要由抱杆装置、主平台及附件、支撑绝缘管等部件组成。其中，抱杆装置主要由抱箍和抱箍紧锁装置组成，起到将平台固定于电杆的作用；主平台采用绝缘材料加工制作，是绝缘平台主要承重部件之一，也是人与电杆的绝缘保护的主要绝缘部件。抱杆式绝缘平台具有经济、实用、轻便的特点。

抱杆式绝缘平台按其结构功能的不同，可以分为固定式（A 类）、旋转式（B 类）和旋转带升降式（C 类）三种，可根据线路装置和作业项目要求进行选择。固定式绝缘平台无活动式传动机构，安装固定于电杆后，平台的高度和角度也随之固定。旋转式绝缘平台在抱杆装置上增加了由中心轴及传动装置构成的平台旋转传动机构，具备旋转功能，作业人员可根据作业要求选择合适的水平位置进行作业。旋转带升降式绝缘平台在旋转式绝缘平台的基础上，增加了提升传动机构，同时具备旋转和升降功能，作业人员可根据作业要求，选择合适的垂直高度和水平位置进行作业。

抱杆式绝缘平台按载荷能力不同，又可分为Ⅰ级、Ⅱ级和Ⅲ级三种，可根据作业人员的体重进行选择，三种级别的绝缘平台对应作业人员最大体重分别是 70、85kg 和 105kg。

2. 抱杆式绝缘平台的安装与拆除

（1）绝缘平台安装区域周围设置防护围栏，悬挂警示标志牌，设专人监护。

（2）安装绝缘起吊支架。电工登杆至绝缘平台预定安装位置处，将绝缘起吊支架安装于电杆上，绝缘滑车组固定于绝缘起吊支架内。

（3）安装绝缘平台固定架。地面上的电工将绝缘平台固定架的伸缩式紧固器拉出后，绑扎牢固，传递至杆上电工。利用固定钗链绕抱电杆一周，插入保险销后按下紧固器保险，将紧固器弹紧，拧紧锁紧阀螺栓。

安装绝缘平台时，必须保持固定架牢固可靠，禁止使用平台固定架、平台安全挂环等作为起吊物挂点。起吊绝缘平台及其附件时，应采取防止平台摆动、磕碰杆体，且能够保持与其他带电设备安全距离的安全措施。

（4）拆除绝缘平台时的操作顺序与安装相反，禁止将绝缘平台固定架和绝缘平台同时拆卸传递，避免对平台连接件和绝缘层造成损伤。

3. 绝缘平台的安全注意事项

（1）绝缘平台只允许一名工作人员在其上作业，且作业人员应具有带电作业资质证书，并经过绝缘平台作业的专项培训。作业处应设有绝缘隔离，限制作业人员活动范围，使其与接地部位保持 0.4m 以上安全距离。

（2）使用绝缘平台开展带电作业应在良好天气下进行，风力大于 5 级或湿度大于 80% 时，一般不宜开展带电作业。

（3）作业前，应做好现场勘察、编制相应作业指导书等准备工作。登杆前，应重点检查杆基、拉线的牢固程度。

（4）准备工作就绪后，首先对绝缘平台进行外观检查、清洁和绝缘电阻检测。有传动机构的平台，应试操作一次，确认传动机构灵活可靠，方能进行绝缘平台的安装。平台拆装应加强监护，保持与带电体有效的安全距离。

（5）登杆前，作业人员应穿戴好合格、齐备的绝缘防护用具。

（6）绝缘平台承载荷重不得超出额定荷载。升降、旋转应缓慢平稳，防止与电杆、导线、周围障碍物碰擦。

（7）作业时，应设专人监护。作业人员应注意动作幅度，维持重心平稳。上下传递工具、材料应使用绝缘绳，严禁高空抛物。不得将隔离刀闸、横担、绝缘子等设备放置于绝缘平台上。

4. 绝缘平台的运输与保管

（1）运输时，应采取防潮措施，使用专用工具袋、工具箱或工具车。

（2）绝缘平台应存放于通风良好、清洁干燥的带电作业专用工具库房内，室内的相对湿度和温度应满足带电作业工具库房的规定和要求。

（3）绝缘部件应使用不起毛的布擦拭，不得使用带有毛刺或具有研磨作用的擦拭物擦拭。

（4）传动机构应定期加注润滑油，以减少磨损、延长使用寿命。

做一做 ⚡ 在老师的指导下，试着在电杆上安装抱杆式绝缘平台。

四、绝缘绳

绝缘绳广泛应用于带电作业中，属于软质绝缘工具，由绝缘材料制成，具有灵活、易携带、适用于野外作业的特点。

说一说 ⚡ 你认为在带电作业中，绝缘绳主要有哪些作用？

---

1. 绝缘绳的分类

根据材料不同，绝缘绳可分为天然纤维绝缘绳和合成纤维绝缘绳两种。天然纤维绝缘绳采用脱胶不少于 25%、洁白、无杂质、长纤维的蚕丝为原材料制作而成。合成纤维绝缘绳采用聚己内酰胺或其他满足电气、机械性能及防老化要求的合成纤维为原材料制作而成。

根据在潮湿状态下电气性能的不同，绝缘绳可分为常规型绝缘绳和防潮型绝缘绳两种。常规型绝缘绳在干燥状态下具有良好的电气绝缘性能，而防潮型绝缘绳经过专门防潮处理，在高湿度条件下仍具备良好的电气绝缘性能。

根据机械强度不同，绝缘绳可分为常规强度绝缘绳和高强度绝缘绳两种。高强度绝缘绳采用高强度合成纤维材料制成，较常规强度绝缘绳的断裂强度增高 1 倍以上。

根据编织工艺不同，绝缘绳分为编织绝缘绳、绞制绝缘绳索和套织绝缘绳三种。

2. 绝缘绳的型号规格标志

绝缘绳的型号规格标志由 4 部分组成，如图 5-1-6 所示。

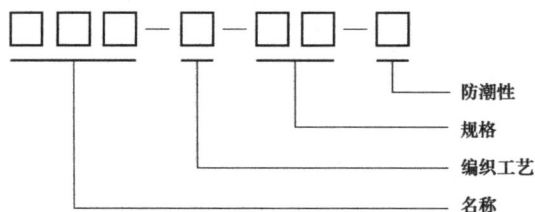

图 5-1-6　绝缘绳的型号规格标志

第一部分代表绝缘绳的名称，由 3 个大写英文字母组成，表示绝缘绳的种类；第二部分代表编织工艺，用 1 个大写英文字母表示；第三部分代表绝缘绳的规格，即绝缘绳的直径，由 2 个数字组成；第四部分代表绝缘绳的防潮性，对于防潮型绝缘绳用 F 表示，非防潮型绝缘绳可省略。几种常见的绝缘绳型号规格如表 5-1-6 所示。

表 5-1-6　　　　　　　　　　　　常见绝缘绳型号规格

型号	名称	编织工艺	规格（mm）	防潮性
TJS-B-12	天然纤维绝缘绳	编织型	Φ12	—
HJS-J-10	合成纤维绝缘绳	绞制型	Φ10	—
HJS-B-16-F	合成纤维绝缘绳	编织型	Φ16	防潮型
GJS-T-18	高强度绝缘绳	套织型	Φ18	—
GJS-B-18-F	高强度绝缘绳	编织型	Φ18	防潮型

3. 绝缘绳的使用与保管

（1）绝缘绳应避免不必要地暴露在高温、阳光下，也要避免和机油、油脂、变压器油、工业乙醇接触，严禁与强酸、强碱物质接触。

（2）每 6 个月应对绝缘绳进行一次例行检验，每年进行一次抽样检验。检查项目可依据国家标准《带电作业用绝缘绳索》（GB/T 13035—2008）进行。

（3）对已潮湿的绝缘绳应进行干燥处理，但干燥的温度不宜超过 65℃。

（4）常规型绝缘绳适用于晴朗干燥气候条件下的带电作业；防潮型绝缘绳适用于无雨雪、无持续浓雾的各种气候条件下作业。

（5）禁止将绝缘绳贮存在阳光或有其他光源直射的地方，禁止储存在热源附近。

（6）可根据绝缘绳使用频度和状况，并考虑到电气化学和环境储存等因素可能造成的老化，确定绝缘绳的使用年限。绝缘绳的使用年限一般为 5 ～ 8 年。

做一做 ⚡ 根据老师给出的带电作业案例，选择合理可用的绝缘绳，并写出其主要参数。

任务实施

一、明确任务

带电搭接引流线作业是中压配电线路中开展频率较多的带电作业任务。通常采用"绝缘斗臂车＋绝缘手套作业法"进行作业，但在绝缘斗臂车不方便达到的地方，可采用"绝缘平台＋绝缘手套作业法"或者采用绝缘操作杆作业法进行作业。本任务的主要内容是采用绝缘手套作业法完成 10kV 线路带电搭接引流线。

二维码 5-1-4
绝缘杆作业法
搭 接 引 流 线
（动画）

> 说一说 ⚡ 在进行具体现场作业前，工作人员应该提前做哪些方面的准备工作？

二、准备工作安排

根据作业任务内容，工作负责人应组织人员勘察现场、制定作业方案、安排作业人员等准备工作。

1. 现场勘察

工作负责人必须组织有经验的工作人员到现场进行勘察，了解现场气象条件，如遇雷电、雪、冰雹、雨、雾等天气，则不准进行带电作业，如相对湿度超过80% 或风力大于 5 级（风速为 10m/s）的天气，则不宜进行带电作业。如因特殊原因必须在恶劣天气进行带电抢修作业，则应组织有关人员充分讨论并编制必要的安全措施，经本单位总工程师批准后方可实施。

根据工作任务内容，了解工作区域是否需要停电或停电的范围以及作业现场条件和工作环境，并对现场危险点进行分析。根据勘察结果做出能否进行带电作业的判断，制定作业方案，确定作业方法，设计作业步骤，明确工艺标准，确定危险点控制和安全防范措施及注意事项。

2. 确定工作人员并组织学习作业指导书

开展工作前，必须明确工作人员类别、工作职责、人员要求和数量。采用"绝缘斗臂车＋绝缘手套作业法"作业时，工作人员应包含工作负责人 1 名、专责监护人 1 名、斗内电工 2 名、地面电工 1～2 名、特种车辆操作人员 1 人；采用"绝缘平台＋绝缘手套作业法"作业时，工作人员包含工作负责人 1 名、专责监护人 1 名、杆上作业人员 2 名，地面电工 1～2 名。各工作人员必须符合《电力安全工作规程　电力线路部分》（GB 26859—2011）中的要求，严格履行安全责任。对工作人员的具体要求如下：

（1）所有工作人员应身体健康、精神状态良好，无妨碍作业的生理和心理障碍。

（2）所有带电作业人员应具有电工原理和电力线路的基本知识，掌握带电作业的基本原理和操作方法，熟悉作业工具的使用，熟悉带电作业内容、作业流程和技术要求，并掌握安全措施。必须经过带电作业培训，考试合格并持证上岗。

（3）工作负责人应具有一定的带电作业实践工作经验，熟悉设备状况，具有一定的组织能力和事故处理能力，并取得工作负责人资格。

（4）专责监护人应由具有带电作业经验的人员担任，且必须掌握安全工作相关知识。

（5）地面电工必须经过带电作业培训，考试合格并持证上岗。

（6）斗内电工必须熟练掌握各种工器具的使用方法和注意事项，必须经过带电作业培训，考试合格并持证上岗。

（7）特种车辆操作人员必须熟悉绝缘斗臂车的操作程序及绝缘工具的正确使用。

（8）杆上作业人员应具有熟练且安装绝缘平台的能力，熟悉绝缘平台上作业的操作程序及绝缘工具的正确使用方法，必须经过带电作业培训，考试合格并持证上岗。

确定工作人员后，工作负责人应组织学习《10kV带电作业指导书》，明确作业流程及要求，对作业任务内容、工作步骤、技术要求做到心中有数，对作业中的危险点提出防控措施。

> **安全小贴士** ⚡《作业指导书》是作业者实施标准化、规范化作业的指导性基准。实施任何一项作业前，应由工作负责人组织工作人员对其进行认真学习；作业时必须依据《作业指导书》的要求实施作业。违反《作业指导书》的要求，可能导致事故发生。工作人员应具有较强的风险意识和法律法规意识，养成良好的依规作业习惯。

3. 准备材料及工具

工作负责人组织人员按要求准备所需材料和工具，检查所需工具、材料是否满足作业项目需要，检查带电作业工具是否合格且在有效试验周期内，是否有损坏、受潮、变形、失灵、脏污等情况。工作所需配置工器具及仪器仪表的型号、规格和数量见表5-1-7。

表 5-1-7　　　　　　　　　　　　　　工器具及仪器仪表

序号	名称	数量	序号	名称	数量
1	绝缘斗臂车	1 辆	17	绝缘服	2 套
2	绝缘毯	若干	18	绝缘手套	2 副
3	绝缘绳	1 条	19	防护手套	2 副
4	绝缘毯夹	若干	20	绝缘安全帽	2 顶
5	导线遮蔽罩	若干	21	绝缘安全带	2 条
6	耐张绝缘子遮蔽罩	若干	22	绝缘靴	2 双
7	引线遮蔽罩	若干	23	脚扣	2 副
8	横担遮蔽罩	若干	24	护目镜	2 副
9	锲型线夹	若干	25	核相器	1 个
10	锲型线夹工具	1 套	26	风速测试仪	1 个
11	绝缘断线器	1 把	27	湿度仪	1 个
12	绝缘检测仪	1 套	28	安全围栏	若干
13	绝缘测距杆	1 把	29	标示牌	若干
14	绝缘导线剥皮器	1 把	30	抱杆式绝缘平台（采用"绝缘平台＋绝缘手套作业法"时使用）	2 套
15	高压验电器	1 只			
16	绝缘操作杆	1 根			

　　除上述材料及工器具外，还应准备作业指导书、配电线路接线图、历史作业记录以及现场作业表单等技术资料，以备作业现场进行查看和使用。

4. 危险点分析与预防控制措施

（1）绝缘斗臂车操作不到位（采用绝缘平台＋绝缘手套作业法时不存在该危险点）。应选择合适位置停靠绝缘斗臂车，支腿要结实可靠。使用前应在预定位置空斗操作一次，确认液压传动、回转、升降、伸缩系统工作正常，操作灵活，制动可靠。绝缘斗臂车移动过程中，应防止与电杆、导线及周围障碍物碰撞，当绝缘斗距离有电线路 2m 范围内时，应缓慢移动，动作平稳，严禁使用快速档。作业现场和绝缘斗臂车两侧应根据道路情况设置安全围栏或路障，防止他人误入。

（2）作业人员触电。

1）工作中如遇雷电、雪、冰雹、雨、雾或风力大于 5 级（风速为 10m/s）的天气时，工作负责人应立即停止现场作业，当相对湿度超过 80% 时，应采取防潮措施。

2）带电作业人员作业时，人身与带电体的安全距离不小于 0.4m，绝缘臂最小有效长度为 1m，绝缘绳索的有效绝缘长度应不小于 0.4m，如不能保持上述安全距离，则必须增加绝缘遮蔽措施。

3）装设、拆除绝缘遮蔽时应戴绝缘手套，必要时使用绝缘操作杆。一相作业完成后，应迅速恢复绝缘遮蔽，再对另一相开展作业。

4）作业时严禁人体同时接触2个不同电位。

（3）高空坠落及高处坠物伤人。采用"绝缘斗臂车+绝缘手套作业法"作业时，绝缘斗臂车工作斗内的作业人员应穿戴绝缘安全帽和绝缘安全带，安全带应系在工作斗内专用挂钩上。现场作业人员必须戴好安全帽，严禁在绝缘液压臂及作业点垂直下方站人。如采用"绝缘平台+绝缘手套作业法"作业时，则严禁在绝缘平台及作业点垂直下方站人。上下传递材料、工器具时应使用绝缘绳，严禁上下抛掷。

安全小贴士 ⚡ 危险点分析是实施作业前必须要完成的一项工作，通过认真分析作业过程中可能存在的风险，提前做好预防方案及措施，能够有效降低事故发生的概率。作业人员在做好预防措施的同时，还需不断培养勇于探索、吃苦耐劳、不怕艰险的精神，不断克服工作中的困难。

三、"绝缘斗臂车+绝缘手套作业法"作业流程

1. 工具储运与检查

根据工器具和仪器仪表清单领用作业所需工器具、仪器及材料，对工器具电压等级和试验周期等内容进行核对查验，对绝缘工器具外观进行仔细检查。在工器具和仪器仪表运输过程中应注意正确存放，绝缘工器具应与金属工具分开装运，以防相互碰撞导致绝缘工器具外部受损降低其绝缘水平。

2. 现场作业准备

依据已办理好的工作票到达作业现场以后，按照带电作业现场标准化作业流程的要求，完成作业人员身体状况检查和现场风速、空气湿度等数据的测量。做好与调度联系工作，召开站班会，交代安全措施等内容。检查核对线路情况及工器具、材料的准备工作是否完备，根据道路情况设置安全围栏、标示牌或路障。

3. 绝缘斗臂车停放

作业时根据带电工作的位置，将绝缘斗臂车定位于最适宜作业的位置并可靠接地，停放的位置应便于绝缘斗臂车工作斗作业，避开电力线路和障碍物，且应与线路平行停放，停放区域坡度不大于7°。遇软土地面时，应使用垫块或枕木，重叠垫放时不得超过2块。车辆整体应呈水平状态，支腿受力，车轮离地。

在绝缘斗臂车及作业点周围应设置安全围栏、警示带和"在此工作""从此出入"等标示牌。

4. 穿戴防护用具

绝缘斗臂车工作斗内电工应佩戴好绝缘安全帽，系好绝缘安全带，穿戴好绝缘手套、外层防护手套和绝缘披肩，戴上护目镜。工作负责人检查斗内电工穿戴绝缘防护用具的情况，确认无误后，斗内电工方可进入工作斗。

5. 电工进入工作斗并上升工作斗

根据现场作业环境将绝缘斗臂车停放至合适位置，并进行试操作检查。作业人员进入工作斗前，应检查工作斗是否超载。检查完毕后，斗内电工携带工器具进入工作斗，将安全带的钩子悬挂在斗内专用挂钩上，将工器具、材料分类放置在斗中和工具袋中，工器具的金属部分不准超出工作斗沿面。工器具和人员的总重量不得超过工作斗额定载荷。完成上述准备工作后，操作工作斗平稳上升，且在操作时要选择好工作斗的升起回转路径，避开可能影响斗臂车升起、回转的障碍物。

6. 进入带电作业区

经工作监护人许可后，斗内电工操作绝缘斗臂车工作斗进入带电作业区域。此过程中，要求工作斗无大幅晃动现象，上升下降速度不超过 0.5m/s，工作斗边沿的最大线速度不超过 0.5m/s。

7. 绝缘隔离作业

经工作监护人许可后，斗内电工移动工作斗分别到达内边相、外边相和中间相的合适位置处，依据由下到上、从近到远的原则，依次对绝缘子两侧导线、绝缘子绑扎线、绝缘子铁件和横担等部件进行绝缘子遮蔽隔离。斗内电工对带电体设置绝缘遮蔽隔离措施时，动作应轻缓，与横担、电杆等地电位构件间的安全距离不小于 0.4m，与相邻导线间安全距离不小于 0.6m。绝缘遮蔽隔离措施应严密牢固，绝缘遮蔽组合的重叠距离不得小于 0.15m。

8. 搭接引流线

（1）搭接引流线作业时，绝缘斗臂车工作斗内两名电工应相互配合和监督。获得工作监护人许可后，斗内电工将工作斗调整至横担下方，并保持 0.4m 以上安全距离，测量三相引流线的长度，告知地面作业人员准备好引流线并配合将引流线传至绝缘斗臂车工作斗内。

（2）斗内电工将工作斗调整到带电导线下，展开引流线，清除引流线连接处的氧化层，直至符合连接要求。

（3）搭接引流线时，斗内电工将该相引流线提升至主干线处，拆除该相导线的绝缘保护措施。在预定位置处连接引流线与主干线，采用并沟线夹法将并沟线夹安装在线路导线及引流线上，并沟线夹的一个槽卡住导线，一个槽卡住引流线，拧紧并沟线夹螺栓，搭接完毕该相导线后，恢复绝缘遮蔽。

采用相同的方法，对其他两相引流线进行搭接，搭接完毕后恢复绝缘遮蔽。作业过程中出现异常状况应立即停止操作，并及时进行处理，符合作业安全要求后方可继续作业。作业中应使用绝缘绳上下传递工器具、材料，严禁上下抛掷。

9. 拆除绝缘遮蔽并退出带电作业工位

工作负责人检查确认全部工作完毕后，斗内电工开始拆除绝缘遮蔽。绝缘遮蔽的拆除顺序与其安装顺序相反，依据由上到下、从远到近的原则进行。绝缘遮蔽全部拆除后，斗内电工确认无遗留物品，经工作负责人同意后，斗内电工操作工作斗返回地面。

10. 作业终结

作业完成后，清理工作现场，检查工器具、材料的回收是否齐全。工作负责人对现场和工作质量进行全面检查，组织全体作业人员召开收工会。全体作业人员撤离工作现场，工作负责人向工作许可人汇报工作情况，履行工作终结手续。最后，召开班后会，对工作进行总结，整理资料并归档。

四、"绝缘平台＋绝缘手套作业法"作业流程

1. 工具储运检查与现场作业准备

"绝缘平台＋绝缘手套作业法"与"绝缘斗臂车＋绝缘手套作业法"的主要区别就是作业中采用绝缘平台代替了绝缘斗臂车，其作业流程的前两项"工具储运与检查"和"现场作业准备"与"绝缘斗臂车＋绝缘手套作业法"相同，此处不再赘述。

2. 穿戴防护用具

登杆电工应佩戴好绝缘安全帽，系好绝缘安全带，穿戴好绝缘手套、外层防护手套和绝缘披肩，戴上护目镜。工作负责人检查登杆电工穿戴绝缘防护用具的情况，确认无误后，登杆电工方可登杆作业。

3. 登杆安装绝缘平台

（1）两名杆上作业人员穿戴好绝缘防护用具，在登杆前检查杆根、基础、拉线是否牢固，登高工具是否完整牢靠。检查完毕无误后，对安全带及脚扣做冲击试验，合格后携带绝缘绳索登杆至预定位置，系好安全带并挂好绝缘绳。

（2）两名杆上作业人员使用绝缘操作杆配合遮蔽两边相，人体、工具及材料与带电体的安全距离不小于 0.4m。

（3）地面作业人员利用绝缘绳将绝缘平台传至杆上，杆上作业人员相互配合将绝缘平台安装于杆上适当位置。绝缘平台的安装应正确牢固，安装位置应便于进行搭接电源及作业后的平台拆除工作。安装完毕后应对平台进行承载冲击，确保满足承载作业人员的要求。

4. 绝缘隔离作业

经工作监护人许可后，杆上作业人员相互配合，依据由下到上、从近到远的原则进行绝缘遮蔽，遮蔽重合部分不得小于 0.15m，装设遮蔽罩过程中动作应尽量小，遮蔽完成后进行检查确认。

5. 搭接引流线

（1）搭接引流线作业时，杆上作业人员应相互配合和监督，作业前应对作业对象所连接设备的接电情况进行检查，确认其接触良好固定可靠。杆上作业人员测量三相引流线的长度，告知地面作业人员准备好引流线并配合将引流线传至绝缘平台上。

（2）杆上作业人员将引流线展开，清除引流线连接处的氧化层，直至符合连接要求。

（3）搭接引流线时，杆上作业人员将该相引流线提升至主干线处，拆除该相导线的绝缘保护措施。在预定位置处连接引流线与主干线，采用并沟线夹法将并沟线夹安装在线路导线及引流线上，并沟线夹的一个槽卡住导线，一个槽卡住引流线，拧紧并沟线夹螺栓，搭接完毕该相导线后，恢复绝缘遮蔽。

采用相同的方法，对其他两相引流线进行搭接，搭接完毕后恢复绝缘遮蔽。作业过程中出现异常状况应立即停止操作，并及时进行处理，符合作业安全要求后方可继续作业。作业中应使用绝缘绳上下传递工器具、材料，严禁上下抛掷。

6. 拆除绝缘遮蔽并退出带电作业工位

工作负责人检查确认全部工作完毕后，杆上作业人员开始拆除绝缘遮蔽和绝缘平台。绝缘遮蔽的拆除顺序与其安装顺序相反，依据由上到下、从远到近的原则进行。绝缘遮蔽和绝缘平台全部拆除后，杆上作业人员确认无遗留物品，经工作负责人同意后，杆上作业人员返回地面。

7. 作业终结

作业完成后，清理工作现场，检查工器具、材料的回收是否齐全。工作负责人对现场和工作质量进行全面检查，组织全体作业人员召开收工会。全体作业人员撤离工作现场，工作负责人向工作许可人汇报工作情况，履行工作终结手续。最后，召开班后会，对工作进行总结，整理资料并归档。

做一做　⚡　每 5~6 人组成一个作业班组，借助实训场地的电力安全工器具，依据国家标准《配电线路带电作业技术导则》（GB/T 18857—2019）的相关要求，采用"绝缘平台 + 绝缘手套作业法"，模拟 10kV 配电线路不停电搭接引流线作业。

二维码 5-1-5
绝缘手套作业法、接跌落式熔断器引流线（动画）

🏅 **任务评价**

10kV 线路带电搭接引流线成果评价表见表 5-1-8。

表 5-1-8　　　　　　　　10kV 线路带电搭接引流线成果评价表

评价项目	评价内容	评价标准	评价等级		
			自评	组评	师评
资料准备（10分）	专业资料准备（10分）	优：能根据任务，熟练查找专业网站和专业书籍，咨询资深专业人士，获取需要的较全面的专业资料 良：能根据任务，查找专业网站或专业书籍，或通过资深专业人士，获取需要的部分专业资料 差：没有查找专业资料或资料极少	优□ 良□ 差□	优□ 良□ 差□	优□ 良□ 差□
实际操作（70分）	着装和工器具选用（15分）	优：正确着装，正确选取安全工器具，正确布置工作现场 良：未正确着装，未正确选取安全工器具，正确布置工作现场 差：未正确着装，未正确选取安全工器具，未正确布置工作现场	优□ 良□ 差□	优□ 良□ 差□	优□ 良□ 差□
	工器具检查（15分）	优：正确进行安全工器具的外观、电压和有效试验期等检查 良：正确进行安全工器具的外观、电压检查，未进行有效试验期和标示牌字迹等检查 差：安全工器具检查不标准或未检查	优□ 良□ 差□	优□ 良□ 差□	优□ 良□ 差□
	搭接引流线操作（30分）	优：操作顺序正确，操作规范，在规定时间内完成 良：操作顺序正确，操作不是很规范，操作略超出规定时间 差：操作顺序错误或操作严重错误，时间过长	优□ 良□ 差□	优□ 良□ 差□	优□ 良□ 差□
	清理现场（10分）	优：清理工作现场干净，整理收放工具整洁 良：清理工作现场基本干净，工具未整理 差：未清理工作现场，工具未整理	优□ 良□ 差□	优□ 良□ 差□	优□ 良□ 差□
基本素质（20分）	严谨细致（10分）	优：能按规程要求进行细致操作 良：能完成操作，但过程中有省略步骤 差：不能按照规程要求完成操作	优□ 良□ 差□	优□ 良□ 差□	优□ 良□ 差□
	遵章守纪（10分）	优：能完全遵守现场管理制度和劳动纪律，无违纪行为 良：能遵守现场管理制度，迟到/早退1次 差：违反现场管理制度，或有1次旷课	优□ 良□ 差□	优□ 良□ 差□	优□ 良□ 差□
小组意见					
教师意见					
总成绩	优□ 良□ 差□	备注	总成绩 = 自评 ×0.2+ 组评 ×0.3+ 师评 ×0.5 各级权重：优 =1；良 =0.8；差 =0.5		

任务深化

拓展阅读

我国带电作业技术的强国之路

随着我国科学技术和经济社会的快速发展，电网规模不断扩大，电力客户对供电稳定性和可靠性的要求更高，尤其是生产企业用户，停电会给其生产经营带来较大影响。如何促进电力电网安全运行，对于保障工业化进程、提高客户用电质量都具有重要意义。

带电作业方式是提升线路稳定性的核心手段，也是电网线路及设备稳定运行的关键，能有效促进电力作业水平提高。采用带电作业方式是当下优质供电服务得以实现的重要方法，对我国现代化电网运行维护技术的发展也至关重要。

20 世纪五十年代初，我国正式开展带电作业。1954 年，鞍山电力作业人员采用桦木制作的绝缘棒成功完成了国内首次地电位带电作业，不停电更换了 3.3kV 线路的铁担、绝缘子等，正式拉开了国内带电作业研究及推广的序幕。1958 年，东北电业局研发设计了国内首套 220kV 电压等级输电线路带电检修工具，为推进各个电压等级的不停电作业奠定了基础。同年，沈阳中心试验所实现了 220kV 线路的等电位作业，完成了导线的修补工作，标志着我国掌握了 3.3 ~ 220kV 电压等级的带电作业技术，推动了国内等电位检修技术的推广应用进程。1960 年，水利电力出版社出版《高压架空线路不停电检修安全工作规程》，该标准规定了不停电检修作业的安全组织措施和技术措施，成为我国第一部不停电检修规程，也是国内首部关于带电作业的指导规程。1979 年，我国开始建设 500kV 电压等级的输变电工程，此后，500kV 带电更换直线绝缘子串、更换耐张绝缘子串、修补导线等工作方法和工具都已研制成功，并进入实施阶段。

2000 年以后，我国陆续实现了 220kV 紧凑型线路的带电作业、500kV 线路的直升机带电作业、直流 ±500kV 和 ±800kV 带电作业以及 1000kV 电压等级带电作业，带电作业覆盖目前运行的所有电压等级。

虽然我国带电作业技术的发展较其他国家起步晚，但是在国家大力支持下，我国相关人员在基础研究、技术突破等方面投入大量精力。经过近七十年的发展，我国带电作业实现了从无到有，从有到精的飞跃发展，直至跻身于世界先进行列，为推动我国经济社会发展和国家强大作出了巨大的贡献。目前，除了人工带电作业以外，带电作业爬杆机器人、带电作业机器臂等智能带电作业设备的研究进入高速发展阶段，是推动我国电力科技革命和电力产业变革的必经之路。

📋 **自检自测**

1. 在 10kV 带电作业时，人身与带电体的安全距离不准小于（　）m。

A. 0.4 　　　　　B. 0.6 　　　　　C. 0.7 　　　　　D. 0.8

2. 10kV 及以下设备的最小安全距离为（　）m。

A. 0.4 　　　　　B. 0.6 　　　　　C. 0.7 　　　　　D. 1

3. 操作绝缘斗臂车回转机构回转时，工作斗外缘的线速度不应（　）。

A. 大于 0.5m/s 　　B. 小于 0.5m/s 　　C. 大于 0.1m/s 　　D. 小于 0.1m/s

4. 操作绝缘斗臂车接近和离开带电部位时，（　）。

A. 应由下部操作人员操作

B. 可以由斗内人员操作，也可以由下部操作人员操作

C. 应由斗内人员操作，下部操作人员进行辅助监护

D. 应由斗内人员操作，但下部操作人员不得离开操作台

5. 带电作业的绝缘材料，要求吸水性（　）。

A. 一般 　　　　　B. 低 　　　　　C. 较高 　　　　　D. 很高

6. 带电作业时，作业人员进入绝缘斗内，一般应先（　）。

A. 穿绝缘衣 　　　B. 戴绝缘手套 　　C. 穿绝缘鞋 　　　D. 系安全带

7. 带电作业时风力大于（　）级，或湿度大于 80% 时，不宜带电作业。

A. 3 　　　　　　B. 4 　　　　　　C. 5 　　　　　　D. 6

8. 带电作业工作过程中，绝缘斗臂车工作中车体应接地，发动机不得熄火。这种说法是否正确？（　）

A. 正确 　　　　　B. 不正确

9. 绝缘斗臂车绝缘臂下节的金属部分，在仰起回转过程中，对带电体的距离应按安全距离的规定值增加（　）m。工作中车体应良好接地。

A. 0.3 　　　　　B. 0.5 　　　　　C. 1.0 　　　　　D. 0.75

10. 绝缘杆作业法断接引线登杆作业过程中，杆上作业人员应（　）安全带。

A. 视情况使用 　　B. 不用 　　　　C. 全程使用 　　　D. 全程不用

📱 **实践实拍**

以线上视频为学习资源，或在作业现场观察绝缘斗臂车的作业全过程，记录并列出作业斗臂车作业时的注意事项。

任务 2　10kV 线路带电更换针式瓷绝缘子

任务启化

做一做 ⚡ 10kV 线路带电更换针式瓷绝缘子工作页，见表 5-2-1。

表 5-2-1　　　　　　　　10kV 线路带电更换针式瓷绝缘子工作表

工作内容	分小组模拟现场班组，查询资料，画出带电更换针式瓷绝缘子作业流程图，并填写《危险点预控措施票》和《现场勘察记录》。
工作目标	培养吃苦耐劳、踏实肯干、规范作业的职业精神，提高工程质量意识，推动国家电力安全高质量发展；熟悉带电作业常见工作票办理流程，掌握工作票、记录等相关表单的填写。
工作准备	由 4~6 名学生组成现场班组，组长组织组员梳理本次作业工作流程，列出应办理的工作票和填写的记录表。
工作思考	（1）为什么要开展 10kV 线路带电作业？对于我国电力的高质量发展有何意义？ （2）填写工作票、作业记录等表单时，应注意哪些事项？电力线路工作的安全组织措施体现了电力人的哪些精神？

续表

工作过程	（1）整理线路工作安全组织措施相关内容，并进行讨论学习。 （2）列出本次作业工作流程和应填写的工作票、记录表。 （3）认真填写工作票、记录表。
总结反思	（1）通过完成上述工作页，你学到哪些知识或技能？遇到哪些难题？ （2）通过完成本工作页，你掌握了哪些内容？认真思考为什么要在作业中严格执行相关规章制度？工作中需要具备哪些精神？
工作组成员	
工作点评	

二维码 5-2-1
工作票的使用
知识锦囊

二维码 5-2-2
工作票的办理
知识锦囊

说一说 ⚡ 为什么要填写并办理工作票？

📢 任务描述

以 10kV 线路带电更换 A、B、C 三相针式瓷绝缘子作业为例，介绍了 10kV 带电作业工作流程、危险点分析与预防以及工作票和工作记录的填写。通过学习本节内容，掌握 10kV 带电作业危险点分析与预防控制，熟悉作业流程和注意事项，掌握《带电作业工作票》《危险点预控措施票》《现场勘察记录》《班前、班后会记录》的填用。

◎ 任务目标

1. 素养目标

（1）培养吃苦耐劳、踏实肯干、规范作业的职业精神。

（2）提高安全生产意识和工程质量意识。

（3）提升学生的民族自豪感，培养学生中国"电力"精神，激发学生争做电力行业的大国工匠。

2. 知识目标

（1）熟悉电力线路工作的安全组织措施。

（2）掌握 10kV 带电作业危险点分析与预防控制。

（3）掌握工作票及作业记录的填写。

3. 能力目标

（1）具备分析危险点并提出预防控制措施的基本能力。

（2）具备办理工作票的能力。

（3）具备填写工作票、记录单等表单的能力。

📋 任务资料

一、绝缘子

> 说一说 ⚡ 你知道绝缘子是干什么用的吗？常见的绝缘子有哪些种类？

1. 绝缘子概述

绝缘子是用来支持导体并使其绝缘的器件，一般由瓷材料或钢化玻璃材料制成。多个串接的绝缘子元件称为绝缘子串，多个绝缘子串适当连在一起的元件组合称为绝缘子串组。

常见绝缘子有盘形悬式绝缘子、棒形悬式复合绝缘子、线路柱式绝缘子、线路针式瓷绝缘子、架空输电线路地线用绝缘子、棒形支柱绝缘子、空心绝缘子、高压线路蝶式瓷绝缘子等。

高压架空输电线路地线用绝缘子结构型式如图 5-2-1 所示。高压线路蝶式瓷绝缘子结构型式如图 5-2-2 所示。

各类绝缘子产品型号的编制可依据行业标准《绝缘子产品型号编制方法》（JB/T 9683—2012）执行。

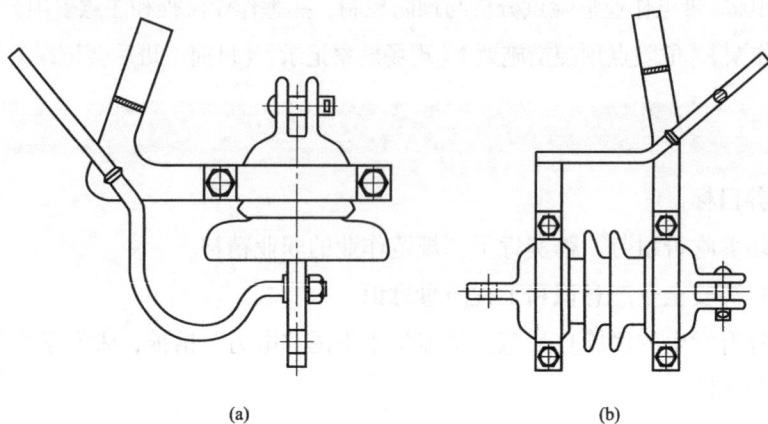

(a)　　　　　　　　　　　　(b)

图 5-2-1　高压架空输电线路地线用绝缘子

（a）盘形悬式地线瓷绝缘子（悬垂）；（b）长棒形地线瓷绝缘子（耐张式）

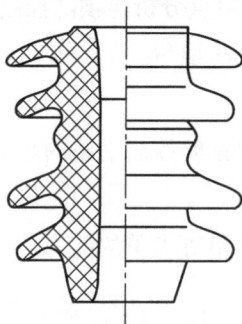

图 5-2-2　高压线路蝶式瓷绝缘子

2. 针式瓷绝缘子

针式瓷绝缘子的结构型式分为胶装式和螺纹连接式两类。胶装式针式瓷绝缘子可分为胶装式普通型针式绝缘子、胶装式多伞棱针式绝缘子、胶装式加强绝缘 1 型针式绝缘子和胶装式加强绝缘 2 型针式绝缘子、胶装式叠加型针式绝缘子五种。螺纹连接式针式瓷绝缘子可分为螺纹连接式加强绝缘 1 型针式绝缘子和螺纹连接式加强绝缘 2 型针式绝缘子两种。如图 5-2-3 为胶装式普通型针式绝缘子的结构型式，图 5-2-4 为螺纹连接式加强绝缘 1 型针式绝缘子的结构型式。

高压线路针式瓷绝缘子的型号一般由 6 组数字和字母组成，如图 5-2-5 所示。如产品型号 PL4.0/95S20/255 表示：线路针式瓷绝缘子，规定弯曲耐受负荷等级 4.0kN，雷电冲击耐受电压等级 95kV，瓷件与钢脚螺纹连接，下端连接螺纹直径

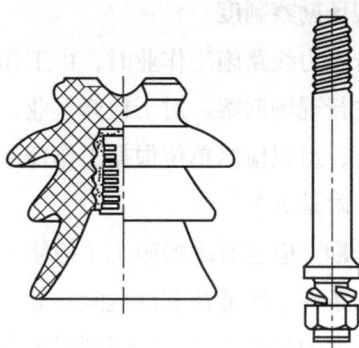

图 5-2-3　胶装式普通型针式绝缘子　　图 5-2-4　螺纹连接式加强绝缘 1 型针式绝缘子

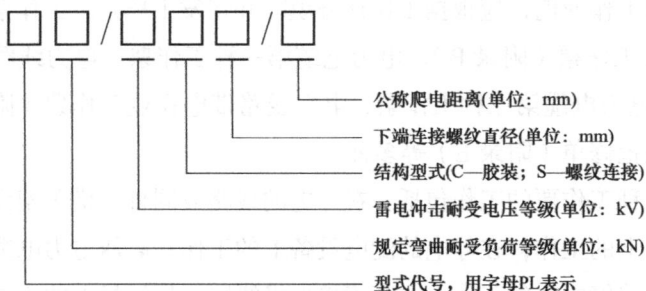

公称爬电距离(单位: mm)

下端连接螺纹直径(单位: mm)

结构型式(C—胶装; S—螺纹连接)

雷电冲击耐受电压等级(单位: kV)

规定弯曲耐受负荷等级(单位: kN)

型式代号, 用字母 PL 表示

图 5-2-5　针式瓷绝缘子型号组成

20mm, 公称爬电距离 255mm。

常用的针式瓷绝缘子型号有: PL1.4/60C16/150, PL1.4/75C16/195, PL2.0/95C20/280, PL2.0/95C16/255, PL2.0/95C20/255, PL4.0/95S20/255, PL3.5/105S20/450。

做一做 ⚡ 查询一下常见针式瓷绝缘子的主要尺寸、机械和电气特性。

二、电力线路工作的安全组织措施

在电力线路上进行作业时, 为保证作业人员的人身安全以及线路的运行安全, 必须采取有效的组织措施, 包括现场勘察制度、工作票制度、工作许可制度、工作监护制度、工作间断制度以及工作终结和恢复送电制度。

说一说 ⚡ 你知道在电力线路工作中保证安全的组织措施有哪些吗?

1. 现场勘察制度

进行电力线路施工作业时，由工作票签发人或工作负责人组织施工单位根据工作任务进行现场勘察。对于检修作业，当工作票签发人或工作负责人认为有必要现场勘察时，组织检修单位根据工作任务进行现场勘察。现场勘察时，应填写现场勘察记录（附录 A）。

现场勘察应查看现场施工（检修）作业需要停电的范围、保留的带电部位和作业现场的条件、环境及其他危险点等。根据现场勘察结果，对危险性、复杂性和困难程度较大的作业项目，应编制组织措施、技术措施、安全措施，经本单位分管生产的领导（总工程师）批准后执行。

2. 工作票制度

在电力线路上作业前，应根据工作任务填写并签发工作票。工作票的种类包括电力线路第一种工作票（附录 B）、电力电缆第一种工作票、电力线路第二种工作票（附录 C）、电力电缆第二种工作票、电力线路带电作业工作票（附录 D）和电力线路事故紧急抢修单（附录 E）等多种。

适用于第一种工作票的工作包括：在停电的线路或同杆（塔）架设多回线路中的部分停电线路上的工作；在停电的配电设备上的工作；高压电力电缆需要停电的工作；在直流线路停电时的工作；在直流接地极线路或接地极上的工作。

适用于第二种工作票的工作包括：带电线路杆塔上且与带电导线最小安全距离不小于表 5-2-2 中规定的工作；在运行中的配电设备上的工作；电力电缆不需要停电的工作；直流线路上不需要停电的工作；直流接地极线路上不需要停电的工作。

带电作业或与邻近带电设备距离小于表 5-2-2 但大于表 5-2-3 规定的工作，适用于带电作业工作票。事故紧急抢修可不用工作票，但应使用事故紧急抢修单。

表 5-2-2　　　　　在带电线路杆塔上工作与带电导线最小安全距离

电压等级（kV）	安全距离（m）	电压等级（kV）	安全距离（m）
交流线路			
10 及以下	0.7	330	4.0
20、35	1.0	500	5.0
66、110	1.5	750	8.0
220	3.0	1000	9.5
直流线路			
±50	1.5	±660	9.0
±400	7.2	±800	10.1
±500	6.8		

表 5-2-3			带电作业时人身与带电体的安全距离			
电压等级（kV）	10	35	66	110	220	330	500
距离（m）	0.4	0.6	0.7	1.0	1.8	2.6	3.4
电压等级（kV）	750	1000	±400	±500	±660	±800
距离（m）	5.2	6.8	3.8	3.4	4.5	6.8

应使用统一的票面格式，用黑色签字笔认真填写工作票，将内容填写正确、清楚，不得任意涂改。如有个别错、漏字需要修改时，应使用规范的符号，字迹要清楚。工作票一式两份，由工作票签发人审核，签名后方可执行。工作票一份交工作负责人，一份留存工作票签发人或工作许可人处。应注意，一张工作票中，工作票签发人和工作许可人不得兼任工作负责人，在工作期间，工作票应始终保留在工作负责人手中。

第一、二种工作票和带电作业工作票的有效时间，以批准的检修期为限。第一种工作票需办理延期手续，应在有效时间尚未结束以前由工作负责人向工作许可人提出申请，经同意后给予办理。第二种工作票需办理延期手续，应在有效时间尚未结束以前由工作负责人向工作票签发人提出申请，经同意后给予办理。第一、二种工作票的延期只能办理一次。带电作业工作票不准延期。

3. 工作许可制度

填用第一种工作票进行工作时，在全部工作许可人许可后，工作负责人才能开始工作。许可方式包括当面通知、电话下达和派人送达三种。填用电力线路第二种工作票时，不需要履行工作许可手续。

4. 工作监护制度

工作票签发人或工作负责人对有触电危险、施工复杂容易发生事故的工作，要增设专责监护人，专责监护人不准兼做其他工作。

工作许可手续完成后，工作负责人和专责监护人应向工作班组成员交待工作内容、人员分工、带电部位、危险点和现场安全措施等内容，并履行确认手续。装完工作接地线后，工作班组才能开始工作。工作负责人、专责监护人应始终在工作现场，对工作班人员的安全进行认真监护，及时纠正不安全的行为。

安全小贴士：专责监护人是实施监护工作的主要责任人之一，是发现安全隐患、减少安全事故的一道重要防线。专责监护人务必尽职尽责，提高工作使命感和责任感，在实施监护工作时不可兼做其他工作。

5. 工作间断制度

在工作中遇雷、雨、大风或其他任何情况威胁到作业人员的安全时，工作负责人或专责监护人可根据情况，临时停止工作。白天工作间断时，工作地点的全部接地线仍保留不动。如果工作班需暂时离开工作地点，则应采取安全措施和派人看守，防止人、畜接近挖好的基坑、未竖立稳固的杆塔、负载起重牵引机械装置等。恢复工作前，还要检查接地线等各项安全措施的完整性。

6. 工作终结和恢复送电制度

完工后，工作负责人（包括小组负责人）要检查线路检修地段的状况，确认在杆塔、导线、绝缘子串及其他辅助设备上是否遗留个人保安线、工具、材料等，查明全部作业人员是否由杆塔上撤下。无误后再拆除工作地段所挂的接地线。接地线拆除后，应即认为线路带电，不准任何人再登杆进行工作。

工作终结后，工作负责人要当面或通过电话及时向工作许可人报告。工作终结的报告要简明扼要，具体包含以下内容：工作负责人姓名；某线路上某处（说明起止杆塔号、分支线名称等）工作已经完工；设备改动情况；工作地点所挂的接地线、个人保安线已全部拆除；线路上已无本班组作业人员和遗留物；可以送电。

工作许可人在接到所有工作负责人（包括用户）的完工报告，并确认全部工作已经完毕，所有作业人员已由线路上撤离，接地线已经全部拆除，与记录核对无误并做好记录后，才能下令拆除安全措施，向线路恢复送电。

做一做 ⚡ 填写一下现场勘察记录。

⚙ 任务实施

一、明确任务

带电更换绝缘子作业是配电线路中开展频率较多的带电作业任务，可采用脚扣登杆作业或者绝缘斗臂车进行作业。本任务是采用绝缘斗臂车完成配电线路更换A、B、C三相针式瓷绝缘子的作业方法，即采用"绝缘斗臂车＋绝缘手套作业法"完成任务。通过学习本节内容，掌握 10kV 带电作业危险点分析与预防控制，熟悉作业流程和注意事项，掌握工作票和作业记录的填写。

> 说一说 ⚡ 你知道《危险点预控措施票》怎么填吗？

二、准备工作安排

根据作业任务内容，工作负责人应组织人员勘察现场、制定作业方案、安排作业人员等准备工作。

1. 现场勘察

工作负责人必须组织有经验的工作人员到现场进行勘察，并填写《现场勘察记录》（附录 A）。根据勘察结果作出能否进行带电作业的判断，并确定作业方法，设计作业步骤，明确工艺标准，确定危险点控制和预防措施及注意事项。本次带电作业填写的《现场勘察记录》示例如表 5-2-4 所示。

表 5-2-4　　　　　　　　　　　现场勘察记录

现场勘察记录
勘察单位：×× 带电作业处　　　　　编号：20230501
作业班组：带电 ×× 班
勘察负责人：杨负责　　　　　勘察人员：焦监护　柴作业
勘察的线路名称或设备的双重名称（多回应注明双重称号）： ×× 线路 ×× 中环线
工作任务［工作地点（地段）以及工作内容］： 工作地点：主干 ×× 号杆 工作内容：带电更换 A、B、C 三相针式瓷绝缘子
现场勘察内容
（1）需要停电的范围： 无。
（2）保留的带电部位： 全线保留带电。
（3）作业现场的条件、环境及其他危险点： 作业现场天气情况良好，场地宽阔，具备作业条件。

（4）应采取的安全措施： 作业现场须执行《配电线路带电作业技术导则》（GB/T 18857—2019）、《电力安全工作规程　线路部分》（Q/GDW 1799.2—2013）中关于安全措施的相关要求。
（5）附图与说明：
记录人：<u>焦监护　柴作业</u>　　　勘察日期：<u>2023</u> 年 <u>05</u> 月 <u>01</u> 日 <u>14</u> 时 <u>30</u> 分

2. 确定工作人员并组织学习作业指导书

开展工作前，必须明确工作人员类别、工作职责、人员要求和数量。本次作业的工作人员应包含工作负责人 1 名、专责监护人 1 名、斗内电工 2 名、地面电工 1 名、特种车辆操作人员 1 人，具体职责如表 5-2-5 所示。

表 5-2-5　　　　　　　　　　作业人员构成及职责

序号	人员类别	职责	人数
1	工作负责人	制定作业方案，负责人员安排、安全监护、施工质量检查	1
2	专责监护人	负责监护作业点带电作业	1
3	斗内电工	负责带电工作，保证安全距离，正确使用工器具	2
4	地面电工	负责所需材料、工器具的准备和传递工作	1
5	特种车辆操作员	作业前对绝缘斗臂车进行检查，保证车辆安全	1

所有工作人员必须按照《电力安全工作规程（电力线路部分）》（GB 26859—2011）中对于人员的具体要求，严格履行安全责任。确定工作人员后，由工作负责人组织学习作业指导书等内容。

3. 准备材料及工具

工作负责人组织人员按要求准备所需材料和工具，检查所需工具、材料是否满足作业需要，检查带电作业工具是否符合要求，是否有损坏、受潮、变形、失灵、脏污等情况。工作所需材料、工器具及仪器仪表见表 5-2-6。

表 5-2-6　　　　　　　　　　材料、工器具及仪器仪表

序号	名称	规格	数量	序号	名称	规格	数量
1	绑线	2.5mm	若干	9	绝缘靴	10kV	2 双
2	针式瓷绝缘子	10kV	2 只	10	绝缘毯及绝缘毯夹	10kV	若干
3	绝缘斗臂车	10kV	1 辆	11	导线遮蔽罩	10kV	若干
4	绝缘服	10kV	2 套	12	耐张绝缘子遮蔽罩	10kV	若干
5	绝缘手套	—	2 副	13	引线遮蔽罩	10kV	若干
6	防护手套	—	2 副	14	横担遮蔽罩	10kV	若干
7	绝缘安全帽	10kV	2 顶	15	绝缘隔板	10kV	若干
8	绝缘安全带	10kV	2 条	16	绝缘绳	Φ12mm	1 条

序号	名称	规格	数量	序号	名称	规格	数量
17	绝缘操作杆	10kV	1 根	22	绝缘剪	—	1 把
18	绝缘检测仪	2500V	1 套	23	湿温度计	—	1 只
19	高压验电器	10kV	1 只	24	安全围栏	—	1 套
20	兆欧表	2500V	1 块	25	标示牌	—	1 套
21	导线剥皮器	—	1 把	26	连接线夹	—	若干

除上述材料及工器具外，还应准备作业指导书、配电线路接线图、历史作业记录以及现场作业表单等技术资料，以备作业现场进行查看和使用。

4. 危险点分析与预防控制措施

根据作业内容和作业现场情况，从绝缘斗臂车的操作、电力安全工器具合规使用、高空坠落、物体打击、斗内规范作业、触电等方面分析危险点，并做好危险点预防控制措施，填用《危险点预控措施票》。本次带电作业填写的《危险点预控措施票》示例如表 5-2-7 所示。

表 5-2-7　　　　　　　　　危险点预控措施票

危险点预控措施票							
单位	×× 带电作业处		班组	带电 × 班		工作负责人	杨 ×× 负责
工作时间	2023 年 05 月 02 日			签发编号		20230501	
工作地点	×× 线路 ×× 中环线主干 ×× 号杆			工作任务		×× 线路 ×× 中环线主干 ×× 号杆带电更换 A、B、C 三相针式瓷绝缘子	
工作票签发人	王签发			签发时间		2023 年 05 月 02 日	

工作危险点

（1）触电伤人。
（2）斗臂车操作不灵活、不规范。
（3）高空坠落。
（4）重物打击伤人。
（5）交通安全。

安全措施

（1）作业前核对线路双重名称，检查绝缘工器具绝缘性能是否良好，防止触电伤人。

（2）应对拆除的或更换的电源侧引线采取绝缘遮蔽并固定牢固，绝缘斗臂车空斗试操作正常，斗臂车转动灵活可靠。

（3）针对拆除或更换的设备及金具，其相邻相不同电位的设备应采取有效绝缘遮蔽，斗内人员作业时必须系好安全带，防止高空坠落。

（4）绝缘遮蔽时，应按照先带电体后接地体、先近后远的程序进行，拆除时程序相反。作业人员进入现场必须佩戴安全帽，不得站在绝缘斗臂车车斗正下方。应采用绝缘绳索传递作业材料、工器具，不得上下乱掷乱扔。

（5）不得在坡度大于 7° 的路面操作绝缘斗臂车，防止车辆发生倾覆。严禁驾驶人员在车辆行驶过程中疲劳驾驶、接打电话等影响安全驾驶的行为。

关于上述工作内容、工作地点、作业项目、安全措施、危险点及其控制措施等内容，工作负责人已向工作班组成员交代清楚后，工作班组成员在下面签字：

焦 ×× 监护、胡 ×× 作业、马 ×× 作业、周 ×× 作业、柴 ×× 作业

5. 开工前现场复勘

办理开工作业前，工作负责人应前往现场核对工作线路双重称号、杆塔号；检查工作区域地面是否平整结实，地面坡度是否小于 7°；检查线路装置是否具备带电作业条件。除此之外，还应确认作业点及其相邻两侧电杆埋深、杆身质量、电杆导线固定情况等信息。

6. 办理工作票

工作负责人将组织、技术、安全措施编制好，在规定时间内上报设备安全管理部门审批，并按照有关规定办理工作票。本次带电作业填写的《电力线路带电作业工作票》示例如表 5-2-8 所示。

表 5-2-8　　　　　　　　　　电力线路带电作业工作票

电力线路带电作业工作票

单位：×× 带电作业处　　　　　　　签发编号：20230501

1. 工作负责人：<u>杨 ×× 负责</u>　　　　　作业班组：<u>带电 × 班</u>

2. 工作班人员（不包括工作负责人）

<u>焦监护、胡作业、马作业、周作业、柴作业</u>　　　　　共 <u>5</u> 人

3. 工作任务

线路或设备名称	工作地点、范围	工作内容
×× 线路 ×× 中环线	主干 ×× 号杆	带电更换 A、B、C 三相针式瓷绝缘子

4. 计划工作时间

自 <u>2023</u> 年 <u>05</u> 月 <u>02</u> 日 <u>08</u> 时 <u>00</u> 分至 <u>2023</u> 年 <u>05</u> 月 <u>02</u> 日 <u>12</u> 时 <u>00</u> 分

5. 停用重合闸线路（应写线路名称）

<u>×× 线路 ×× 中环线</u>

6. 工作条件（等电位、中间电位或地电位作业，或邻近带电设备名称）

工作应在良好天气进行，风力不大于 5 级，湿度低于 80%。（与 ×××× 线主干 ×× 号杆同杆双回）

7. 注意事项（安全措施）

①与带电体保持小于 0.7m 的安全距离。②认真核对设备的双重名称和编号，防止走错工作地点。③高处作业时必须用绝缘绳传递工器具、材料等物品，严禁上下抛掷。④工作时必须有专人进行监护。⑤工作应在天气良好的情况下进行，按照要求进行验电。⑥作业人员应穿戴合格的绝缘服和绝缘手套。⑦工作前认真检查安全用具，绝缘斗臂车操作系统安全可靠，斗内电工应注意控制幅度，严格按照遮蔽顺序进行绝缘遮蔽，不得同时接触带电体和接地体，不得同时接触两相带电体，在换相前必须检查安全距离是否满足要求。

工作票签发人签名：<u>王签发</u>　　　　签发日期：<u>2023</u> 年 <u>05</u> 月 <u>02</u> 日 <u>08</u> 时 <u>00</u> 分

8. 确认本工作票 1~7 项

工作负责人签名：<u>杨负责</u>

9. 工作许可

调控许可人（联系人）孙许可　　　　许可时间 <u>2023</u> 年 <u>05</u> 月 <u>02</u> 日 <u>09</u> 时 <u>00</u> 分

工作负责人签名：<u>杨负责</u>　　　<u>2023</u> 年 <u>05</u> 月 <u>02</u> 日 <u>09</u> 时 <u>00</u> 分

10. 指定 <u>焦监护</u> 为专责监护人

专责监护人签名：<u>焦监护</u>

11. 补充安全措施

①作业开始前仔细检查绝缘服、绝缘手套、绝缘靴外观有无破损，斗臂车支腿是否稳固，接电是否可靠，空斗试操作是否正常。②作业时一人监护一人操作，两人不得同时触碰两个不同电位体，防止短路电流伤人。③工作现场设置安全警示围栏，防止无关行人靠近作业点下方。

续表

12. 确认工作负责人布置的工作任务和安全措施 工作班人员签名：焦监护、胡作业、马作业、周作业、柴作业 13. 工作终结汇报调控许可人（联系人）：孙许可 工作负责人签名：杨负责　　2023 年 05 月 02 日 12 时 00 分 14. 备注 已明确由焦监护对斗内 1 号电工和 2 号电工进行监护。

7. 班前会

工作负责人对作业班组工作人员进行明确分工，在开工前检查确认所有工作人员的劳动防护用品是否穿戴合格。开班前会，向所有工作人员详细交代作业任务、安全措施和注意事项。全体工作人员必须明确作业范围、作业流程、进度要求等内容，并在《班前班后会记录》上签字确认。本次带电作业填写的《班前班后会记录》示例如表 5-2-9 所示。

表 5-2-9　　　　　　　　　　　班前班后会记录

班前班后会记录					
时间	2023.05.02	主持人	杨负责	记录人	柴作业
参加人员 （签字）	焦监护、胡作业、马作业、周作业、柴作业				
班前会内容					
本次作业任务是 ×× 线路 ×× 中环线主干 ×× 号杆带电更换 A、B、C 三相针式瓷绝缘子。作业中可能存在触电伤人、斗臂车操作不灵活不规范、高空坠落、重物打击伤人和交通安全等方面的风险。 　作业前必须核对线路双重名称，检查绝缘工器具绝缘性能是否良好；应对拆除的或更换的电源侧引线采取绝缘遮蔽并固定牢固，绝缘斗臂车空斗试操作正常，斗臂车转动灵活可靠；针对拆除或更换的设备及金具，其相邻相不同电位的设备应采取有效绝缘遮蔽，斗内人员作业时必须系好安全带，防止高空坠落；绝缘遮蔽时，应按照先带电体后接地体、先近后远的程序进行，拆除时程序相反；作业人员进入现场必须佩戴安全帽，不得站在绝缘斗臂车车斗正下方；传递作业材料、工器具时应采用绝缘绳索，不得上下乱掷乱扔；不得在坡度大于 7 度的路面操作绝缘斗臂车，防止车辆发生倾覆；严禁驾驶人员在车辆行驶过程中疲劳驾驶、接打电话等影响安全驾驶的行为。					
班后会内容					
（此栏在作业完成后填写）					
评定	（此栏在作业完成后填写）		工作负责人签字	（此栏在作业完成后由负责人签字）	

三、作业流程

完成作业准备工作后，组织相关人员开始实施带电作业。本次作业的任务是带电更换 A、B、C 三相针式瓷绝缘子，作业流程如图 5-2-6 所示。

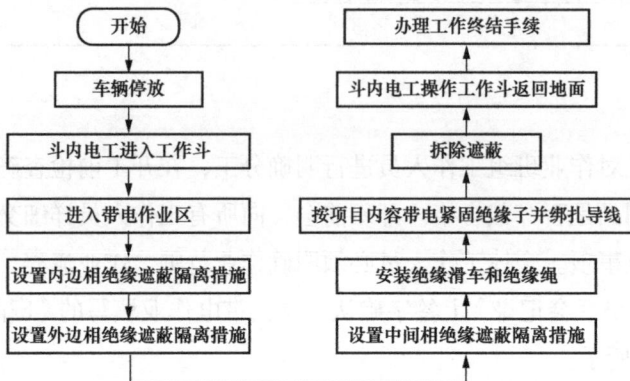

图 5-2-6 更换针式瓷绝缘子作业流程

1. 绝缘斗臂车停放

作业时根据带电工作的位置，将绝缘斗臂车定位于最适宜作业的位置并可靠接地，停放的位置应便于绝缘斗臂车绝缘斗作业，避开电力线路和障碍物，且应与线路平行停放，停放区域坡度不大于 7°。遇软土地面时，应使用垫块或枕木，重叠垫放时不得超过 2 块。车辆整体应呈水平状态，支腿受力，车轮离地。在绝缘斗臂车及作业点周围应设置安全围栏、警示带和"在此工作""从此出入"等标示牌。

2. 斗内电工进入工作斗

内电工应佩戴好绝缘安全帽，系好绝缘安全带，穿戴好绝缘手套、外层防护手套和绝缘披肩，戴上护目镜。工作监护人检查斗内电工穿戴绝缘防护用具的情况，确认无误后，斗内电工方可进入工作斗。随作业人员升降的工具、遮蔽用具要分类放置在斗中和工具袋中，工器具的金属部分不准超出工作斗沿面。

3. 进入带电作业区

经工作监护人许可后，斗内电工操作绝缘斗臂车工作斗进入带电作业区域。此过程中，要求工作斗移动应平稳匀速，无大幅晃动现象，上升下降速度不超过 0.5m/s，工作斗边沿的最大线速度不超过 0.5m/s。

4. 设置内边相、外边相和中间相绝缘遮蔽隔离措施

经工作监护人许可后，斗内电工操作工作斗分别到达内边相、外边相和中间相的合适位置处，依据由下到上、从近到远的原则进行绝缘遮蔽隔离。遮蔽的部位和顺序依次为绝缘子两侧导线、绝缘子绑扎线、绝缘子铁件和横担。

斗内电工在对带电体设置绝缘遮蔽隔离措施时，动作应轻缓，与横担、电杆等地电位构件之间的安全距离应不小于 0.4m，与相邻导线间安全距离不小于 0.6m。在扎线部位未完成绝缘遮蔽隔离措施前，不得先对绝缘子铁件和横担设置绝缘遮蔽隔离。绝缘遮蔽隔离措施应严密牢固，绝缘遮蔽组合的重叠距离不得小于 0.15m。

5. 安装绝缘滑车和绝缘绳

斗内电工将绝缘滑车安装在铁横担上方 0.6m 左右，组装好绝缘绳。

6. 紧固绝缘子并绑扎导线

斗内电工将工作斗调整到导线外侧下方，在工作负责人的许可下，将针式瓷绝缘子加装在 10kV 导线上，由外侧导线向内的顺序紧固绝缘子，绑扎好导线。

7. 拆除遮蔽并返回地面

工作负责人检查确认全部工作完毕后，斗内电工开始拆除绝缘遮蔽。绝缘遮蔽的拆除顺序与其安装顺序相反，依据由上到下、从远到近的原则进行。绝缘遮蔽全部拆除后，斗内电工确认无遗留物品，经工作负责人同意后，斗内电工操作工作斗返回地面。

8. 作业终结

作业完成后，清理工作现场，检查工器具、材料的回收是否齐全。工作负责人对现场和工作质量进行全面检查，现场点评工作。全体作业人员撤离工作现场，工作负责人向工作许可人汇报工作情况，履行工作终结手续。最后，召开班后会，完善《班前班后会记录》，对工作进行总结，整理资料并归档。

二维码 5-2-3
更换绝缘子
（动画）

做一做　⚡　每 5~6 人组成一个作业班组，模拟 10kV 线路带电更换绝缘子作业。

🏆 **任务评价**

10kV 线路带电更换针式瓷绝缘子成果评价表见表 5-2-10。

表 5-2-10　　　　　　　10kV 线路带电更换针式瓷绝缘子成果评价表

评价项目	评价内容	评价标准	评价等级		
			自评	组评	师评
资料准备（10分）	专业资料准备（10分）	优：能根据任务，熟练查找专业网站和专业书籍，咨询资深专业人士，获取需要的较全面的专业资料 良：能根据任务，查找专业网站或专业书籍，或通过资深专业人士，获取需要的部分专业资料 差：没有查找专业资料或资料极少	优□ 良□ 差□	优□ 良□ 差□	优□ 良□ 差□
实际操作（70分）	填用工作票和记录（30分）	优：非常熟悉工作许可办理流程，能够熟练填写工作票和相关记录 良：基本熟悉工作许可办理流程，基本能够填写工作票和相关记录 差：不熟悉工作许可办理流程，不会填写工作票和相关记录	优□ 良□ 差□	优□ 良□ 差□	优□ 良□ 差□
	工器具选用及检查（15分）	优：正确选用安全工器具，能够熟练检查安全工器具 良：正确选用安全工器具，基本能检查安全工器具 差：无法正确选用安全工器具，不会检查安全工器具	优□ 良□ 差□	优□ 良□ 差□	优□ 良□ 差□
	更换绝缘子操作（15分）	优：操作顺序正确，操作规范，在规定时间内完成 良：操作顺序正确，操作不是很规范，操作略超出规定时间 差：操作顺序错误或操作严重错误，时间过长	优□ 良□ 差□	优□ 良□ 差□	优□ 良□ 差□
	清理现场（10分）	优：清理工作现场干净，整理收放工具整洁 良：清理工作现场基本干净，工具未整理 差：未清理工作现场，工具未整理	优□ 良□ 差□	优□ 良□ 差□	优□ 良□ 差□
基本素质（20分）	工程质量（10分）	优：能按规程要求进行细致操作 良：能完成操作，但过程中有省略步骤 差：不能按照规程要求完成操作	优□ 良□ 差□	优□ 良□ 差□	优□ 良□ 差□
	忠于职守（10分）	优：能完全遵守现场管理制度和劳动纪律，无违纪行为 良：能遵守现场管理制度，迟到 / 早退 1 次 差：违反现场管理制度，或有 1 次旷课	优□ 良□ 差□	优□ 良□ 差□	优□ 良□ 差□
小组意见					
教师意见					
总成绩	优□ 良□ 差□	备注	总成绩 = 自评 ×0.2+ 组评 ×0.3+ 师评 ×0.5 各级权重：优 =1；良 =0.8；差 =0.5		

🔍 任务深化

👤 拓展阅读

穿行在高压线上的大国工匠——王进

2016 年，内蒙古锡林郭勒盟—山东的 1000kV 特高压交流输变电工程竣工验收并开始运行，表明中国拥有了目前世界上覆盖面积最广、电压最高的在用特高压电网工程。王进是山东电力集团带电作业组的组长，也是特高压输电线路山东段验收工作的负责人。从业 20 余年，王进参加超高压和特高压线路带电作业 300 余次，累计减少停电时间 700 多小时，成功完成世界首次 ±600kV 直流架空输电线路带电作业，先后获得全国劳动模范称号、青年五四奖章、全国五一劳动奖章、"国家科学技术进步奖"二等奖等殊荣，入选中宣部、全国总工会发布的"最美职工"，获评"中国电力楷模"。

王进于 2001 年第一次参加带电作业培训，在进行登塔作业培训中，铁塔上方持续的电晕声让他头皮发麻，心中无比忐忑。在进电场的瞬间，手与导线接触产生的电弧以及巨大声响，让王进心里产生了巨大的恐惧和压力。在一番心理较量后，王进克服了心理恐惧，成功进入电场，完成了他的第一次带电作业任务。从此，他与带电作业结下了不解之缘。

2011 年 2 月，±660kV 银东直流输电工程双极投运。该工程线路多项技术在当时都处于世界领先水平，国内外均无可借鉴的带电作业标准及经验，各项指标均属技术空白。工程投运后，王进带领同事们着手研究该条线路带电作业。经过不懈努力，最终确定了 ±660kV 直流输电线路带电作业的安全距离、安全防护要求及措施等。2011 年 10 月，王进团队成功进行了 ±660kV 线路带电作业，随后编制完成了《±660kV 直流输电线路带电作业技术导则》，为全国开展 ±660kV 线路带电作业提供了技术依据。

2011 年 10 月，±660kV 银东线 2012 号塔导线线夹螺栓处开口销脱落，情况紧急，需要立即检修。而银东直流线路是世界首条 ±660kV 输电线路工程，输送电力占当时山东电网负荷的近十分之一，是一条"不能停电的线路"。10 月 17 日，中央电视台现场直播了该条线路带电作业全过程。王进用了不到 1 个小时，成功完成了本次带电作业，为社会节省电量 1000 万千瓦时，避免经济损失 500 余万元。

即便获得了多项国家殊荣，但这位大国工匠依然把自己看成是一名普通的工人，安安全全完成每一次带电作业是他永远的目标。

📖 **自检自测**

1. 在 10kV 带电更换针式绝缘子时，绝缘子遮蔽罩与导线遮蔽罩的接合处应大于（　　）cm 的重叠部分。

　　A. 10　　　　　　　　B. 15　　　　　　　　C. 20　　　　　　　　D. 25

2. 关于带电作业的监护制度不正确的是（　　）。

　　A. 监护人不得直接操作，监护的范围不得超过 2 个作业点

　　B. 监护人在确认班组成员确无危险的情况下，可以参加工作

　　C. 在分散性的分散性带电作业，每个作业组至少有二人，其中一人担任监护

　　D. 如地面监护有困难时，监护人应在杆塔上有利位置进行监护或在杆塔上增设专责监护人

3. 班后会是一天工作结束或告一段落，在下班前由班组长主持召开的一次班组会，这种说法是否正确？（　　）

　　A. 正确　　　　　　B. 不正确

4. 斗臂车支腿垫板不应超过（　　）块。

　　A. 1　　　　　　　　B. 2　　　　　　　　C. 3　　　　　　　　D. 4

5. 工作许可后，工作负责人、专责监护人应向工作班成员交待工作内容、人员分工、带电部位和现场安全措施，告知危险点，并履行签名确认手续，方可下达开始工作的命令。这种说法是否正确？（　　）

　　A. 正确　　　　　　　B. 不正确

6. 在设置绝缘遮蔽措施时应（　　）。

　　A. 从远到近、由上到下　　　　　　　B. 从近及远，由下至上

　　C. 从远到近、由下至上　　　　　　　D. 从近及远，由上到下

7. 带电作业工作票签发人不得同时兼任该项工作的工作负责人。这种说法是否正确？（　　）

　　A. 正确　　　　　　B. 不正确

8. 带电作业应设专责监护人，监护人（　　）。

　　A. 不可以参与其他工作　　　　　　　B. 可以参与其他工作

9. 工作票中设备名称填写错误或不清时（　　）。

　　A. 随意涂改即可

　　B. 如有个别错、漏字需要修改时，应使用规范的符号，字迹要清楚

10. 带电作业应严格执行工作票制度，工作负责人应认真填写第二种工作票。这种说法是（　　）。

　　A. 正确　　　　　　B. 不正确

🔲 实践实拍

查找 10kV 带电作业项目中的其他任务，根据任务内容填写现场勘察记录、危险点预控措施票、电力线路带电作业工作票和班前班后会记录等相关表单。

模块 6　现场应急处置

事故案例：

某电力公司水城中心站带班兼监护人、操作人到某站进行 2 号主变和城柏 3511 停电操作。当城柏 3511 线（电缆）改冷备用后，操作人验明城柏 3511 线无电，未进行放电即爬上梯子准备挂接地线，监护人未及时纠正这一违章行为。这时操作人人体碰到城柏 3511 线路电缆头处，发生了电缆剩余电荷触电事故，造成重大人身死亡事故。

规程提示：

《电力安全工作规程　发电厂和变电站电气部分》（GB 26860—2011）规定，各类作业人员应被告知其作业现场和工作岗位存在的危险因素、防范措施及事故紧急处理措施。

编者有话：

通过电力安全生产事故案例分析，增强学生的自我约束意识；认真是一种态度，更是一种高度负责的精神，做任何工作都要依靠"认真"二字，唯有坚持严谨细致的工作作风、高度负责的精神态度，才能把工作做好。在每一项工作中，不能心存依赖，要把自己看成是第一责任人，对工作结果要承担责任。凡事要踏踏实实去做，不怕麻烦，不怕辛苦，一丝不苟，还要注意细节和按规矩办事。在团队中，处理问题、下发（签）文件、指导工作等，都必须遵章合规。通过研讨使学生明确自己作为电力从业者的重要职责，从而使其在走上工作岗位后能以安全为己任，自律自强，为电力行业安全发展做出贡献。

本项目依照《中华人民共和国安全生产法》《生产安全事故报告和调查处理条例》（国务院令第 493 号）《电力安全工作规程》要求，介绍人身事故处置、电网事故处置、火灾事故处置，供大家借鉴与学习。

学习目标：

（1）通过任务实施，牢固树立精益求精和工作无小事的意识，守正才能不迷失方向、不犯颠覆性错误，坚决杜绝无所谓、得过且过的思想。

（2）能根据发生的某电力作业人身伤亡事故，对事故原因进行分析，提出防范措施。

（3）能根据发生的某电网事故进行原因分析，提出有效防范措施。

（4）能团队协作初步制定电网常见事故处置的方案。

（5）能够根据灭火对象、使用场合的不同，正确选用灭火器进行灭火。

（6）具备灭火器检查的相关方法、灭火器日常维护标准、灭火器报废条件判断的能力。

二维码 6-0-1
典型事故案例
分析（企业
案例）

任务1　人身事故处置

做一做 ⚡ 认识人身事故处置工作页，见表 6-1-1。

表 6-1-1　　　　　　　　　　　**认识人身事故处置工作页**

工作内容	把保护人民生命安全摆在首位，树牢安全发展理念。按小组模拟现场班组，通过角色扮演法，模拟事故调查小组对人身事故现场进行事故调查及分析、事故隐患排查，按要求填写人身事故调查报告书。
工作目标	深刻认识党中央对防灾减灾救灾能力提升与处置保障的重要性；能够认识和理解事故调查的组织与分析的方法，能够掌握事故隐患的排查方法。
工作准备	每个小组由 4~6 名学生组成，指定组长。工作时，由组长分配，分别指定学生负责安全监督、工作实施、数据记录等，组织学生轮换操作。
工作思考	（1）你认为如何积极主动实行事故预防措施，避免事故发生？ （2）什么是事故的直接原因、间接原因？两者之间有什么关系？ （3）电力事故都有哪些？
工作过程	（1）自学辩证思维、创新思维、法治思维、底线思维的概念。 （2）人身事故现场进行事故调查及分析。 （3）电力安全隐患排查的内容及方法。

续表

总结反思	（1）学到的新知识点有哪些？ （2）学到的新技能点有哪些？ （3）认真思考我国安全生产的内在精神动力是什么？
工作组成员	
工作点评	

说一说 ⚡ 在进行人身事故处置时，首先需要对其进行事故调查。

　　如果你是事故调查人员，进行事故调查或隐患排查的过程中，需要关注哪些方面呢？

二维码 6-1-1
知识锦囊

某电力施工企业在线路抢修作业时，由于抢修指挥人员忽视 10kV 某线 99 号 -100 号杆段线路上方带电的 35kV 线路，未做好风险评估和相应安全措施，导致施工人员抢修 10kV 线路时导线上扬触碰上方带电 35kV 线路触电，造成 4 名外包单位作业人员死亡、4 人轻伤的人身死亡事故。利用事故调查常用的方法对事故进行分析，并提出事故隐患排查方法，最终能够对电力安全隐患的日常排查的内容和方法掌握于心，施用于行，防止人身事故的发生。

◎ **任务目标**

1. 素养目标

（1）培养学生良好的道德情操和职业素养，明辨事故成因，勤于思考。

（2）培养学生严谨务实的科学态度，客观公正的职业操守，对事故成因追根溯源的探索精神。

2. 知识目标

（1）掌握事故原因与过程的因果关系，熟知事故直接原因与间接原因的影响。

（2）掌握事故调查的组织与分析、事故隐患的排查方法。

3. 能力目标

（1）能根据某电力设备安全事故，对事故原因进行分析，提出防范措施。

（2）具有提出隐患排查和事故处置有效对策的能力。

（3）能对人身事故原因进行分析，提出防范措施。

📋 **任务资料**

一、事故形成及原因

1. 事故的特性

（1）事故的因果性。

所谓事故的因果性，就是说一切事故的发生，都是由于事故各方面的原因相互作用的结果，绝对不会无缘无故地发生事故，大多数事故的原因都是可以认识的。事故给人们造成的直接伤害或财产损失的原因是比较容易掌握或找到的，这是因为它所产生的后果是显而易见的。但是比较复杂的事故，要找出究竟是何原因又是经过何种过程而造成这样的后果，并非是一件容易的事，因为很多事故的形成是由于有各种因素同时存在，并且它们之间存在相互制约的关系。当然，有极少的事故，由于受到当今科学、技术水平的限制，可能暂时分析不出原因。但实际上原因是客观存在的，这就是事故的因果性。事故的因果性表明事故的发生是有其规律的必然性事件。

所以，事故发生后，深入剖析其事故的根源，研究事故的因果关系，根据找出的事故因果性制定事故的防范措施，防止同类事故重演或发生是非常重要的（我国目前有的行业或企业，其事故屡禁不止，就是在查找事故根源上没有下功夫）。

（2）事故的偶然性。

事故是由于客观某种不安全因素的存在，随着时间进程而产生某些意外情况而显现的一种现象。所以事故的发生是随机的，即事故具有偶然性。然而，事故的偶然性寓于必然性之中。用一定的科学手段或事故的统计方法，就可以找出事故发生的近似规律。这就是从事故的偶然性中找出了必然性和认识了事故发生的规律性。了解了这一点，也就明白了倘若生产过程中存在着不安全因素（危险因素或事故隐患），如果不能及时治理或整改，则必然要发生事故，至于何时发生何种事故，则是偶然的事情。所以，科学的安全管理，就应该及时地消除生产中的不安全因素或事故隐患。就是根据事故的必然性规律消除事故的偶然性。

（3）事故的潜伏性。

在一般情况下，事故都是突然发生的。事故尚未发生或造成损失之前，似乎一切都处于"正常"和"平静"状态。但是，这并不意味着不会发生事故。只要存在事故隐患或潜在的危险因素（不安全因素），并没有被认识或没被重视或进行整改，随着时间的推移，一旦条件成熟（被人的不安全行为或其他的因素触发），就会显现而酿成事故，这就是事故的潜伏性。

事故的潜伏性还说明一个最重要问题，就是说事故具有一定的预兆性，因为事故潜伏既然已经存在了，在等待一定的时机或条件爆发，这"等待"的过程就有可能发出一种预兆。大量的事故调查和实践已经证明，事故在发生之前都是有预兆发出的（有的是长时间的，有的是瞬间的），可惜很少被人们认识或捕捉。

安全小贴士 ⚡ 勿以善小而不为，勿以恶小而为之

（4）电力事故类型。

1）按原因分类。

从发生电网事故的原因来看，引发事故的主要因素有：继电保护、恶劣天气、外力破坏、误操作、质量不良、人员责任及其他原因。

2）按责任分类。

自然灾害、制造质量、外力破坏、运行人员、施工设计、人员责任和其他。据统计，自然灾害（雷击、雾闪、覆冰舞动等）、人员责任（运行人员和其他人员责

任）、外力破坏和制造质量依次是事故的主要责任原因。

3）按技术分类。

继电保护、雷击、接地短路、恶性误操作、误碰误动、设备故障和其他。其中，接地短路（外力破坏、对地放电）、继电保护（保护误动、保护拒动、二次回路故障等）和雷击是构成事故的主要技术原因。

4）按设备分类。

输电线路、继电保护、其他电器、开关、刀闸、组合电器等。实践表明，输电线路、继电保护依次是造成电网事故的主要设备原因。

5）按范围分类。

电力系统事故依据事故范围大小可分为两大类，即局部事故和系统事故。

所以，安全管理中的安全检查、检测与监控，就是寻找事故的潜藏性或潜伏性和事故预兆，从而全面地根除事故，保证生产和人们的生活正常进行。

说一说 ⚡ 请各小组组内讨论快速准确地说出，电力事故都有哪些？

---

2. 事故的直接和间接原因及其关系

（1）事故的直接原因。

事故的直接原因又称为一次原因，是指直接导致事故发生的原因，或者说是在时间上最接近事故发生的原因。人的不安全行为（人的原因）、物（物的原因）的不安全状态、环境的不安全因素（环境原因）和管理缺陷与混乱（管理原因）。基本上都属于事故的直接原因。但是，必须是根据具体的事故进行具体的分析，从而确定具体的直接原因，不能统统予以确定。所以对事故进行严肃而细致的分析是非常重要的。

（2）事故的间接原因。

事故的间接原因，是指引起事故原因的原因。事故是由直接原因产生的，而直接原因又是由间接原因引起的。换句话讲，事故最初就存在着间接原因，由于间接原因的存在而产生了直接原因，然后通过某种触发的加害物而引起了事故发生。间接原因又与人的技术水平、受教育的程度、身体健康状况、精神状况以及管理、社会等因素有关。下面简明扼要介绍几种间接原因。

1）技术原因，是指由于技术上的缺陷引起事故的原因。如工程、装置或设施的设计不合理、没有考虑安全系数和物质的自然规律，结构材料选择不当，设备的检查及保养技术不科学，操作标准技术水平低，设备布置和作业场所（地面、空间、照明、通风技术）有缺陷，机械工具的设计与保养技术不良，危险场所的防护及警报技术不过关，防护设施及用具的维护与使用不当和设置设备的性能存在问题，以及使用的材料达不到要求或者是假冒伪劣材料、产品等。

2）教育原因，主要是指对上岗人员缺乏应有的安全教育。如缺乏安全知识和安全技术教育，对作业过程中的危险性及应当掌握的安全操作、运行方法不了解或安全训练不够，不安全的坏习惯未克服，存在或根本就没有进行安全教育与培训（如采用替考或弄虚作假进行安全培训）等。

3）身体原因，是指操作人员的健康状况。如生病（头痛、头晕、腹痛、癫痫等）身体缺陷（色盲、近视、耳聋）等、疲劳、睡眠不足、局部器官较长时间工作等）、饮食失调（醉酒、饥饿、口渴等）等因素。

4）精神原因，通常分为三种类型：一种是精神状态不良，例如思想松懈、反感、不满、幻觉、错觉、冲动、忘却、紧张、恐怖、烦躁、心不在焉等；二是属于性格方面的缺陷，例如固执、心胸狭窄和"内向"，不愿交流等；三是属于智力方面的缺陷，如智障、脑膜炎患者和反应迟钝等。

5）管理原因，是指管理不善、缺陷与混乱造成的事故。管理原因造成的事故是多种多样的。如领导者的安全责任心不强，安全管理机构不健全，安全技术措施不落实，安全教育与培训不完善，安全标准不明确，安全对策的实施不及时，作业环境条件不良，劳动组织不合理，职工劳动热情不高和管理者的急功近利行为严重等。

6）社会及历史原因，是指造成事故的社会原因和历史原因。如学校对安全教育不重视，国家或政府部门没有切实可行的或没有制定健全的安全法律及政策，安全行政机构不健全，社会对安全的重要性认识不清，生产技术水平落后等。

总而言之，导致事故发生或事故发生的间接原因，大体上是上述诸原因中的一种或几种。在实际的工作中，技术原因、教育原因和管理原因是较经常出现的，身体原因和精神原因也时有出现，而社会及历史原因由来深远，牵涉面较广，直接提出针对性的对策也比较困难。但这绝不是说社会及历史原因就不应当受到重视，恰恰相反，更应当深刻认识并重视社会及历史原因，只有这样，我们国家国民的安全素质才能得到真正提高，事故发生率才会真正彻底减少。

做一做 ⚡ 什么是事故的直接原因、间接原因？两者之间有什么关系？

3. 事故原因与过程的因果关系

据上面事故原因的分类，可以找出事故原因及事故发展过程的因果关系。依据这种关系，人们可以去认识和掌握事故，从而指导事故管理工作的开展。事故与原因的关系是：

间接原因（二次原因）——直接原因（一次原因）——起因物——加害物——

事故

上面已经讲过，直接原因多是由间接原因引起的。例如，人的不安全行为可能是由技术原因引起的，也可能是由教育原因引起的，或者是由身体原因、精神原因及管理原因引起的。因此，在事故分析中，一概指责作业者失误或违章的做法是片面的，显然是管理者为逃避事故责任而制造的一种借口。因为这常常不是事故的真正原因和全部原因。通过对处置总结大量事故的经验与实践已经证明，显而易见的原因很少是事故的真正原因，必须进行全面地、深入地调查和分析，才能找出事故的根本原因。详见图 6-1-1 事故原因与过程关系的示意。

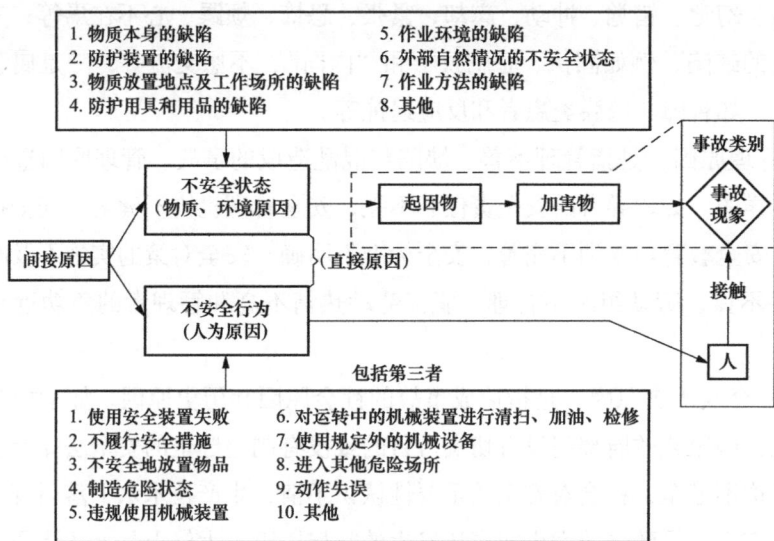

图 6-1-1 事故原因与事故过程关系示意图

必须强调的是，物质与环境条件的不安全状态同管理缺陷相结合，就构成了生产过程中的事故隐患。而事故隐患一旦被人的不安全行为或其他因素所触发，就必然发生事故（见图 6-1-1）。有了这种基本认识，对于分析事故的发生和防范是极为重要的。下面依据事故流程再讲解事故的起因物和事故的加害物。

（1）事故的起因物。事故的起因物，是指导致事故发生的物体。一般把起因物分为以下几大类：

1）机械、装置、工具。

2）建筑物、构筑物和临时设施。

3）不适用的安全防护装置。

4）物质、材料。

5）作业环境。

6）其他物品。

（2）事故的加害物。事故的加害物是指直接与人体发生碰撞或接触而引起伤害的物体，也称之为事故的危害物。事故的加害物一般也可以同起因物一样，分为 6 个大类。但"不适用或有缺陷的安全防护装置"和"作业环境"成为加害物的情况是少见的。当然，也不能排除它们直接伤害人体的情况。诸如人员作业时可能由于碰到有缺陷的安全罩而引起伤害，安全防护罩坠落引起的人员伤害以及作业场所的强烈噪声，就可能直接引起作业人员的听力功能障碍或导致操作失误（类似这种情况，在管理落后或管理混乱的企业，是时有发生的）。

在同一起事故中，起因物可能又是加害物，但在大多数情况下是不一致的。如作业通道上违章堆放的物品，可能因妨碍交通而引起车辆伤害。在此情况下，该物品是起因物，车辆是加害物。如果因物品妨碍了人员通行并导致人员碰到上面的物品而引起了伤害，则该物品既是起因物，又是加害物。当一起事故中有两种甚至多种起因物时，应考虑按起因物而导致事故的严重程度和该起因物对决定事故对策的重要性来确定它们的主次关系，以防止事故的发生。

总之，了解了事故的这种关系，对于分析和防范事故是非常重要与方便的。

> 说一说 ⚡ 请各小组组内讨论一下，你认为事故是怎么形成的？

二、事故调查的组织与分析

1. 即时报告

电力企业发生事故后，应当按照国家有关规定，及时向上级主管单位和当地人民政府有关部门如实报告。电力企业发生重大以上的人身事故、电网事故、设备事故或者火灾事故，电厂垮坝事故以及对社会造成严重影响的停电事故，应当立即将事故发生的时间、地点、事故概况、正在采取的紧急措施等情况向国家能源局报告，最迟不得超过 24h。即时报告应包括下列内容：

（1）事故发生的时间、地点、单位。

（2）事故发生的简要经过、伤亡人数、直接经济损失的初步估计。

（3）设备损坏和电网停电影响的初步情况。

（4）事故发生原因的初步判断。

2. 调查组织

事故发生后，按相应的规定成立事故调查组。

特大人身事故的调查执行国务院令（第 34 号）（特别重大事故调查程序暂行规定）及其他相关规定，重大人身事故及一般人身伤亡事故的调查执行国务院令（第

75 号）（企业职工伤亡事故报告和处置规定）及其他相关规定，重伤事故由企业领导或其指定的安全生产监督管理，生产技术（基建）、劳保（社保）等有关部门的人员及工会成员成立调查组，轻伤事故由企业事故发生部门的领导组织有关人员进行调查。

特大电网事故由电力公司组织成立调查组，报国家电监委备案后组织调查。重大电网事故根据其涉及范围，由负责相应电网运行的电力公司组织事故调查。一般电网事故，根据事故涉及范围，分别由负责运行管理（经营）、调度该电网的电力公司、或该电力公司委托的部门、市（地区级）供电企业组织调查。

特大设备事故的调查执行国务院令（第 34 号）《特别重大事故调查程序暂行规定》及其他相关规定。重大设备事故和一般设备故由发生事故的单位组织调查组。

电网的一类障碍一般由调度部门负责组织调查；设备一类障碍由车间（工区、工地）负责人组织调查。必要时，安全生产监督管理和有关人员参加。

3. 调查、分析

（1）保护现场。事故发生后，事故单位必须迅速抢救伤员并派专人保护现场。未经调查和记录的现场不得随意变动。事故单位应立即对事故现场和损坏的设备进行照相、录像、绘制草图、收集资料。因紧急抢修、防止事故扩大以及疏导交通等，需要变动现场，必须经企业领导和应急部门同意，并做出标识。绘制现场草图、写出书面记录，保存必要的痕迹、物证。

（2）收集原始资料。事故发生后，企业安监部门或其指定的部门应立即组织当班值班人员、现场作业人员和其他有关人员在下班离开事故现场前分别如实提供现场情况并写出事故的原始资料，应急部应及时收集资料，并妥善保管。

事故调查组成立后，安监部应及时将有关材料交事故调查组，事故调查组在收集原始资料时应对事故现场收集到的所有物件保持原样，并贴上标签，注明时间、地点、物件管理人。事故调查组有权向事故发生单位、有关部门及有关人员了解事故的有关情况并索取有关资料，任何单位和个人不得拒绝。

人身事故应查明伤亡人员和有关人员的单位、姓名、性别、年龄、文化程度、工种、技术等级，工龄、本工种工龄以及安全教育记录、特殊工种持证情况、健康状况等；查明事故发生前的工作内容、开始时间、许可情况、作业程序、作业时的行为及位置、事故发生经过、现场救护情况；查明事故周围的环境情况、安全防护措施和个人防护用品的使用情况。

电网或设备事故应查明发生的时间，地点、气象情况；查明事故发生前设备和系统的运行情况，查明与电网或设备事故有关的仪表、自动装置、断路器、保护、故障录波器、调整装置，遥测遥信、遥控，录音装置和计算机等记录动作情况；调查设备资料情况及规划、设计、制造、施工安装、调试、运行、检修、验收等质量方面存在的问题；查明电网事故造成的损失，包括波及范围、减供负荷、损失电量、用户性质及事故造成的设备损坏程度、经济损失等。

通过调查，了解现场制度是否健全，规章制度本身及其执行中暴露的问题，了解企业管理、安全生产责任制和技术培训等方面存在的问题；事故涉及两个以上单位时，应了解相关合同或协议，及时整理出说明事故情况的图表和分析事故所必需的各种材料和数据。

（3）分析原因责任。事故调查组在事故调查的基础上，分析并明确事故发生、扩大的直接原因和间接原因。必要时，事故调查组可委托专业技术部门进行相关计算、试验、分析。事故调查组在确认事实的基础上，分析是否人员违章、过失、违反遵章守纪、失职、渎职；安全措施是否得当；事故处置是否正确等。通过对直接原因和间接原因的分析，确认事故的责任者和领导责任者；根据其在事故发生过程中的作用，确认事故发生的主要责任者、次要责任者和事故扩大责任者。

事故责任确认后，根据有关规定提出对事故责任人员的处置意见。由有关单位和部门按照人事管理权限进行处置。对下列情况从严处置：

1）违章指挥、违章作业、违反遵章守纪造成事故的。

2）事故发生后隐瞒不报、谎报或在调查中弄虚作假、隐瞒真相的。

3）阻挠或无正当理由拒绝事故调查、拒绝或阻挠提供有关情况和资料的。

在事故中积极恢复设备运行和抢救、安置伤员、在事故调查中主动积极反映情况，使事故调查顺利进行的有关事故责任人员，可酌情从宽处置。

事故调查组应根据事故发生、扩大的原因和责任分析，提出防止同类事故发生、扩大的组织措施和技术措施。

（4）事故调查报告书。重大及以上电网和设备事故、重伤及以上人身事故以及上级部门指定的事故，事故调查组写出事故调查报告书后，应报送组织事故调查的单位，经事故调查的组织单位同意后，事故调查工作即告结束。

事故调查的组织单位收到事故调查组的事故调查报告书后，应立即提出事故处置报告，并报上级主管单位或政府安全生产监督管理部门。批复单位为国家电网公司、国电分公司、区域电网公司、集体公司、省电力公司的，批复后应将批复文件送各参加调查的单位或部门。

事故调查结案后，事故调查的组织单位应将有关资料归档，资料必须完整。

4. 统计报告

电力生产事故的统计和报告，按照电监会令（第 4 号）《电力安全生产信息报送暂行规定》办理。涉及电网企业、发电企业等两个以上企业的事故，如果各企业均构成事故，各企业都应当按照有关规定统计、上报。

一起事故既符合电网事故条件，又符合设备事故条件的，按照"不同等级的事

故，选取等级高的事故；相同等级的事故，选取电网事故"的原则统计、上报。伴有人身事故的电网事故或者设备事故，应当按照本规定要求将人身事故、电力事故或者设备事故分别统计、上报。

按照国家有关规定，由人民政府有关部门组织调查的事故，发生事故的单位应当自收到事故调查报告书之日起一周内，将有关情况报送电监会。发电企业、供电企业和电力调度机构连续无事故的天数累计达到 100 天为安全周期。发生重伤以上人身事故，发生本单位应承担责任的一般以上电网事故、设备事故或者火灾事故，均应当中断安全周期。

> **安全小贴士** ⚡ 坚持"安全第一，预防为主，综合治理"的安全生产方针。

三、电力安全隐患排查的内容及方法

1. 从思想上排查隐患

"思想隐患"是指在安全生产工作中，人的思想意识存在着不安全的思维和趋向。思想上的隐患让人放松安全第一意识，让安全措施得不到真正落实，让人不能举一反三接受事故教训。在生产现场中，我们经常会发现各种各样的不起眼的小隐患，这里导线有些松动，那里设备有点漏油等，很多人都置若罔闻，保持一种事不关己高高挂起的态度。或者是漠不关心，小觑这些不起眼的小地方。事实上有些事故隐患并不是发现不了，而是没有及时去检查发现和及时整改。思想隐患的治理，需要做出长远规划，加以实施。主要就是教育，对职工进行安全培训，强化职工的安全意识、责任意识，从理念上灌输、行为上规范，把"安全第一"融入血液中，落实到行动中。无论是单位负责人，还是所有的员工都要自律，养成遵章守纪的习惯，发现隐患及时整改，提高安全生产的自觉性，消除思想上的安全隐患，有效地遏制各类事故的发生。

2. 从电力设备上排查隐患

设备安全隐患指可导致设备故障发生的危险状态。缺陷指已经发生的构成设备故障原因的设备损伤，事故来自隐患，放过一个事故隐患，等于埋下一颗定时炸弹。防范事故的有效办法，就是主动排查，综合治理各类隐患，把事故消灭在萌芽状态。

（1）按设备寿命周期法排查：设备寿命周期指设备从开始投入使用时起，一直到因设备功能完全丧失而最终退出使用的总的时间长度。

（2）按设备缺陷统计分析法排查：设备缺陷记录了曾经构成设备故障的原因，对以往的缺陷记录进行统计分析，可查找出存在的设备隐患首先编制设备一般缺陷

统计分析表。

（3）设备设计安装隐患排查：新建变电站、新架输、配线路等，总会或多或少存在安装隐患，如线路垂度过大、设备选型欠妥、材料材质差等此类隐患，如不能及时发现并消除。就会造成相应的运行故障，并且在设备投运几年后还会发生。

（4）运行巡视中排查：主要利用眼看，用双目来测视设备看得见的部位，观察其外表变化来发现异常现象。

（5）维护中排查：在设备检修中，通过对设备的全面或部分解体可发现设备部件的异常变化，进而分析异常产生的原因。

（6）大小修中排查：利用设备的大小修机会进行隐患排查，主要是对重大设备进行隐患排查，如变压器、输电线路设备的检查，因为这类隐患一旦发生就会造成大面积电网停运。

3. 从安全工器具管理查隐患

检查安全工器具的使用磨损情况、工器具试验合格日期。对存在破损、老化、试验过期的工器具立即停止使用，进行集中封存，严禁不合格工器具流入到作业现场中。检查安全工器具的管理制度、台账信息、实验信息及工器具的存放条件和位置等内容。

4. 安全大检查中排查

每年都要进行各类季节性安全大检查、专项安全检查、上级督导检查等，组织专业的技术人员重点对公司管理制度、软件设施、工作程序、设备和装置进行全面排查。

⚙ 任务实施

💡 各小组根据以下案例，填写人身事故调查报告书

案例：线路抢修作业时导线触碰带电线路致触电的人身死亡事故

2012 年 11 月 26 日，在某新建 220kV 线路施工过程中，发生一起因跨越架倒塌，施工人员抢修 10kV 线路时导线上扬触碰上方带电 35kV 线路触电，事故共造成四名外包单位作业人员死亡、四人轻伤。

1. 事故经过

2012 年 11 月 26 日 6 时 35 分，某 110kV 变电站的 10kV 某线路 907 开关跳闸，重合成功，7 时 01 分该线路再次跳闸，重合不成功。11 时左右，配电一部副班长李某带人巡视到该 10kV 线路的 102～103 号杆段导线时发现有一堆竹子压倒 102 号杆倒杆，99～103 号杆段导线脱落，竹子散落的上方有在建的 220kV 某线，于是运行单位骆某电话联系施工项目部协调人吴某，如图 6-1-2 所示。

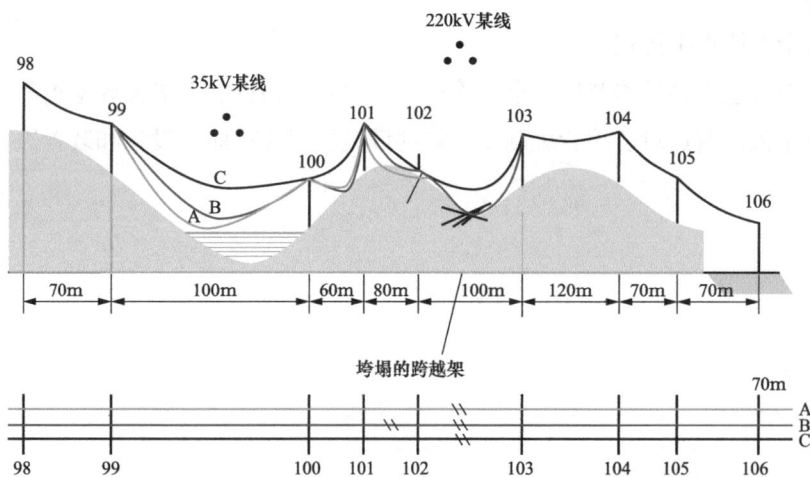

图 6-1-2 10kV 某线路 98～106 号杆段导线受损示意图

12 时 10 分，220kV 新建线路的施工单位王某、唐某等四人到达现场。运行单位骆某向王某提出尽快对受损线路进行修复，之后骆某带领王某等人查看现场，在 100 号杆处交代 10kV 某线路 99～100 号杆间线路上方有 35kV 线路跨越。王某询问骆某接地线挂设在何处合理，骆某答复在 10kV 某线的 98 号和 106 号杆处分别挂设一组接地线。李某带领唐某前往 106 号杆小号侧装设了一组接地线，并装设标识牌，再与骆某、王某和唐某等人前往 98 号杆大号侧装设另一组接地线。

17 时 30 分左右，张某指挥施工人员在原 102 号杆处立好新杆。

17 时 50 分左右，施工人员在 102 号杆大号侧对 98～101 号杆段导线进行收线。

17 时 55 分左右，从事收线的八位施工人员突然触电倒下，王某立即安排张某报 120 并汇报领导，并组织人员对触电者用心肺复苏法进行抢救。

18 时 25 分至 35 分，120 救护车及医务人员到达事故现场对触电人员进行抢救，章某（死者）、杨某（死者）、布某（死者）、辛某（死者）等四人经抢救无效死亡。另外，四名伤者送医院进行救治。

2. 事故原因

（1）直接原因：

施工单位在抢修由其搭建的跨越架倒塌损坏的 10kV 某线过程中，抢修指挥人员忽视 10kV 某线 99～100 号杆段线路上方带电的 35kV 线路，未做好风险评估和相应安全措施，在 102 号杆组织人员收紧小号侧导线时，因 100 号杆上导线脱落无限位，导致收紧 102 号小号侧导线时，99～101 号杆之间的导线抬升过程中与上方运行的 35kV 线路发生放电，且因 102～103 号杆段导线断线，失去了 106 号杆接地线的保护，导致拉线的八名施工人员发生触电，是本次事故发生的直接原因。

（2）间接原因：

施工单位未按技术规范搭建 10kV 某线跨越架，编制的搭建方案和作业指导书缺乏针对性，未按要求进行验收，跨越架因搭建质量不良，发生倒塌。某供电分局在发现受损的 10kV 某线路后，未按抢修工作规定组织抢修，未对外施工单位的违规抢修进行有效制止，是本次事故发生的间接原因。

3. 暴露的主要问题

（1）施工单位违章指挥、违章作业。该施工单位长期违规作业，在未告知建设、监理和运行单位的情况下，未办理任何手续，未编制有针对性的施工方案，违章搭设了包括该 10kV 线路在内的五个跨越运行线路的跨越架，且未按要求进行跨越架的验收。在组织进行该 10kV 线路抢修时，未评估现场作业风险，未对穿越 35kV 线路的导线采取限位、装设接地线和派人监护等措施而盲目收线，致使导线上扬与 35kV 运行线路安全距离不足放电，造成收线人员触电。

（2）未及时启动配电线路抢修程序，未有效制止施工单位违规开展 10kV 受损线路的抢修。该供电局分局在发现 10kV 线路受损并找到责任单位后，未按有关管理规定，及时启动配电线路抢修程序。发现损坏线路的责任单位未办理任何抢修申请、审批与许可手续，即对 10kV 某线路进行违规抢修时，该分局线路维护人员未及时制止。

（3）执行南方电网公司基建一体化制度不到位。

业主项目部未按公司《基建项目承包商管理办法》的要求开展工作，未定期对

269

施工作业指导书、"站班会"和安全施工作业票等执行情况进行抽查，未按要求组织安全检查等。

（4）工程项目现场管理不到位。

该业主项目部未能认真履行现场管理职责，未能结合实际对施工方案进行审批、管理人员履职不到位。未对 10kV 某线 102～103 号档的跨越架现场进行勘察及风险辨识，安全检查流于形式。对现场的违规作业没有及时发现并制止。

（5）监理公司未认真履行监理职责。未严格执行《电网公司监理项目部工作手册》，督促施工单位执行施工作业指导书、落实安风体系和开展现场风险辨识与预控；对现场作业人员持证上岗把关不严；未督促施工单位编制 10kV 线路跨越架搭设专项方案；现场监理人员未调查该 220kV 线路施工沿线跨越情况，未掌握该线路施工所有搭设的跨越架位置和数量，现场监督检查不到位。

4. 安全操作规程规范及防范措施

（1）《电力建设工程施工安全监督管理办法》（国家发改委第 28 号令）第六条规定：建设单位对电力建设工程施工安全负全面管理责任，具体内容包括：建立健全安全生产监督检查和隐患排查治理机制，实施施工现场全过程安全生产管理；建立健全安全生产应急响应和事故处置机制，实施突发事件应急抢险和事故救援；建立电力建设工程项目应急管理体系，编制应急综合预案，组织勘察设计、施工、监理等单位制定各类安全事故应急预案，落实应急组织、程序、资源及措施，定期组织演练，建立与国家有关部门、地方政府应急体系的协调联动机制，确保应急工作有效实施。

（2）《电力建设工程施工安全监督管理办法》（国家发改委第 28 号令）第二十六条规定：施工单位应当定期组织施工现场安全检查和隐患排查治理，严格落实施工现场安全措施，杜绝违章指挥、违章作业、违反劳动纪律行为发生。

（3）《电力建设工程施工安全监督管理办法》（国家发改委第 28 号令）第三十六条规定：在实施监理过程中，发现存在生产安全事故隐患的，应当要求施工单位及时整改；情节严重的，应当要求施工单位暂时或部分停止施工，并及时报告建设单位。

（4）《电力建设安全工作规程》（DL 5009.2—2013）7.1.1 规定：搭设跨越架，应事先与被跨越设施的单位取得联系，必要时应请其派员监督检查。跨越架的搭设，应由施工技术部门提出搭设方案或施工作业指导书，并经审批后办理相关手续。跨越架应经使用单位验收合格后方可使用。跨越架架体的强度，应能在发生断线或跑线时承受冲击荷载。

（5）《电力建设安全工作规程》（DL 5009.2—2013）7.8.10 规定：展放的绳、线不应从带电线路下方穿过，若必须从带电线路下方穿过，应制定专项安全技术措施并设专人监护。

（6）《电力建设安全工作规程》（DL 5009.2—2013）8.2.4 规定：跨越不停电线路，在架线施工前，施工单位应向运行单位书面申请该带电线路"退出重合闸"，待落实后方可进行不停电跨越施工。

（7）开展抢修工作应做好风险分析和安全措施，防止发生次生灾害。

（8）灾后抢修应办理紧急抢修工作票或相应的工作票，作业前应确认设备状态符合抢修安全措施要求。

（9）作业前应召开现场工前会，由工作负责人（监护人）对工作班组所有人员或工作分组负责人、工作分组负责人（监护人）对分组人员进行安全交代。交代内容包括工作任务及分工、作业地点及范围、作业环境及风险、安全措施及注意事项。被交代人员应准确理解所交代的内容，并签名确认。

（10）现场勘察应查看检修（施工）作业需要停电的范围、保留的带电部位、装设接地线的位置、邻近线路、交叉跨越、多电源、自备电源、地下管线设施和作业现场的条件、环境及其他影响作业的危险点。

5. 问题思考

（1）对跨越架搭设是如何进行验收和安全管控的？

（2）对带电穿（跨）越电力线路施工采取了哪些安全措施？

（3）在应急抢修时采取了哪些安全措施防止发生次生灾害？

二维码 6-1-4
事故及其影响因素（微课）

人身事故调查书—填写样例见表 6-1-2。

表 6-1-2　　　　　人身事故调查报告书——填写样例

人身事故调查报告书
1. 事故名称（简题）：<u>线路抢修作业时导线触碰带电线路致触电的人身死亡事故</u> 事故编号：<u>2012-01</u> 2. 事故单位全称：<u>×××××电力工程有限公司</u>　　地址：<u>××市××区××路××</u> 3. 业别：<u>电力行业</u>　　省电力公司（直属公司）：<u>×××省电力有限公司</u> 上级主管单位：<u>中国南方电网有限责任公司</u> 4. 事故发生时间：<u>2012 年 11 月 26 日 17 时 55 分</u> 5. 事故类别：较大事故　　主要原因分析：施工单位在抢修由其搭建的跨越架倒塌损坏的 10kV 某线路过程中，抢修指挥人员忽视 10kV 某线 99~100 号杆段线路上方带电的 35kV 线路，未做好风险评估和相应安全措施，在 102 号杆组织人员收紧小号侧导线时，因 100 号杆上导线脱落无限位，导致收紧 102 号小号侧导线时，99~101 号杆之间的导线抬升过程中与上方运行的 35kV 线路发生放电，且因 102~103 号杆段导线断线，失去了 106 号杆接地线的保护，导致拉线的 8 名施工人员发生触电。 6. 事故伤亡情况：死亡<u>4</u>人　重伤<u>0</u>人　轻伤<u>4</u>人

人身事故调查报告书

姓名	伤害情况（死、重、轻）	工种及级别	性别	年龄	本工种工龄	受过何种安全教育	所属单位
章某	死	高压操作、维护电工	男	28	2	岗前安全培训	××电力工程有限公司
辛某	死	高压操作、维护电工	男	30	4	岗前安全培训	同上
布某	死	高压操作	男	24	1	岗前安全培训	同上
杨某	死	维护电工	男	32	5	岗前安全培训	同上
骆某	轻	维护电工	男	29	4	岗前安全培训	同上
唐某	轻	维护电工	男	31	6	岗前安全培训	同上
王某	轻	高压操作	男	35	7	岗前安全培训	同上
李某	轻	高压操作	男	33	6	岗前安全培训	同上

7. 事故经过、原因、直接经济损失：

（1）事故经过：<u>（参照案例内容）</u>

（2）原因分析（包括技术和管理原因）：<u>（参照案例内容）</u>

（3）直接经济损失等情况：<u>直接经济损失 3597 万元。</u>

8. 防止事故重复发生的对策（措施）、执行人、完成期限以及执行检查人：<u>（参照案例内容）</u>

9. 事故责任分析和对责任者的处理意见：参照《中华人民共和国安全生产法》《生产安全事故报告和调查处理条例》（国务院令第 493 号），将依法追究直接负责的主管人员和其他直接责任人员，给予行政处分，构成玩忽职守罪或者其他罪的，依法追究刑事责任。

10. 事故调查组人员名单：

姓名	性别	单位	职务	事故调查组中的职别	签名
张三	男	应急管理局	主任	组长	张三
		市公安局			
		市总工会			
		市人社局			
		市纪委监委			

11. 附件清单（包括图纸、资料、原始记录、笔录、试验和分析计算资料、事故照片、录像、录音等）：

事故单位负责人：<u>××</u>

主持事故调查单位负责人：<u>××</u>

主持事故调查单位盖章：

日期：_____年___月___日

任务评价

人身事故处置任务成果评价表见表 6-1-3。

表 6-1-3　　　　　　　　　　人身事故处置任务成果评价表

评价项目	评价内容	评价标准	评价等级		
			自评	组评	师评
资料准备（10分）	专业资料准备（10分）	优：能根据任务，熟练查找专业网站和专业书籍，咨询资深专业人士，获取需要的较全面的专业资料 良：能根据任务，查找专业网站或专业书籍，或通过资深专业人士，获取需要的部分专业资料 差：没有查找专业资料或资料极少	优□ 良□ 差□	优□ 良□ 差□	优□ 良□ 差□
实际操作（70分）	事故背景资料收集（20分）	优：事故背景资料收集客观、公正、全面 良：事故背景资料收集较客观、公正、全面 差：事故背景资料收集不全	优□ 良□ 差□	优□ 良□ 差□	优□ 良□ 差□
	事故分析（30分）	优：事故定性准确，事故问题与违反规程的相关条款对应正确 良：事故定性准确，但与规程上相关条款对应错误 差：事故等级和类型判断错误，无依据	优□ 良□ 差□	优□ 良□ 差□	优□ 良□ 差□
	防范措施（20分）	优：应吸取的经验教训和针对事故采取的防范措施恰当、准确 良：应吸取的经验教训和针对事故采取的防范措施较恰当、准确 差：应吸取的经验教训或针对事故采取的防范措施不准确，不恰当	优□ 良□ 差□	优□ 良□ 差□	优□ 良□ 差□
基本素质（20分）	严谨务实（10分）	优：能按规程要求进行细致操作 良：能完成操作，但过程中有省略步骤 差：不能按照规程要求完成操作	优□ 良□ 差□	优□ 良□ 差□	优□ 良□ 差□
	职业素养（10分）	优：能完全遵守现场管理制度和遵章守纪，无违纪行为 良：能遵守现场管理制度，迟到/早退1次 差：违反现场管理制度，或有1次旷课	优□ 良□ 差□	优□ 良□ 差□	优□ 良□ 差□
小组意见					
教师意见					
总成绩	优□良□差□	备注	总成绩 = 自评 ×0.2+ 组评 ×0.3+ 师评 ×0.5 各级权重：优 =1；良 =0.8；差 =0.5		

💡 **拓展阅读**

风餐露宿的津门保电卫士

李宝年的工作看似平常，却折射出一名电力工人的强烈责任意识和扎实作风。6000多个日夜，电缆设备无外力破坏问题，换来了津城电网的安全运行、百姓的安居乐业。

作为运行班班长，他担负100多千米的电缆线路和十几个变电站、开闭站电缆出线日常巡视任务。无论风霜雨雪，他一直坚守在运行一线，并主动向施工单位指明电缆确切位置、走向和深度，认真细致地进行现场监护，如图6-1-3。他提炼的"一准、二清、三劲、四化"《宝年电缆线路运行维护法》，荣获"职工先进操作（维护）法"。担负着南开区十几个变电站、开闭站电缆出线等工作，有些是事故多发区，但2001年后，他创造了连续3200多天无外力事故的好成绩。

图 6-1-3 李宝年和他的团队在巡视现场

重大现场，总有李宝年的身影。2008年奥运会天津赛场的3条主要电源，都由李宝年所在高缆工区负责。他承担了6条重点保电线路和1个开闭站安全运行任务，为圆满完成奥运保电任务，他制定了辖区内电缆的保电措施，特别是对沿线施工、占压情况进行详细统计，对重要用户、外力事故多发区进行重点监护，加大巡视力度，防止意外发生，并协调解决各护线小组工作中的问题。

自检自测

1. 参与公司系统所承担电气工作的外单位或外来人员应熟悉《安规》；经考试合格，并经（　　）认可后，方可参加工作。

A. 工程管理单位 　　　　　　　B. 设备运维管理单位

C. 公司领导 　　　　　　　　　D. 安监部门

2. 发生以下（　　）情况者为人身事故。

A. 职工因食物中毒和职业病造成的伤亡

B. 乘坐单位组织的交通工具发生的人身伤亡

C. 职工"干私活"发生人身伤亡

3. 特别重大人身事故（一级人身事件）一次事故造成（　　）人以上死亡，或者（　　）人以上重伤者。

A. 10、20 　　　　　B. 20、30 　　　　　C. 30、100

4. 重大人身事故（二级人身事件）一次事故造成（　　）人以上 30 人以下死亡，或者（　　）人以上 100 人以下重伤者。

A. 3、15 　　　　　B. 5、20 　　　　　C. 10、50

5. 作业人员应被告知其作业现场和（　　）存在的危险因素、防范措施及事故紧急处理措施。

A. 办公地点 　　　B. 生产现场 　　　C. 工作岗位 　　　D. 检修地点

6. 作业人员应接受相应的安全生产知识教育和岗位技能培训，掌握配电作业必备的电气知识和业务技能，并按工作性质，熟悉《安规》的相关部分，经（　　）合格上岗。

A. 培训 　　　　　B. 口试 　　　　　C. 考试 　　　　　D. 考核

实践实拍

查阅各类人身事故发生的诱因及几率，列表举例。

任务 2　火灾事故处置

做一做 ⚡ 认识火灾事故处置工作页，见表 6-2-1。

表 6-2-1　　　　　　　　　　　　认识火灾事故处置工作页

工作内容	按小组模拟现场班组，通过角色扮演法，模拟面对火灾事故现场时，各组员应采取的处置措施。熟练地使用灭火器完成初期火灾的扑救任务，同时掌握自救与互救。
工作目标	（1）具有灵活运行手提式灭火器使用的五字口诀——"提、拔、握、压、扫"，正确使用灭火器对突发初期火灾进行扑救的能力。 （2）能够根据灭火对象、使用场合的不同，正确选用灭火器进行灭火。 （3）能够正确执行电力公司火灾事故应急处置程序。
工作准备	每个小组由 4～6 名学生组成，指定组长。工作时，由组长分配。 　分别指定学生负责安全监督、工作实施、数据记录等，组织学生轮换操作。
工作思考	（1）采取什么样的有效措施可以避免电火花与电弧引起的火灾？ （2）当面对不同类型的火灾时，能否正确选用适合的灭火器？ （3）火灾事故现场应急处置过程中需要注意的问题都有哪些？ （4）通过火灾现场消防救援人员逆行的图片资源，发起讨论"最美逆行者"美在哪里？向"最美逆行者"学习，正青春的我们可以怎样做到止于至善，担当起我们的历史使命？激发学生心灵美的潜质、责任与担当、勇敢与奉献。

续表

工作过程	（1）初期火灾事故应急处置。 （2）灭火器的性能指标及适用范围。 （3）灭火器的使用方法。 （4）电力公司火灾事故应急处置程序。
总结反思	（1）通过完成上述工作页，你学到哪些知识或技能？遇到哪些难题？ （2）通过灭火器的介绍，你对灭火器外观设计有何创新创造想法？
工作组成员	
工作点评	

说一说 ⚡ 在进行火灾事故处置时，首先需要对其进行有效的控制。牢记抢救的原则是：先救命，后治伤。如果你是现场处置人员，进行火灾事故现场处置过程中，需要关注哪些方面呢？

二维码 6-2-1
知识锦囊

💬 任务描述

本任务针对电力公司火灾事故应急处置方法进行介绍，使你了解燃烧和爆炸的基本知识，掌握电气火灾爆炸事故发生的原因，当面对初期火灾事故时能做出正确处置方法，针对不同类型的火灾选用灭火器，熟练地操作完成初期火灾的扑救任务，同时掌握自救与互救，牢记抢救的原则是：先救命，后治伤。

🎯 任务目标

1. 素养目标

（1）培养学生良好的道德情操和职业素养，将社会主义核心价值观落实到教学过程中，通过潜移默化教育形式落实立德树人根本任务。

（2）培养学生养成遵守安全操作规程，严格遵守遵章守纪、操作纪律、工作纪律的行为准则。

2. 知识目标

（1）掌握手提式灭火器使用的五字口诀——"提、拔、握、压、扫"。

（2）了解灭火器的分类方式，掌握灭火器的结构组成及规格型号和各类灭火器中灭火剂的作用。

（3）掌握火灾的种类、灭火器的适用范围、灭火原理及方法。

3. 能力目标

（1）能对电气火灾爆炸事故的原因准确分析。

（2）能够根据灭火对象、使用场合的不同，正确选用灭火器进行灭火。

（3）能够具备灭火器检查的相关方法、灭火器日常维护标准、灭火器报废条件判断的能力。

（4）能够正确执行电力公司火灾事故应急处置程序。

📋 任务资料

一、电气火灾爆炸事故基本知识

说一说 ⚡ 你认为什么是燃烧、什么是爆炸、什么是火灾？

1. 燃烧相关知识

（1）燃烧的定义。

在国家标准《消防词汇　第1部分：通用术语》（GB/T 5907.1—2014）中将燃

烧定义为：可燃物与氧化剂作用发生的放热反应，通常伴有火焰、发光和（或）发烟的现象。从燃烧的定义，不难得出燃烧必须具有的基本特征：一是放出热量；二是发出光亮；三是发生了化学变化。

（2）燃烧的条件。

1）着火三角形（无焰燃烧）。无焰燃烧过程的发生和发展都必须具备以下三个必要条件，即：可燃物、助燃物（又称氧化剂）和引火源。上述三个条件通常被称为燃烧三要素。燃烧的三个必要条件可用"燃烧三角形"来表示，如图 6-2-1 所示。

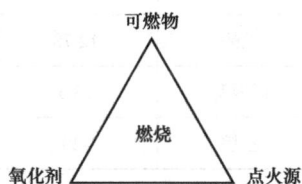

图 6-2-1　燃烧三角形

2）着火四面体（有焰燃烧）。无焰燃烧过程的发生和发展都必须具备以下四个必要条件，即：可燃物、助燃物（又称氧化剂）、引火源和链式反应。上述燃烧的四个必要条件可用"燃烧四面体"来表示，如图 6-2-2 所示。

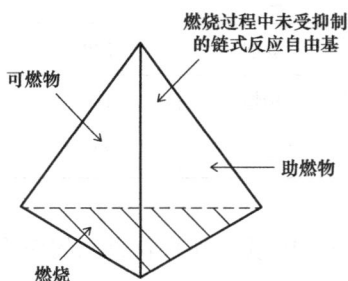

图 6-2-2　燃烧四面体

①可燃物。可燃物是指凡是能与空气中的氧或其他氧化剂发生燃烧反应的物质。

②助燃物。助燃物是指与可燃物质相结合能导致燃烧的物质（也称氧化剂），通常燃烧过程中的助燃物主要是氧。

③引火源。引火源是指凡是使物质开始燃烧的外部热源。

④链式反应。链式反应是指某种可燃物受热时，会分解成为更为简单的分子。这些分子中一些原子间的共价键常常会发生断裂，生成自由基。由于它是一种高度

活泼的化学形态，能与其他的自由基和分子发生反应，从而使燃烧持续下去。

（3）燃烧的类型。

1）闪燃。在一定温度下，易燃或可燃液体（包括能蒸发的少量固体可燃物如石蜡、樟脑、萘等）表面上产生的蒸汽与空气混合后，达到一定浓度时，遇火源产生的一闪即灭的现象。液体发生闪燃的最低温度叫作闪点。物质的闪点，如表 6-2-2 所示。

表 6-2-2   物质的闪点

名称	闪点（℃）	名称	闪点（℃）	名称	闪点（℃）
汽油	−50	甲醇	11.1	苯	−14
煤油	37.8	乙醇	12.78	甲苯	5.5
柴油	60	正丙醇	23.5	乙苯	23.5
原油	−6.7	乙烷	-20	丁苯	30.5

2）着火。可燃物质在与空气共存的条件下，当达到某一温度时遇火源接触引起的燃烧，并在火源移开后，仍能继续燃烧，这种持续燃烧的现象叫着火。可燃物质开始持续燃烧所需的最低温度，叫作燃点。物质的燃点，如表 6-2-3 所示。

表 6-2-3   物质的燃点

物质名称	燃点（℃）	物质名称	燃点（℃）	物质名称	燃点（℃）
松节油	53	漆布	165	松木	250
纸	130	豆油	220	涤纶纤维	390
樟脑	70	蜡烛	190	有机玻璃	260
赛璐珞	100	麦草	200	醋酸纤维	320

3）自燃。可燃物质在空气中没有外来着火源的作用，靠自热或外热发生的燃烧现象叫作自燃。本身自燃：由于可燃物质内部自行发热而发生的燃烧现象，如草垛、煤堆的自燃；受热自燃，可燃物质加热到一定温度时发生的自燃现象，如黄磷的自燃现象。物质的燃点，如表 6-2-4 所示。

表 6-2-4   物质的自燃点

物质名称	自燃点（℃）	物质名称	自燃点（℃）	物质名称	自燃点（℃）
黄磷	34~35	乙醚	170	棉籽油	370
三硫化四磷	100	溶剂油	235	桐油	410
赛璐珞	150~180	煤油	240~290	芝麻油	410
赤磷	200~250	汽油	280	花生油	445

（4）燃烧过程及特点。

1）可燃物的燃烧过程。

达到可燃物的点燃温度时→外层部分就会熔解、蒸发或分解并发生燃烧→在燃烧过程中放出热量和光→这些释放出来的热量又加热边缘的下一层，使其达到点燃温度→燃烧过程就不断地持续。

固体和液体发生燃烧时，需经过分解和蒸发，生成气体，然后再由气体与氧化剂作用发生燃烧。而气体物质不需要经过蒸发，可以直接燃烧。

2）固体的燃烧方式。

分解燃烧：分子结构复杂的可燃固体，由于受热分解而产生可燃气体后发生的有焰燃烧现象。

蒸发燃烧：熔点较低的可燃固体受热后融熔，然后与可燃液体一样蒸发产生可燃蒸汽而发生的有焰燃烧现象。如蜡烛，沥青等。

表面燃烧：有些固体可燃物的蒸汽压非常小或难以发生分解，不能发生蒸发燃烧或分解燃烧，当氧气包围物质的表层时，呈炽热状态发生无火焰燃烧。

阴燃：某些固体可燃物在氧不足，加热温度较低或可燃物含水分较多等条件下发生的无火焰，只冒烟的缓慢燃烧现象。

动力燃烧：燃烧性液体的蒸汽、低闪点液雾预先与空气或氧气混合，遇火源产生有冲击力的燃烧。

沸溢燃烧：常发生于油罐火灾，原油具有形成热播的特性，比重相差较大原油中含有乳化水，水遇热播变成蒸汽原油黏度较大，使水蒸气不容易从下向上穿过油层。

喷溅燃烧：热播达到水垫层，水被迅速加热到气化温度，沉积的水变成水蒸气，体积扩大，将上面的油层抬起，最后冲破油层将燃烧着的油滴和油包气抛向空中，向四周喷溅。

扩散燃烧：可燃气体从喷口（管道口或容器泄漏口）喷出，在喷口处与空气中的氧气边扩散混合，边燃烧的现象。

预混燃烧：可燃气体和助燃气体在燃烧之前混合，形成一定浓度的可燃混合气体，被引火源点燃所引起的燃烧。

2. 火灾相关知识

火灾是在时间和空间上失去控制的燃烧所造成的灾害，是一种因为人为的或自然的原因着火并失去控制而造成的生命财产损失等灾难性事件。

（1）火灾的等级。

特别重大火灾：造成 30 人以上（以上含本数，以下类同）死亡，或者 100 人以上重伤，或者 1 亿元以上直接财产损失的火灾。

重大火灾：造成 10 人以上，30 人以下死亡，或者 50 人以上 100 人以下重伤，或者 5000 万元以上 1 亿元以下直接财产损失的火灾。

较大火灾：造成 3 人以上，10 人以下死亡，或者 10 人以上 50 人以下重伤，或者 1000 万元以上 5000 万元以下直接财产损失的火灾。

一般火灾：造成 3 人以下死亡，或者 10 人以下重伤，或者 1000 万元以下直接财产损失的火灾。

（2）火灾致人死亡的原因。

火场致人死亡的因素 - 烟雾。燃烧产生的烟雾对人体有害，例如在空气中二氧化碳含量达到 8.5%，会发生呼吸困难，血压增高；二氧化碳含量达到 20%~30% 时，呼吸衰弱，精神不振，严重的可能因窒息而死亡。

烟雾的危害。燃烧产物中的烟气，包括水蒸气，载有大量的热，人们在这高温、湿热环境中极易被烫伤。据统计分析，人在 100℃环境下就会出现虚脱现象，丧失逃生能力。燃烧产物中的烟气，包括水蒸气，载有大量的热，人们在这高温、湿热环境中极易被烫伤。据统计分析，人在 100℃环境下就会出现虚脱现象，丧失逃生能力。燃烧产生的大量烟气，使能见度大大降低。人在烟气环境中能正确判断方向、脱离险境的能见度最低为 5m，当人的视野降到 3m 以下，逃离现场就非常困难。浓烟携带着热气沿走廊蔓延，遇楼梯、电梯、垃圾道、竖井，形成"烟囱效应"，以 3~4m/s 的速度被迅速向上抽拔，蔓延至楼上各层，引起新的火点。

（3）火灾的发展变化阶段。

火灾的发展过程。通过对火灾的科学研究、实验，大致可以从一般意义上把最常见的建筑物室内火灾的发展过程分为初起、发展、猛烈、下降、熄灭五个阶段，如图 6-2-3 所示。

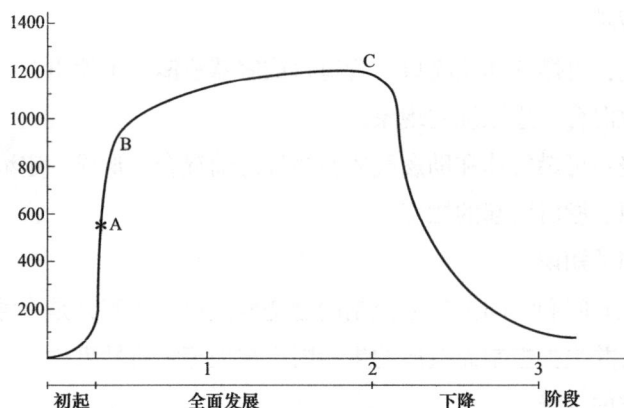

图 6-2-3 火灾变化发展

初起阶段：一般固体可燃物质着火燃烧后，在 15min 内，燃烧面积不大，火焰不高，辐射热能不强，烟气流动缓慢，燃烧速度不快，此阶段为初起阶段。特点是面积小，温度低、速度慢、易扑救。火灾的初起阶段，是扑救的最好时机。

猛烈阶段：如果火势在发展阶段仍未得到有效的控制，由于燃烧时间的继续延长，燃烧速度不断加快，燃烧面积迅猛扩展，燃烧温度急剧上升，气体对流达到最快速度，辐射热最强，建筑构件的承重能力急剧下降，此时便进入了火灾的猛烈阶段。特点是燃烧猛烈，蔓延迅速，破坏力大，扑救困难。

熄灭阶段：随着燃烧的进行，可燃物减少，逐步熄灭；或由于通风不良，环境内空气（氧气）被渐渐消耗，已经燃烧的可燃物质处于阴燃状态，室内温度降低（500℃以下），此时火灾处于下降或熄灭阶段。

3. 爆炸相关知识

物质由一种状态迅速地转变为另一种状态，并瞬间以机械功的形式放出大量能量的现象，称为爆炸。例如：烟花爆竹的爆炸、锅炉的爆炸、煤矿的瓦斯爆炸、原子弹的爆炸等。

（1）爆炸特征。

内部特征：物质发生爆炸时，产生的大量气体和能量在有限体积内突然释放或急骤转化，并在极短时间内，在有限体积中积聚，造成高温高压。

外部特征：爆炸介质在压力作用下，对周围物体形成急剧突跃压力的冲击，或者造成机械性破坏效应，以及周围介质受振动而产生的声响效应。

（2）爆炸阶段。

第一阶段，物质的（或系统的）潜在能以一定的方式转化为强烈的压缩能。

第二阶段，压缩急剧膨胀，对外做功，从而引起周围介质的变形、移动和破坏。不管由何种能源引起的爆炸，它们都同时具备两个特征，即能源具有极大的能量密度和极大的能量释放速度。

（3）爆炸的分类。

物理性爆炸是由物理变化而引起的，物质因状态或压力发生突变而形成的爆炸现象。锅炉的爆炸，压缩气体、液化气体超压引起的爆炸等，都属于物理性爆炸。物理性爆炸前后物质的性质及化学成分均不改变。

化学性爆炸是由于物质发生极迅速的化学反应，产生高温、高压而引起的爆炸现象。各种含氧炸药和烟花爆竹的爆炸就属于化学性爆炸。化学性爆炸前后物质的性质和成分均发生了根本的变化。

核爆炸是由原子核分裂或热核的反应引起的爆炸叫核爆炸。如原子弹、氢弹、中子弹的爆炸。核爆炸时可形成数百万度到数千万度的高温，在爆炸中心可形成数百万大气压的高压，同时发出很强的光和热辐射以及各种粒子的贯穿辐射。

（4）爆炸极限。

可燃气体、可燃液体蒸汽或可燃粉尘与空气混合并达到一定浓度时，遇火源就会燃烧或爆炸。这个遇火源能够发生燃烧或爆炸的浓度范围，称为爆炸极限。爆炸极限通常用可燃气体在空气中的体积百分比（V%）表示。初始温度升高，爆炸极限范围变宽；初始压力增大，爆炸极限范围变宽；惰性气体增加，爆炸极限范围缩小。含氧量越高，爆炸极限变宽；容器管道减小，爆炸极限范围变小；火源能量越高，爆炸极限范围愈宽。

（5）爆炸的破坏作用。

火灾发生后，随着时间的延续，损失数量迅速增长，损失大约与时间的平方成比例，如火灾时间延长一倍，损失可能增加四倍。爆炸则是猝不及防。可能仅在一秒钟内爆炸过程已经结束，设备损坏、厂房倒塌、人员伤亡等巨大损失也将在瞬间发生。爆炸通常伴随发热、发光、发声、压力上升、真空和电离等现象，具有很大的破坏作用。其破坏作用的大小与爆炸物的数量和性质、爆炸时的条件以及爆炸位置等因素有关。二次破坏引起房屋倒塌、火灾、有害物质泄漏引起的中毒和环境污染等进一步伤害。冲击波是爆炸瞬间形成的高温火球猛烈向外膨胀、压缩周围空气形成的高压气浪。它以超音速向四周传播，随距离的增加，传播速度逐渐减慢，压力逐渐减小最后变成声波；震荡，爆炸使物体产生震荡，造成建筑物松散、开裂。

安全小贴士 ⚡ 冷静观察着火方位，确定风向，在火势蔓延前，朝逆风方向快速离开火灾区域。

二、电气火灾爆炸事故的原因分析

1. 电火花与电弧

两个电极在一定电压下由气态带电粒子，如电子或离子，维持导电的现象。激发试样产生光谱。电弧放电主要发射原子谱线，是发射光谱分析常用的激发光源。通常分为直流电弧放电和交流电弧放电两种。电弧放电（arc discharge）是气体放电中最强烈的一种自持放电。当电源提供较大功率的电能时，极间电压不需要太高（约几十伏），两极间气体或金属蒸气中可持续通过较强的电流（几安至几十安），并发出强烈的光辉，产生高温（几千至上万度），这就是电弧放电，电火花和电弧引起电气火灾的主要原因有：绝缘导线漏电处、导线断裂处、短路点、接地点及导线连接松动均会有电火花、电弧产生；各种开关在接通或切断电路时，动、静触头（电压不小于10~20V）在即将接触或者即将分开时就会在间隙内产生放电现象。如果电流小，就会发生火花放电；如果电流大于80~100mA，就会发生弧光放电，也就是电弧；架空的裸导线混线、相碰或在风雨中短路时，就会发生放电而产生电火花、电弧；大负荷导线连接处松动，在松动处会产生电弧和电火花；这些电火花、电弧如果落在可燃、易燃物上，就可能引起火灾。

说一说 ⚡ 采取什么样的有效措施可以避免电火花与电弧引起的火灾？

（1）保持电气设备的电压、电流、温度等参数不超过允许值。

（2）严禁乱拉线、乱接线，保持线路的绝缘良好，保持电气连接部位接触良好。

（3）开关、插销、熔断器、电焊设备、电动机等应根据需要，适当避开易燃物或易燃建筑构件。

（4）在有爆炸危险的场所，采取各种防爆措施。

（5）电气设备应进行可靠接地。

（6）保持电气设备清洁。

（7）采取相应的防静电措施。

二维码 6-2-2
电气火灾和爆炸原因分析与对策措施（动画）

2. 短路

电气线路上，由于种种原因相接或相碰，电流不经过线路中的用电设备而直接构成回路的现象称短路。在短路电流忽然增大时，其瞬间放热量很大，大大超过线路正常工作时的发热量，不仅能使绝缘烧毁，而且能使金属熔化，引起可燃物燃烧发生火灾。短路引起电气火灾的主要原因有没有按具体环境选用绝缘导线、电缆，使导线的绝缘受高温、潮湿、腐蚀等作用的影响而失去绝缘能力；线路年久失修，绝缘层陈旧老化或受损，使线芯裸露；电线过电压使导线绝缘被击穿；用金属线捆扎绝缘导线或把绝缘导线挂在钉子上，日久磨损和生锈腐蚀，使绝缘受到破坏；裸导线安装太低，搬运金属物件时不慎碰撞电线，金属物件搭落或小动物跨接；架空线路电线间距太小，档距过大，电线松弛，有可能发生两线碰撞；管理不当，维护不善造成短路。

说一说 ⚡ 采取什么样的有效措施可以避免短路引起的火灾？

（1）要严格按照电力规程进行安装、维修，根据具体环境选用合适导线和电缆。

（2）强化维修管理，尽量减少人为因素，经常用仪表测量电线的绝缘强度，遇有绝缘层陈旧、破损要及时更换。

（3）选用合适的安全保护装置。

（4）线路安装时要与建、构筑物之间保持适当的水平距离；电杆要夯实，转角杆要加拉线；档距、垂度、相间距离应符合安装标准。

3. 过负荷

一定材料和一定大小横截面积的电线有一定的安全载流量。如果通过电线的电流超过它的安全载流量，电线就会发热。超过得越多，发热量越大。当热量使电线温度超过 250℃时，电线橡胶或塑料绝缘层就会着火燃烧。如果电线"外套"损坏，还会造成短路，火灾的危险性更大。另外，如果选用了不合规格的保险丝，电路的超负载不能及时发现，隐患就会变成现实。过负荷引起电气火灾的主要原因有：导线截面选用过小，在线路中接入过多的负载，用电设备功率过大。

说一说 ⚡ 采取什么样的有效措施可以避免过负荷引起的火灾？

（1）要合理选用导线截面，并考虑负荷的发展规划。

（2）随时检查线路的负荷情况，发现过负荷现象，应及时更换大截面的导线，或适当减少线路中的负荷。

（3）安装适当的保险装置。

4. 接触电阻过热

由于电线接头不良，造成线路接触电阻过大而发热起火。凡电路都有接头，或是电线之间相接，或是电线与开关、保险器或用电器具相接。如果这些接头接得不好，就会阻碍电流在导线中的流动，而且产生大量的热。当这些热足以熔化电线的绝缘层时，绝缘层便会起火，而引燃附近的可燃物。接触电阻热引起电气火灾的主要原因有导线与导线或导线与电气设备的接触点连接不牢，连接点由于热作用或长期震动造成接触点松动；铜铝导线相连，接头没有处置好；在连接点中有杂质如氧化层、油脂、泥土等。

说一说 ⚡ 采取什么样的有效措施可以避免接触电阻过热引起的火灾？

（1）导线与导线或导线与电气设备的连接点应牢固可靠；对于重要的母线与干线的连接点，接好后要测量其接触电阻情况。

（2）对运行中的设备连接点，应经常检查，发现松动或发热情况时应及时处置。

（3）铜铝导线相接时，应采用并头套方式连接，最好能用银焊焊接。

（4）在易造成接触电阻过大的地方，应涂以变色漆或安放示温蜡片，能及时发现接触点的过热情况。

5. 电气照明灯具

电气照明灯具有许多优点，应用非常广泛，给大家的生产和生活带来很大的方便，但同时电气照明灯具在工作时也有火灾危险性，使用不当会发生火灾事故，甚至造成群死群伤事件。电气照明灯具引起电气火灾的主要原因有照明灯具工作时，灯泡、灯管、灯座等温度较高，能引燃附近可燃物质造成火灾；照明灯具的灯管破碎产生电火花引燃周围可燃物质，形成火灾。照明线路短路、过负荷、接触电阻过大等产生火花、电弧或过热，引起火灾。

> **说一说** ⚡ 采取什么样的有效措施可以避免电气照明灯具引起的火灾？

（1）照明灯具和线路应根据环境条件、用途和光强分布等具体要求进行选择，在不同的场所选择相应的灯具。

（2）加强照明灯具的维修和保养，防止火灾发生。

（3）保持照明灯具与可燃物的距离。

6. 其他原因

（1）铁芯发热。变压器、电动机等设备的铁芯，如铁芯绝缘损坏或长时间过电压、涡流损耗和磁滞损耗将增加而过热。铁芯截面不够，硅钢片绝缘破坏，长时间过电压使磁滞和涡流损耗增加，没有按正确的 NB% 值使用，铁芯热量积累而温度升高。

（2）散热不良。各种电气设备在设计和安装时都考虑有一定的散热和通风措施，如果这些措施受到破坏，即造成设备过热。电机电器在工作时都考虑了一定的空气对流，以达到散热目的，如电机的风扇、电器的散热孔、晶体管的散热片，一旦这些作用被破坏，则容易造成温升过高。

（3）漏电。漏电电流一般不大，线路保险丝不会运作。如漏电电流沿线路大致均匀分布，则发热量分散，火灾危险性不大；如漏电电流集中在某一点，则容易造成火灾。漏电电流经常是经过金属螺丝或钉子引起木制构件起火。

（4）忽视消防安全。安全意识淡薄许多生产单位或娱乐场所的单位领导往往存在侥幸心理，不愿投资光花钱不见效的消防安全，不按规定安装自动报警、自动喷淋消防设施，甚至根本没有配备消防器材，且消防道路不畅，防火问题达不到要求，消防组织制度也不健全，对消防部门检查中发现的问题，不重视也不整改，而是通过疏通关系达到开业目的。

二维码 6-2-3
电气火灾事故案例剖析（企业案例）

⚙ 任务实施

一、明确任务

发生火灾后准确进行报警,并使用灭火器灭火。

二、作业流程

一般情况下,发生火灾后应当报警和救火同时进行。当发生火灾,现场仅一人时,应一边呼救,以便取得群众的帮助,一边迅速报警拨打火警电话时应注意以下几点:

(1)要打火警电话"119"。

(2)接通电话后要沉着冷静,向接警中心讲清失火单位的名称、地址、什么东西着火火势大小以及着火的范围。同时还要注意听清对方提出的问题,以便正确回答。

(3)把自己的电话号码和姓名告诉对方,以便联系。

(4)打完电话后,要立即到交叉路口等候消防车的到来,以便引导消防车迅速赶到火灾现场。

(5)迅速组织人员疏通消防车道,清除障碍物,使消防车到火场后能立即进入最佳位置灭火救援。

(6)如果着火地区发生了新的变化,要及时报告消防队,使他们能及时改变灭火战术取得最佳效果。

(7)在没有电话或没有消防队的地方,如农村和边远地区,可采用敲锣、吹哨、喊话等方式向四周报警,动员乡邻来灭火。

三、灭火器的使用方法

1. 干粉灭火器使用方法

检查灭火器是否在正常的工作压力范围。灭火器压力表分为三个颜色区,黄色表示压力充足,绿色表示压力正常,红色表示欠压,一般灭火器指针要在绿色区域。将灭火器上下颠倒几次,使里面干粉松动。拔掉保险销,一只手握住压把,另一只手抓好喷管,将灭火器竖直放置,当用力按下压把时干粉便会从喷管里面喷出。对准火焰根部喷射,直至火焰熄灭。干粉灭火器的使用如图6-2-4所示。

二维码 6-2-4
灭火器使用要领(视频)

二维码 6-2-5
灭火器家族的职能分工与使用方法(微课)

1.拔出保险销　　　2.按下压把　　　3.对准火焰根部扫射

图 6-2-4　干粉灭火器使用

注意事项：干粉灭火器可以用于 A、B、C 三类火灾，但在灭火过程中要注意，不要让死灰复燃。干粉灭火器喷出为粉状，药剂喷射后会遮住灭火人员的视线，因此，最好把口鼻挡住。干粉灭火器喷射后现场会有些混乱，被喷射的物质不容易被整理，会对物品有一定的损坏。所以，对于电器类、书籍类物品尽量选用二氧化碳灭火器，这样对物品的损害会降到最低。干粉灭火器若长期不用，或受潮药剂容易板结，而无法使用。

说一说 ⚡ 利用干粉灭火器扑救初期火灾时的注意事项有哪些?

2. CO_2 灭火器使用方法—手提式

（1）用右手握着压把。

（2）用右手提着灭火器到现场。

（3）除掉铅封。

（4）拔掉保险销。

（5）站在距离火源一定距离的地方左手拿着喇叭筒，右手按下压把。

（6）对着火焰根部喷射，并不断推前直至把火焰扑灭。

特别提醒：喷出的二氧化碳最低温度达 $-78\sim5\,℃$。利用它来冷却燃烧物质和冲淡燃烧区空气中的含氧量以达到灭火的效果。对没有喷射软管的二氧化碳灭火器，应把喇叭筒往上扳 $70°\sim90°$。如果是手轮式，将手轮按逆时针方向旋转，打开开关，二氧化碳会喷出。

说一说 ⚡ 利用二氧化碳灭火器扑救初期火灾时的注意事项有哪些?

注意事项。在灭火时，要连续喷射，防止余烬复燃。灭火器在喷射过程中应保持直立状态，切不可平放或颠倒。当不戴防护手套时，不要用手直接握喷筒或金属管，以防冻伤。在室外使用时应选择在上风方向喷射，在室外大风条件下使用时，因为喷射的二氧化碳气体被吹散，灭火效果很差。在狭小的室内空间使用时，灭火后操作者应迅速撤离，以防被二氧化碳窒息而发生意外。用二氧化碳扑救室内火灾后，应先打开门窗通风，然后再进入，以防窒息。

3. CO_2 灭火器使用方法—推车式

推车式二氧化碳灭火器一般由两个人操作，使用时应将灭火器推或拉到燃烧处，在离燃烧物 10m 左右停下，一人快速取下喇叭筒并展开喷射软管后，握住喇叭筒根部的手柄并将喷嘴对准燃烧物，另一人快速按逆时针方向旋动阀门的手轮，并开到最大位置，灭火剂即喷出。

二氧化碳灭火器在扑救流体火灾时，应使二氧化碳射流由近而远向火焰喷射，如果燃烧面积较大，操作者可左右摆动喷筒，直至把火扑灭。

当扑救容器内火灾时，操作者应从容器上部的一侧向容器内喷射，但不要使二氧化碳直接冲击到液面上，以免将可燃物冲出容器而扩大火灾。

注意事项。对人体有害，在空气中二氧化碳含量达到 8.5%，会发生呼吸困难，血压增高；二氧化碳含量达到 20%~30% 时，呼吸衰弱，精神不振，严重的可能因窒息而死亡。

安全小贴士 ⚡ 遇险速离，切勿观望。熟悉环境，择路而行。听从指挥，有序疏散。低姿扶墙，湿巾捂鼻。禁用电梯，改走楼道。

🏅 任务评价

火灾事故处置任务评价表见表 6-2-5。

表 6-2-5 火灾事故处置任务评价表

评价项目	评价内容	评价标准	评价等级		
			自评	组评	师评
资料准备（10分）	专业资料准备（10分）	优：能根据任务，熟练查找专业网站和专业书籍，咨询资深专业人士，获取需要的较全面的专业资料 良：能根据任务，查找专业网站或专业书籍，或通过资深专业人士，获取需要的部分专业资料 差：没有查找专业资料或资料极少	优□ 良□ 差□	优□ 良□ 差□	优□ 良□ 差□
实际操作（70分）	着装（10分）	优：着装符合要求 良：着装基本符合要求 差：着装不符合要求	优□ 良□ 差□	优□ 良□ 差□	优□ 良□ 差□
	火警报警方法（20分）	优：报警方法正确，讲述清楚，能详细描述着火基本情况 良：报警方法正确，讲述不够清楚，但仍然能描述着火基本情况 差：报警方法错误，无法准确详细地描述着火情况	优□ 良□ 差□	优□ 良□ 差□	优□ 良□ 差□
	灭火器的选择（10分）	优：根据具体着火情况进行判断，能选择最适合现场环境的灭火器灭火 良：根据具体着火情况进行判断，能选择较为适合的灭火器灭火 差：根据具体着火情况进行判断，无法选择相应合适的灭火器灭火	优□ 良□ 差□	优□ 良□ 差□	优□ 良□ 差□
	灭火器的使用（30分）	优：使用方法正确，操作规范，能在短时间内扑灭火灾 良：使用方法正确，操作规范，扑灭时间较长 差：使用方法不正确，操作不规范，无法扑灭火灾	优□ 良□ 差□	优□ 良□ 差□	优□ 良□ 差□
基本素质（20分）	立德树人（10分）	优：能按规程要求进行细致操作 良：能完成操作，但过程中有省略步骤 差：不能按照规程要求完成操作	优□ 良□ 差□	优□ 良□ 差□	优□ 良□ 差□
	工作纪律（10分）	优：能完全遵守现场管理制度和遵章守纪，无违纪行为 良：能遵守现场管理制度，迟到/早退1次 差：违反现场管理制度，或有1次旷课	优□ 良□ 差□	优□ 良□ 差□	优□ 良□ 差□
小组意见					
教师意见					
总成绩	优□ 良□ 差□	备注	总成绩＝自评×0.2+组评×0.3+师评×0.5 各级权重：优=1；良=0.8；差=0.5		

🔍 **任务深化**

💡 **拓展阅读**

做好新时代电力安全工作，权威专家这么说

电力是重要基础产业，电力安全生产事关人民生命财产安全，关系国计民生和经济发展全局。2021 年底，国家能源局印发《电力安全生产"十四五"行动计划》，为"十四五"时期不断提升全国电力安全生产水平，保障电力系统安全稳定运行和电力可靠供应作出相关部署。其中指出，要严格安全生产准入，构建电力安全治理长效机制；运用现代科技手段，推动电力安全治理数字化转型升级；强化电力安全生产主体责任。

"新时期电力安全风险防控的对象更广、场景更多、要求更高，电力安全成为国家安全的重要部分，重要性上升到前所未有的高度。"国家能源局党组成员、副局长余兵在电力安全管理与文化论坛上表示，电力行业要坚持总体国家安全观；坚持防范化解重大安全风险；坚持系统观念，实现安全降碳；坚持法治思维，强化依法治安。

当前电力安全形势如何？

近年来，我国电力安全治理取得显著成效，人民网财经了解到，目前我国特高压输电、先进核电、大型水电等拥有自主知识产权的大型电力装备已达到国际领先水平，智慧电厂、无人机巡查等安全生产先进成果得到广泛应用，人身安全防护、设备防误操作等方面安全技术不断创新，DCS 控制系统（分散控制系统）等自主可控关键领域取得重要突破。

"党的十八大以来，我国电力安全治理理念愈发成熟，安全技术蓬勃发展，安全管理水平稳步提升，安全文化繁荣发展，安全责任层层压实，应急能力显著提高。电力安全生产形势持续稳定，为经济社会高质量发展提供了安全可靠的电力保障。"余兵说。

"目前我国已建成世界上规模最大、最复杂的电力系统，电力系统已实现高度自动化，随着系统规模发展和数字化应用扩大，系统安全稳定运行充满挑战。"余兵介绍，当前电力系统网架结构、运行方式、设备设施等发生改变，特高压交直流电网大范围、大规模调配电力资源，电网结构日趋复杂，维持大电网安全运行难度大幅提升，系统运行控制难度加大。此外，网络安全形势也更为复杂，水电站大坝安全、新业态涌现带来的新型安全问题也不容忽视。

如何确保新型电力系统安全？

新能源逐步成为新增电力装机主体，煤电逐渐演变为调节性和保障性电源，随着新能源发电快速发展，可控电源占比逐步下降，新能源"大装机、小电量"特性更加突出，波动性、间歇性特征对电力电量平衡影响巨大，电力可靠供应保障难度加大。

"可靠性管理是电力安全生产管理的基础性工作，需要从电力风险的事前预警预测、事中过程管控和事后的总结评价入手，提高电力企业全链条的风险管理水平，增加电网企业应对电力供应以及安全风险、储能建设、国家级区域电力系统的统筹规划等方面可靠性管理的措施，明确各级能源主管部门在备用容量和启动电源管理等方面的工作职责，保障电力系统可靠性。"国家能源局可靠性和质监中心主任陈平说。

目前，新型电力系统面临三大结构性安全问题，国家电力调度控制中心原副主任辛耀中表示，新型电力系统面临电源结构安全问题，调节能力和平衡能力严重不足，随机间歇电源多，快速可调节电源少；骨干网未形成主网，全网互济能力差，电网结构安全问题突出；此外，电力需求侧基本不响应，高耗能问题突出，用电结构安全问题严峻。

在辛耀中看来，破解三大结构安全问题，急需市场机制或电价政策，实行双边峰谷电价，即总体电价水平不变，高峰时段上调，低谷时段下调，促进供需平衡，可先由政府统筹制定，逐步过渡到现货市场；此外，要加大力度建设骨干电网，使其快速成网，提高全网互济能力。

📋 **自检自测**

1.扑救电气设备火灾时，不能用（　）灭火器。

A.四氯化碳灭火器　　　　　　　　　B.二氧化碳灭火器

C.泡沫灭火器

2.（　）电气设备是具有能承受内部的爆炸性混合物的爆炸而不致受到损坏，而且通过外壳任何结合面或结构孔洞，不致使内部爆炸引起外部爆炸性混合物爆炸的电气设备。

A.增安型　　　　B.本质安全型　　　　C.泡隔爆型　　　　D.充油型

3.火灾主要分为A、B、C、D、E、F 6类，其中A类火灾是指（　）。

A.固体物质火灾　　　　　　　　　B.液体火灾和可熔化的固体火灾

C.气体火灾　　　　　　　　　　　D.金属火灾

4.防爆电气设备的定期检查，检修等作业必须使用（　）工具。

A.密封型　　　　B.安全型　　　　C.防爆型

5.下列应建立专职消防队的单位是（　）。

A.运动场所　　　B.医院　　　　C.商场　　　　　D.大型港口

6.灭火技术措施采取隔离法的作用是（　）。

A.消除氧化剂　　　B.消除可燃物　　　C.消除着火源　　　D.降低温度

📱 **实践实拍**

拍下你生活中常接触的建筑内的消防设施，讨论其异同。

参考文献

［1］国网内蒙古东部电力有限公司．配电运维技术［M］．北京：中国电力出版社，2021．

［2］康健．安全生产事故预防与控制［M］．北京：石油工业出版社，2021．

［3］《电力安全生产事故应急处置规定汇编》编委会．电力安全生产事故应急处置规定汇编［M］．北京：中国电力出版社，2020．

［4］国网宁夏电力有限公司培训中心．配网不停电作业现场标准化作业指导书［M］．银川：阳光出版社，2019．

［5］国网福建省电力有限公司组编．变电站运行与维护（基础篇）［M］．北京：中国电力出版社，2015．

［6］陈文英．电力安全工器具［M］．北京：中国电力出版社，2015．

［7］傅贵．安全管理学［M］．北京：科学出版社，2015．

［8］杨文学．电力安全技术［M］．北京：中国电力出版社，2014．

［9］王晴．变电站运行记录填写［M］．北京：中国电力出版社，2014．

［10］许庆海．电力安全工作规程［M］．4版．北京：中国电力出版社，2013．

［11］黄兰英．电力安全作业［M］．北京：中国电力出版社，2011．